高等职业教育公共基础课通用教材

职业基础数学（下）

（第 2 版）

主　编　范晓辉　王宝芹　李毳毳
副主编　徐惠莲　杨海波　张　智

北京理工大学出版社
BEIJING INSTITUTE OF TECHNOLOGY PRESS

内 容 简 介

本书根据高等职业教育的教育理念，以职业能力为主线构建课程体系，突出职业教育的特点，由实际案例引入教学内容，激发学生学习兴趣，注重对学生数学素养、职业能力和应用能力的培养. 特别在每个模块里编写了用数学软件 MATLAB 解决数学问题的内容，以突破高职院校学生数学计算困难的瓶颈.

全书分为上、下两册，共十个模块，上册内容包括极限与连续、导数与微分、导数的应用、一元函数积分学及多元函数微积分学；下册内容包括常微分方程、线性代数、概率论与数理统计、线性规划、数学建模概述. 在每一模块中均编有应用与实践内容，其中包括高等数学在物理、机械、经济、电工电子、信息技术等方面的应用和数学软件 MATLAB 的使用. 每节配有习题，并将习题答案附于书后. 本书可供高职院校工科类和经济管理类专业的学生作为教材或学习参考书使用.

图书在版编目（CIP）数据

职业基础数学. 下 / 范晓辉，王宝芹，李毳毳主编.
2 版. -- 北京 ：北京理工大学出版社，2024. 12.
ISBN 978 - 7 - 5763 - 4052 - 5

Ⅰ. O13

中国国家版本馆 CIP 数据核字第 2024DL5682 号

责任编辑：江　立　　**文案编辑**：江　立
责任校对：周瑞红　　**责任印制**：施胜娟

出版发行 / 北京理工大学出版社有限责任公司
社　　址 / 北京市丰台区四合庄路 6 号
邮　　编 / 100070
电　　话 / (010) 68914026（教材售后服务热线）
(010) 63726648（课件资源服务热线）
网　　址 / http://www.bitpress.com.cn

版 印 次 / 2024 年 12 月第 2 版第 1 次印刷
印　　刷 / 三河市天利华印刷装订有限公司
开　　本 / 787 mm×1092 mm　1/16
印　　张 / 10.5
字　　数 / 250 千字
定　　价 / 35.00 元

前 言

高等数学作为一门重要的基础课程，除了具有基础工具的作用之外，还具有对学生进行思维训练和能力培养等素质教育的功能．随着高职教学改革的深入，课程建设也取得了丰硕的成果．高等数学课程被评选为学院精品课程和吉林省高等学校优秀课程，教材建设成功立项为学院“十三五”综合教学改革项目．为教材的编写提供了良好的契机．

为了适应高职教育人才培养目标的要求，满足各专业学生学习的需要，编者进行了多方面的专业需求调研，结合学院人才培养方案对本课程的要求，本着“实用、必需、够用”的原则，将多年来从事高职高专数学教学的经验汇集整理，编写了本套教材．

本书在教学内容的选取上，站在企业用人的角度．紧密联系专业知识，强化数学知识的应用性，旨在培养学生的职业能力和可持续发展能力，提高学生运用数学知识分析和解决实际问题的能力，突出了基础和专业的深度融合．

本套教材在编写思想、体例设计和内容安排上的特点如下：

(1)站在企业用人的角度，针对高职学生的特点及学生面对的职业岗位群，以日常生活和生产实践的典型案例为切入点，按照“实践引例—理论教学—应用实践”的思路编写，实现了从感性认识上升到理性认识、再从理性认识回到实践的飞跃，真正激发学生的学习兴趣．使学生充分感受到数学的应用价值，为后续的专业学习打下良好的基础．

(2)分模块、分层次编排．可供理工类和经管类专业教师根据学生的实际需要，选取若干模块组织教学．突出了教材的实用性、科学性、针对性，在保证科学性的基础上注意讲清概念，减少理论证明．注重学生基本运算能力、分析问题及解决问题能力的培养．

(3)每个模块中都有“应用与实践”一节，将具有明显的应用背景或者较强趣味性、探索性的数学知识融入其中．在每个模块中，介绍数学软件 MATLAB 的算法和语句，建立数学模型、设计解法，使学生真正体会到数学的奥妙和数学的实用性和趣味性，达到培养学生综合素质的目的．

(4)为使学生能对数学知识进行有序的梳理，每个模块前有学习目标，然后有小结，而且还配备了相应的习题，旨在使学生先了解知识脉络，然后通过习题检查学习效果，总结方法和规律．

(5)增加了数学建模的内容，让学生了解数学建模的思想方法，注重培养学生的数学技能及应用能力．

(6)每个模块后增编了阅读材料．介绍相关的数学知识概况及数学家的故事．把数学文化融入教学，促进科学素质和人文素质的有机融合，培养学生的数学素养和思想文化素养.

本套教材由上册（模块一～五）和下册（模块六～十）组成.上册主编徐惠莲、杨海波、张智，副主编范晓辉、王宝芹、李毳毳；下册主编范晓辉、王宝芹、李毳毳，副主编徐惠莲、杨海波、张智.各模块编写人员有：徐惠莲（模块一、三、五）；张智（模块二）；杨海波（模块四、六）；王宝芹（模块七）；范晓辉（模块三、八）；李毳毳（模块九、十），范晓辉、王宝芹、李毳毳、赵子明参加了上册各模块的习题、复习题答案的核实校对及附表部分查找、整理工作；张智、杨海波、徐惠莲、温延红参加了下册各模块的习题、复习题答案的核实校对及附表部分查找、整理工作.

本书编写中借鉴了专家学者的观点、专著及网站资料，得到了长春职业技术学院领导的关心与支持，北京理工大学出版社的相关领导、编辑等也为本书顺利出版倾心工作，在此一并表示衷心的感谢！

编者意在奉献给学生一本适用、有特色的教材，但由于水平有限，难免有错误和不妥之处，恳请广大同仁及学生给予批评指正.

目 录

模块六 常微分方程……………………………………………………………………（001）

第一节 微分方程的基本概念……………………………………………………（001）

第二节 一阶微分方程……………………………………………………………（004）

第三节 高阶微分方程……………………………………………………………（010）

※ 第四节 应用与实践六……………………………………………………………（014）

小结…………………………………………………………………………………（018）

复习题六……………………………………………………………………………（019）

阅读材料……………………………………………………………………………（020）

模块七 线性代数……………………………………………………………………（022）

第一节 行列式的概念……………………………………………………………（022）

第二节 行列式的性质及其运算…………………………………………………（027）

第三节 矩阵的概念及其运算……………………………………………………（032）

第四节 逆矩阵与初等变换………………………………………………………（037）

第五节 一般线性方程组的求解…………………………………………………（045）

※ 第六节 应用与实践七……………………………………………………………（050）

小结…………………………………………………………………………………（054）

复习题七……………………………………………………………………………（056）

阅读材料……………………………………………………………………………（058）

模块八 概率论与数理统计…………………………………………………………（060）

第一节 离散型随机变量及其分布………………………………………………（061）

第二节 连续型随机变量的分布密度……………………………………………（065）

第三节 随机变量的数字特征……………………………………………………（071）

第四节 统计量及其分布…………………………………………………………（077）

第五节 参数估计…………………………………………………………………（081）

第六节 假设检验…………………………………………………………………（086）

※ 第七节 应用与实践八……………………………………………………………（089）

小结…………………………………………………………………………………（094）

复习题八……………………………………………………………………………（095）

阅读材料…………（096）
模块九　线性规划…………（098）
第一节　线性规划问题的数学模型…………（098）
第二节　线性规划模型的解法…………（102）
第三节　线性规划的对偶理论…………（108）
第四节　灵敏度分析…………（112）
※ 第五节　应用与实践九…………（115）
小结…………（119）
复习题九…………（120）
阅读材料…………（121）
模块十　数学建模概述…………（123）
第一节　数学模型简介…………（123）
第二节　数学建模…………（126）
第三节　数学建模与能力的培养…………（129）
第四节　初等模型实例…………（135）
※ 第五节　应用与实践十…………（137）
习题参考答案…………（145）
附表 1　标准正态分布函数值表…………（157）
附表 2　χ^2 分布临界值表…………（159）
附表 3　t 分布临界表…………（161）
参考文献…………（162）

模块六　常微分方程

【学习目标】

☆ 理解微分方程的基本概念.
☆ 掌握可分离变量的微分方程、齐次微分方程、一阶线性微分方程和可降阶的高阶微分方程的解法.了解二阶线性齐次(非齐次)微分方程的解的结构.
☆ 掌握应用微分方程解决具体问题的步骤,会用 MATLAB 解微分方程.
☆ 通过土地沙化问题的导入、细菌繁殖问题案例以及阅读材料介绍,引导学生树立环保意识,增强学生的爱国主义情怀和感悟,树立为实现国家现代化而努力奋斗的决心.

在广泛的科学领域内,人们在探求物质世界运动规律的过程中,经常依据问题提供的条件寻找出变量间的函数关系,然而在许多实际问题中,往往不能直接找出所研究的函数关系,但有时却可以列出含有自变量、未知函数及其导数或微分的关系式,这种关系式就是我们所要研究的微分方程.微分方程有着深刻而生动的实际背景,是现代科学技术中分析问题和解决问题的一个强有力的工具.

【引例】土地沙化问题

建设绿地、防止沙漠化的环保意识已成为人们的共识.现已查明,有一块土地有一部分正在沙化.并且沙化的数量正在增加,其增加的速度与剩下的绿地数量成正比.由统计得知,每年沙化土地的增长率是绿地的$\frac{1}{10}$.现有土地 10 万亩,试确定沙化土地与时间的函数关系.如果 x 为时刻 t 的沙化土地数量,则沙化土地的增长率为$\frac{\mathrm{d}x}{\mathrm{d}t}$,绿地的数量为 $10-x$,由此得到$\frac{\mathrm{d}x}{\mathrm{d}t}=\frac{1}{10}(10-x)$.这个方程就是微分方程,要得到函数关系就得通过微分方程来求解.本模块主要介绍微分方程的概念及几种常见类型微分方程的解法和简单应用.

第一节　微分方程的基本概念

一、微分方程实例

我们先通过几个实例来说明微分方程的基本概念.

例 1　一条曲线经过点(1,2),且在该曲线上任意点 $M(x,y)$处的切线斜率为 $2x$,求该曲线方程.

解　设所求的曲线方程为 $y=f(x)$,由导数的几何意义,有关系式

$$F'(x)=2x,即\frac{\mathrm{d}y}{\mathrm{d}x}=2x. \tag{1}$$

于是得到积分曲线族为

$$y=\int 2x\mathrm{d}x=x^2+C, \tag{2}$$

又因为曲线过(1,2)点，所以将(1,2)点代入上式，得

$$2=1^2+C.$$

从而 $C=1$，所以所求曲线方程是

$$y=x^2+1. \tag{3}$$

当 C 取任意值时，不难做出(2)式的图形(图 6－1).

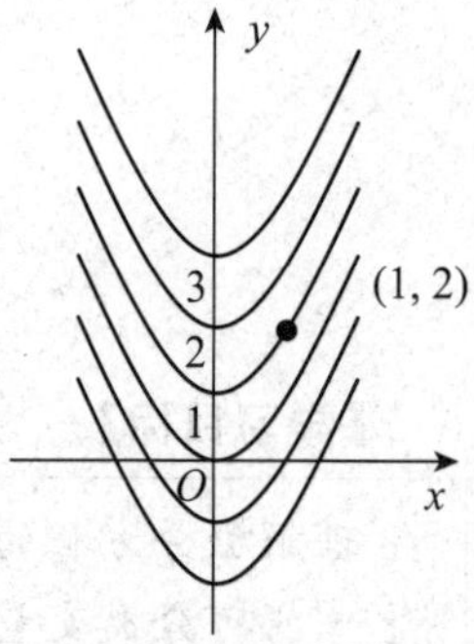

图 6－1

例 2 一物体由静止开始从高处自由下落，已知物体下落时的重力加速度是 g，求物体下落的位置与时间之间的函数关系.

解 由题意，取物体开始下落处为坐标原点，s 轴垂直向下(如图6－2 所示)，因为加速度是位置函数 $s(t)$ 对时间 t 的二阶导数，根据题意得到 $s(t)$ 与时间 t 之间的关系所满足的方程为

$$\frac{d^2s}{dt^2}=g, \tag{4}$$

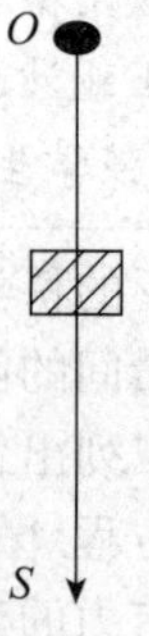

图 6－2

且 $s(t)$ 还应满足

$$s(0)=0, s'(0)=0. \tag{5}$$

对上式两边积分一次得到

$$\frac{ds}{dt}=gt+c_1, \tag{6}$$

再积分一次，得到

$$s=\frac{1}{2}gt^2+c_1t+c_2, \tag{7}$$

其中 c_1, c_2 是任意常数. 将条件(5)式代入(6)式和(7)式，得到 $c_1=0, c_2=0$，因此自由下落距离 s 与时间 t 的关系为

$$s=\frac{1}{2}gt^2.$$

上面两个实例，虽然实际意义不相同，但是解决问题的方法都是归结为先建立一个含有未知数的导数(或微分)的关系式，然后通过此关系式，求出满足所给附加条件的未知函数. (1)式和(4)式都含有未知函数的导数(或微分)，这种方程就称为微分方程. 下面我们给出微分方程的一些基本概念.

二、微分方程的概念

定义 1 含有未知函数的导数或微分的方程叫做**微分方程**.

未知函数是一元函数的微分方程叫做**常微分方程**，未知函数是多元函数的微分方程叫做**偏微分方程**. 如前面实例 1 中的(1)式和实例中(4)式都是常微分方程. 本模块我们只介绍常微分方程的一些初步知识及简单应用，有时就简称为微分方程(或方程).

在一个微分方程中，未知函数的导数的最高阶数，叫做**微分方程的阶**.

例如，$\frac{dy}{dx}=2x$，$y'=2x+1$ 是一阶微分方程，$y''+2y'+y=0$ 是二阶微分方程.

二阶或二阶以上的微分方程称为**高阶微分方程**.

定义 2 如果把某个函数代入微分方程中，能使该微分方程成为恒等式，那么称这个函数为该**微分方程的解**. 求微分方程解的过程叫做**解微分方程**.

例如，例 1 中的 $y=\int 2x\,dx=x^2+C$ 和 $y=x^2+1$ 都是微分方程 $\frac{dy}{dx}=2x$ 的解；例 2 中

$s=\frac{1}{2}gt^2+c_1t+c_2$ 和 $s=\frac{1}{2}gt^2$ 都是$\frac{d^2s}{dt^2}=g$ 的解.

从上述例子可以看出,微分方程的解中可以含有任意常数,如果微分方程的解中所含有相互独立的任意常数的个数与微分方程的阶数相等,则称这样的解为微分方程的**通解**.这里所说的任意常数相互独立是指不能通过合并而减少常数的个数.

例如,例1中的 $y=\int 2x\mathrm{d}x=x^2+C$ 是$\frac{\mathrm{d}y}{\mathrm{d}x}=2x$ 的通解,例2中的 $s=\frac{1}{2}gt^2+c_1t+c_2$ 是$\frac{d^2s}{dt^2}=g$ 的通解.

如果给方程通解中的所有任意常数一确定的值就得到微分方程的特解,即不含任意常数的解叫做微分方程的**特解**.

例如,例1中的 $y=x^2+1$ 是$\frac{\mathrm{d}y}{\mathrm{d}x}=2x$ 的一个特解,例2中的 $s=\frac{1}{2}gt^2$ 是$\frac{d^2s}{dt^2}=g$ 的一个特解.

用于确定通解中任意常数的条件,称为**初始条件**.初始条件的个数与微分方程的阶数相同.

例如,例1中的 $2=1^2+C$ 就是初始条件,例2中的 $s(0)=0,s'(0)=0$ 是初始条件.

求微分方程满足初始条件的解问题称为**初值问题**.

微分方程解的图形称为此方程的**积分曲线**.由于通解中含有任意常数,所以微分方程的通解的图像是具有某种共同性质的一族曲线,称为微分方程的**积分曲线族**.其特解的图形是根据初始条件而确定的积分曲线族中的某一条**特定的积分曲线**.

例3　试写出下列各微分方程的阶.

(1)$\left(\frac{\mathrm{d}y}{\mathrm{d}x}\right)^2-xy=0$;(2)$(3x-4y)\mathrm{d}y+(2x-3y)\mathrm{d}y=0$;

(3)$y''+2y'+y=0$;(4)$y^{(4)}+y^6+x^8=0$.

解　(1)一阶微分方程;(2)一阶微分方程;

(3)二阶微分方程;(4)四阶微分方程.

例4　验证 $y=C_1\cos 2x+C_2\sin 2x$ 是微分方程 $y''+4y=0$ 的通解,并求满足初始条件 $y|_{x=0}=1,y'|_{x=0}=-1$ 的特解.

解　因为　$y=C_1\cos 2x+C_2\sin 2x$, 所以

$$y'=-2C_1\sin 2x+2C_2\cos 2x,$$
$$y''=-4C_1\cos 2x-4C_2\sin 2x.$$

将上面各式代入原方程 $y''+4y=0$ 的左端,得

$$-4C_1\cos 2x-4C_2\sin 2x+4C_1\cos 2x+4C_2\sin 2x=0.$$

故已给函数满足方程 $y''+4y=0$,是它的解.由于有两个任意常数 C_1,C_2,因此这个解又是微分方程的通解.

将初始条件代入上面两式中,求得

$$C_1=1,C_2=-\frac{1}{2}.$$

所以 $y''+4y=0$ 满足初始条件的特解是

$$y=\cos 2x-\frac{1}{2}\sin 2x.$$

习题 6—1

1. 指出下列各微分方程的阶数.

(1) $y''-3y'+2y=x^2$；(2) $x^2\mathrm{d}y+y^2\mathrm{d}x=0$；

(3) $y'''+2y'+y=0$；(4) $y^3\dfrac{\mathrm{d}^2y}{\mathrm{d}x^2}+y^4=0$；

(5) $x^2y''-xy'+y=0$；(6) $y''y'+x^3y'+y=0$；

(7) $y^{(5)}+\sin(x+y)=y'+3y$；(8) $(7x-6y)\mathrm{d}x+(x+y)\mathrm{d}y=0$.

2. 指出下列各题中的函数是否为所给微分方程的解.

(1) $xy'-y\ln y=0, y=\mathrm{e}^x$；

(2) $y''-4y'+4y=0, y=x\mathrm{e}^{2x}$；

(3) $y''=6x+2, y=x^3+x^2$；

(4) $y''+y=0, y=2\sin x+\cos x$.

3. 指出下列各题中的函数是否为所给方程的解. 若是解，指出是通解还是特解. 其中 C_1，C_2，C_3 为任意的常数.

(1) $y''-2y'+y=0, y=x^2\mathrm{e}^x$；

(2) $(x+y)\mathrm{d}x+x\mathrm{d}y=0, y=C^2-x^2$；

(3) $y''-(\lambda_1+\lambda_2)y'+\lambda_1\lambda_2y=0, y=C_1\mathrm{e}^{\lambda_1x}+C_2\mathrm{e}^{\lambda_2x}$；

(4) $y''+3y'+2y=x\mathrm{e}^{-2x}, y=C_1\mathrm{e}^{-x}+C_2\mathrm{e}^{-2x}-\left(\dfrac{1}{2}x^2+x\right)\mathrm{e}^{-2x}$.

4. 求微分方程 $y'''=6x+1$ 的通解.

5. 验证 $y=Cx+\dfrac{1}{C}$ 是微分方程 $x\left(\dfrac{\mathrm{d}y}{\mathrm{d}x}\right)^2-y\dfrac{\mathrm{d}y}{\mathrm{d}x}+1=0$ 的通解（其中任意常数 $C\neq0$），并求满足初始条件 $y|_{x=0}=2$ 的特解.

第二节　一阶微分方程

本节我们讨论一阶微分方程的几种类型及其解法.

一阶微分方程的一般形式是

$$F(x,y,y')=0,$$

或解出 y' 的形式：$y'=f(x,y)$.

一、可分离变量的微分方程与齐次方程

1. 可分离变量的微分方程

形如

$$\frac{\mathrm{d}y}{\mathrm{d}x}=f(x)g(y)$$

的一阶微分方程，叫做**可分离变量的微分方程**.

我们采用积分的方法来求解可分离变量微分方程，求解步骤如下：

(1) 分离变量：变方程为 $\dfrac{\mathrm{d}y}{g(y)}=f(x)\mathrm{d}x$ 的形式（$g(y)\neq0$）；

(2) 两端积分：$\int \frac{\mathrm{d}y}{g(y)} = \int f(x)\mathrm{d}x$；

(3)求得通解：$G(y)=F(x)+C$.

其中 $G(y)$ 和 $F(x)$ 分别为 $\frac{1}{g(y)}$ 和 $f(x)$ 的某一个原函数.

例 1　求微分方程 $y'=y$ 的通解.

解　分离变量得

$$\frac{\mathrm{d}y}{y} = \mathrm{d}x,$$

两端积分

$$\int \frac{\mathrm{d}y}{y} = \int \mathrm{d}x,$$

得

$$\ln|y|=x+C_1,$$

所以

$$y=\pm \mathrm{e}^{x+C_1}=\pm \mathrm{e}^{C_1}\mathrm{e}^x.$$

因为 $\pm \mathrm{e}^{C_1}$ 仍是任意常数，因此设 $C=\pm \mathrm{e}^{C_1}$，得方程的通解为

$$y = C\mathrm{e}^x.$$

例 2　求微分方程 $\frac{\mathrm{d}y}{\mathrm{d}x}=-\frac{x}{y}$ 的通解.

解　分离变量得 $y\mathrm{d}y=-x\mathrm{d}x$

两端积分

$$\int y\mathrm{d}y = \int -x\mathrm{d}x,$$

得

$$\frac{y^2}{2}=-\frac{x^2}{2}+C_1,$$

得方程的通解

$$x^2+y^2=C.$$

例 3　求微分方程　$xy\mathrm{d}x-(1+x^2)\mathrm{d}y=0$ 通解.

解　原方程化为

$$(1+x^2)\mathrm{d}y = xy\mathrm{d}x,$$

分离变量得

$$\frac{1}{y}\mathrm{d}y = \frac{x}{1+x^2}\mathrm{d}x,$$

两端积分

$$\int \frac{1}{y}\,\mathrm{d}y = \int \frac{x}{1+x^2}\,\mathrm{d}x,$$

得

$$\ln|y|=\frac{1}{2}\ln(1+x^2)+\ln C_1,$$

$$y=\pm C_1\sqrt{1+x^2}.$$

因 $\pm C_1$ 仍是任意常数，把它记作 C，便得方程的通解

$$y = C\sqrt{1+x^2}.$$

例 4　求微分方程　$\cos x\sin y\mathrm{d}y=\cos y\sin x\mathrm{d}x$　满足 $y|_{x=0}=\frac{\pi}{4}$ 的特解.

解　分离变量得

$$\frac{\sin y}{\cos y}\mathrm{d}y = \frac{\sin x}{\cos x}\mathrm{d}x,$$

两端积分

$$\int \frac{\sin y}{\cos y}\,\mathrm{d}y = \int \frac{\sin x}{\cos x}\,\mathrm{d}x,$$

得
$$\cos y = C\cos x.$$

将 $y|_{x=0}=\frac{\pi}{4}$ 代入上式，得 $C=\frac{\sqrt{2}}{2}$，于是所求的微分方程的特解为

$$\cos y = \frac{\sqrt{2}}{2}\cos x.$$

2. 齐次方程

如果一阶微分方程

$$\frac{\mathrm{d}y}{\mathrm{d}x} = f(x,y)$$

可以化成

$$\frac{\mathrm{d}y}{\mathrm{d}x} = \varphi\left(\frac{y}{x}\right)$$

的形式，则称这个方程为齐次方程.

此类方程的求解分三步进行.

第一步：将原方程化为 $\frac{\mathrm{d}y}{\mathrm{d}x}=\varphi\left(\frac{y}{x}\right)$ 的形式；

第二步：作变量替换

$$u = \frac{y}{x},$$

以 u 为新的未知函数，就可化为可分离变量的方程.

因为 $u=\frac{y}{x}$，即 $y=xu$，求导数得

$$\frac{\mathrm{d}y}{\mathrm{d}x} = u + x\frac{\mathrm{d}u}{\mathrm{d}x},$$

代入方程 $\frac{\mathrm{d}y}{\mathrm{d}x}=\varphi\left(\frac{y}{x}\right)$ 中得
$$x\frac{\mathrm{d}u}{\mathrm{d}x}=\varphi(u)-u,$$

分离变量得
$$\frac{\mathrm{d}u}{\varphi(u)-u}=\frac{\mathrm{d}x}{x},$$

两端积分得
$$\int\frac{\mathrm{d}u}{\varphi(u)-u} = \int\frac{\mathrm{d}x}{x}.$$

第三步：回代. 求出积分后，将 u 还原成 $\frac{y}{x}$ 就得到所给方程的通解.

例 5 求解微分方程 $xy\frac{\mathrm{d}y}{\mathrm{d}x}=x^2+y^2$.

解 原方程可化为

$$\frac{\mathrm{d}y}{\mathrm{d}x} = \frac{x}{y} + \frac{y}{x},$$

因此是齐次方程. 令 $u=\frac{y}{x}$，则

$$y = xu,\ \frac{\mathrm{d}y}{\mathrm{d}x} = u + x\frac{\mathrm{d}u}{\mathrm{d}x}.$$

于是原方程化为

$$x\frac{\mathrm{d}u}{\mathrm{d}x}+u=\frac{1}{u}+u,$$

即

$$x\frac{\mathrm{d}u}{\mathrm{d}x}=\frac{1}{u}.$$

分离变量并积分得

$$u^2=2\ln|x|+2C(C\text{为任意常数}),$$

再用$\frac{y}{x}$代替u,便得原方程的通解为

$$y^2=2x^2\ln|x|+2Cx^2(C\text{为任意常数}).$$

二、一阶线性微分方程

形如

$$\frac{\mathrm{d}y}{\mathrm{d}x}+P(x)y=Q(x) \tag{1}$$

的微分方程叫做**一阶线性微分方程**,其中$P(x)$,$Q(x)$都是自变量x的已知函数.所谓"线性"指的是(1)式中的未知函数y及其导数y'都是一次式.

(1)当$Q(x)\equiv 0$,(1)式变为

$$\frac{\mathrm{d}y}{\mathrm{d}x}+P(x)y=0, \tag{2}$$

叫做**一阶线性齐次微分方程**.

方程是可分离变量的微分方程,分离变量得

$$\frac{\mathrm{d}y}{y}=-P(x)\mathrm{d}x,$$

积分得

$$\ln|y|=-\int P(x)\mathrm{d}x+C_1,$$

即

$$y=C\mathrm{e}^{-\int P(x)\mathrm{d}x}(C=\pm\mathrm{e}^{C_1}). \tag{3}$$

(3)式为一阶线性齐次微分方程(2)式的通解,其中$P(x)$的积分$\int P(x)\mathrm{d}x$只取一个原函数.

(2)若$Q(x)\neq 0$,方程(1)式叫做**一阶线性非齐次微分方程**.因为一阶线性齐次方程是一阶线性非齐次方程的特殊情况,所以可以设想把一阶线性齐次方程的通解中的常数C换成函数$C(x)$,即$y=C(x)\mathrm{e}^{-\int P(x)\mathrm{d}x}$作为一阶线性非齐次方程的通解.

下面就假定$y=C(x)\mathrm{e}^{-\int P(x)\mathrm{d}x}$是一阶线性非齐次方程的通解,$C(x)$是待定函数.

把假定解代入方程得

$$\left(C(x)\mathrm{e}^{-\int P(x)\mathrm{d}x}\right)'+P(x)C(x)\mathrm{e}^{-\int P(x)\mathrm{d}x}=Q(x),$$

整理得

$$C'(x)=Q(x)\mathrm{e}^{\int P(x)\mathrm{d}x},$$

积分得

$$C(x)=\int Q(x)\mathrm{e}^{\int P(x)\mathrm{d}x}\,\mathrm{d}x+C,$$

把 $C(x)$ 代入假定解中，即得一阶非齐次线性方程的通解

$$y=\mathrm{e}^{-\int P(x)\mathrm{d}x}\left(\int Q(x)\mathrm{e}^{\int P(x)\mathrm{d}x}\mathrm{d}x+C\right), \tag{4}$$

(4) 式中 $P(x)$ 的积分 $\int P(x)\mathrm{d}x$ 只取一个原函数.

该方法称为**常数变易法**. 由于该通解作为公式不易记忆，因此不背公式，根据推理过程，即利用常数变易法来求解一阶线性非齐次微分方程.

例 6 求微分方程 $y'+y=\mathrm{e}^{-x}$ 的通解.

解 方法一 常数变易法

先求齐次方程 $y'+y=0$ 的通解，分离变量得

$$\frac{\mathrm{d}y}{y}=-\mathrm{d}x,$$

两端积分得

$$\ln y=-x+C_1,$$

即

$$y=\mathrm{e}^{-x+C_1}=\mathrm{e}^{C_1}\mathrm{e}^{-x}=C\mathrm{e}^{-x}.$$

再设 $y=C(x)\mathrm{e}^{-x}$ 为原方程的解，代入原方程得

$$(C(x)\mathrm{e}^{-x})'+C(x)\mathrm{e}^{-x}=\mathrm{e}^{-x},$$

$$C'(x)\mathrm{e}^{-x}-C(x)\mathrm{e}^{-x}+C(x)\mathrm{e}^{-x}=\mathrm{e}^{-x},$$

即

$$C'(x)=1.$$

积分得

$$C(x)=x+C,$$

故所求方程的通解为

$$y=\mathrm{e}^{-x}(x+C).$$

方法二 直接利用公式 $y=\mathrm{e}^{-\int P(x)\mathrm{d}x}\left(\int Q(x)\mathrm{e}^{\int P(x)\mathrm{d}x}\mathrm{d}x+C\right)$ 求解.

因为 $P(x)=1, Q(x)=\mathrm{e}^{-x}$，所以通解为

$$\begin{aligned}y&=\mathrm{e}^{-\int \mathrm{d}x}\left(\int \mathrm{e}^{-x}\mathrm{e}^{\int \mathrm{d}x}\mathrm{d}x+C\right)\\&=\mathrm{e}^{-x}\left(\int \mathrm{e}^{-x}\,\mathrm{e}^{x}\mathrm{d}x+C\right)\\&=\mathrm{e}^{-x}(x+C).\end{aligned}$$

例 7 求微分方程 $\frac{\mathrm{d}y}{\mathrm{d}x}-y\cot x=2x\sin x$ 的通解.

解 方法一 常数变易法

先求齐次方程 $\frac{\mathrm{d}y}{\mathrm{d}x}-y\cot x=0$ 的通解，分离变量得

$$\frac{\mathrm{d}y}{y}=\cot x\mathrm{d}x,$$

两端积分得

$$\int\frac{\mathrm{d}y}{y}=\int\cot x\mathrm{d}x,$$

$$\ln y = \ln \sin x + \ln C,$$

即
$$y = C\sin x.$$

再设 $y=C(x)\sin x$ 为原方程的解，
代入原方程得

$$C'(x)\sin x + C(x)\cos x - C(x)\cos x = 2x\sin x,$$

整理得
$$C'(x)=2x, \text{即 } C(x)=x^2+C,$$

故所求方程的通解为

$$y = (x^2 + C)\sin x.$$

方法二　直接利用公式 $y = \mathrm{e}^{-\int P(x)\mathrm{d}x}\left(\int Q(x)\mathrm{e}^{\int P(x)\mathrm{d}x}\mathrm{d}x + C\right)$求解.

将已知
$$P(x)=-\cot x, Q(x)=2x\sin x,$$

代入公式得
$$\begin{aligned}
y &= \left(\int 2x\sin x\mathrm{e}^{-\int \cot x\mathrm{d}x}\ \mathrm{d}x + C\right)\mathrm{e}^{\int \cot x\mathrm{d}x} \\
&= \left(\int 2x\sin x\mathrm{e}^{-\ln\sin x}\ \mathrm{d}x + C\right)\mathrm{e}^{\ln\sin x} \\
&= \left(\int 2x\sin x\frac{1}{\sin x}\ \mathrm{d}x + C\right)\sin x \\
&= (x^2 + C)\sin x.
\end{aligned}$$

例 8　求一曲线方程，此曲线通过原点，并且它在点(x,y)处的切线斜率等于 $2x-y$.

解　根据导数的几何意义，有

$$y' = 2x - y, \text{且 } y|_{x=0} = 0.$$

此方程为一阶线性非齐次方程，因 $P(x)=1, Q(x)=2x$，所以通解为

$$\begin{aligned}
y &= \mathrm{e}^{-\int \mathrm{d}x}\left(\int 2x\mathrm{e}^{\int \mathrm{d}x}\mathrm{d}x + C\right) = \mathrm{e}^{-x}\left(2\int x\mathrm{e}^{x}\mathrm{d}x + C\right) \\
&= \mathrm{e}^{-x}\left(2\int x\mathrm{d}\mathrm{e}^{x} + C\right) = \mathrm{e}^{-x}\left(2x\mathrm{e}^{x} - 2\int \mathrm{e}^{x}\ \mathrm{d}x + C\right) \\
&= \mathrm{e}^{-x}(2x\mathrm{e}^{x} - 2\mathrm{e}^{x} + C) = 2x - 2 + C\mathrm{e}^{-x}.
\end{aligned}$$

将初始条件 $y|_{x=0}=0$ 代入上式，得

$$C = 2.$$

所以所求曲线方程为

$$y = 2x - 2 + 2\mathrm{e}^{-x}.$$

习题 6—2

1. 求下列微分方程的通解.

(1) $y'=2x$；　　(2) $y'=ky$；

(3) $y'=2xy$；　　(4) $\dfrac{\mathrm{d}y}{\mathrm{d}x}=-\dfrac{x}{y}$；

(5) $\dfrac{\mathrm{d}x}{\mathrm{d}p}=-x\ln 3$；　　(6) $xy'+y=0$；

(7) $xy'-y\ln y=0$；　　(8) $\sqrt{1-x^2}\,\mathrm{d}y+\sqrt{1-y^2}\,\mathrm{d}x=0$；

(9) $\frac{dy}{dx}=10^{x+y}$；

(10) $(x^2+y^2)dx-xydy=0$；

(11) $x\frac{dy}{dx}=y\ln\frac{y}{x}$；

(12) $y'+y=e^x$；

(13) $y'+\frac{1}{x}y=x+3$；

(14) $y'+y\tan x=\sin 2x$.

2. 求下列微分方程满足初始条件的特解.

(1) $y'\sin x-y\ln y=0, y|_{x=\frac{\pi}{2}}=e$；

(2) $y'=e^{2x-y}, y|_{x=0}=0$；

(3) $y'-y\tan x=\sec x, y|_{x=0}=0$；

(4) $y'-\frac{1}{1-x^2}y=1+x, y|_{x=0}=1$.

3. 求下列一阶微分方程的通解.

(1) $\frac{dy}{dx}+y=e^{-x}$；

(2) $xy'+y=x^2+3x+2$；

(3) $y'+y\tan x=\sin 2x$；

(4) $(x^2-1)y'+2xy-\cos x=0$；

(5) $y\ln y dx+(x-\ln y)dy=0$；

(6) $(y^2-6x)\frac{dy}{dx}+2y=0$.

4. 一曲线通过点(3,10)，其在任意点处的切线斜率等于该点横坐标的平方，求此曲线方程.

第三节　高阶微分方程

前一节介绍了求解一阶微分方程的方法，本节将介绍高阶微分方程的类型以及求解高阶微分方程的方法.

一、可降阶的高阶微分方程

类型：$y^{(n)}=f(x)$型.

特点：方程右端是仅含 x 的函数.

求法：将原方程两边 n 次积分即可求得通解.

例 1　求微分方程 $y''=e^{2x}$ 的通解.

解　对原方程两端积分一次，得

$$y'=\int e^{2x}\,dx=\frac{1}{2}e^{2x}+C_1.$$

再积分一次，即可得原微分方程的通解为

$$y=\int\left(\frac{1}{2}e^{2x}+C_1\right)dx=\frac{1}{4}e^{2x}+C_1x+C_2.$$

例 2　求微分方程 $y'''=x^3+\frac{1}{x^3}$ 的通解.

解　对原方程两端积分一次，得

$$y''=\int\left(x^3+\frac{1}{x^3}\right)dx=\frac{x^4}{4}-\frac{x^{-2}}{2}+C_1,$$

再积分一次，得

$$y'=\int\left(\frac{x^4}{4}-\frac{x^2}{2}+C_1\right)\mathrm{d}x=\frac{x^5}{20}+\frac{x^{-1}}{2}+C_1x+C_2,$$

再积分一次，即可得原微分方程的通解为

$$y=\int\left(\frac{x^5}{20}+\frac{x^{-1}}{2}+C_1\right)\mathrm{d}x=\frac{x^6}{120}+\frac{\ln|x|}{2}+\frac{C_1x}{2}+C_2x+C_3.$$

二、二阶线性微分方程的概念

二阶微分方程的一般形式为

$$F(x,y,y',y'')=0,$$

若其最高阶导数能够解出，则得

$$y''=f(x,y,y')=0.$$

若上述方程中右端关于 y 和 y' 的关系是线性关系，则其可以改写为

$$y''+p(x)y'+q(x)y=f(x),\tag{1}$$

称此微分方程为**二阶线性微分方程**. 其中 $p(x)$，$q(x)$ 为系数函数，$f(x)$ 为自由项.

当 $f(x)=0$ 时，称方程(1)为**线性齐次微分方程**. 当 $f(x)\neq 0$ 时，方程(1)称为**线性非齐次微分方程**.

三、二阶线性齐次微分方程解的结构

设二阶线性齐次微分方程为

$$y''+p(x)y'+q(x)y=0.\tag{2}$$

定理 1　若函数 $y_1(x)$，$y_2(x)$ 是方程(2)的两个解，则 $y_1(x)$，$y_2(x)$ 的线性组合 $y=C_1y_1(x)+C_2y_2(x)$ 也是方程(2)的解，其中 C_1，C_2 是任意常数.

证　因为 $y_1(x)$，$y_2(x)$ 是方程(2)两个解，即有

$$y_1'+p(x)y_1'+q(x)y_1=0,\ y_2''+p(x)y_2'+q(x)y_2=0,$$

将 $y=C_1y_1(x)+C_2y_2(x)$ 代入方程(2)

$$\begin{aligned}&(C_1y_1+C_2y_2)''+p(x)(C_1y_1+C_2y_2)'+q(x)(C_1y_1+C_2y_2)\\=&C_1(y_1'+p(x)y_1'+q(x)y_1)+C_2(y_2''+p(x)y_2'+q(x)y_2)\\=&0,\end{aligned}$$

所以 $y=C_1y_1(x)+C_2y_2(x)$ 是方程(2)的解.

上面的二阶线性齐次微分方程的解 $y=C_1y_1(x)+C_2y_2(x)$ 中含有两个任意常数. 那么，这个解是否为通解？

答案是否定的. 因为若 $y_1(x)$ 是方程(2)的解，则 $y_2(x)=C_0y_1(x)$ 也是方程(2)的解，从而 $y=C_1y_1(x)+C_2y_2(x)=(C_1+C_2C_0)y_1(x)$ 中只有一个任意常数 $C_1+C_2C_0$，所以，它不可能是方程(2)的通解.

那么 $y_1(x)$，$y_2(x)$ 之间究竟应具备什么条件，才可以使 $y=C_1y_1(x)+C_2y_2(x)$ 为方程(2)的通解呢？为此，引进函数组的线性相关与线性无关的概念.

定义 1　设 $y_1(x)$，$y_2(x)$，$\cdots$，$y_{n-1}(x)$，$y_n(x)$ 是定义在区间 I 上的 n 个函数，如果存在 n 个不全为零的常数

$$k_1,k_2,\cdots,k_{n-1},k_n,$$

使得对任意 $x\in I$，有恒等式

$$k_1y_1(x)+k_2y_2(x)+\cdots+k_{n-1}y_{n-1}(x)+k_ny_n(x)=0$$

成立，则称这 n 个函数在区间 I 上**线性相关**；否则称为**线性无关**.

例如，函数 $y_1=e^x$ 和 $y_2=e^{-x}$ 在其定义区间上线性无关，而函数 $y_1=\sin 2x$ 和 $y_2=2\sin 2x$ 在其定义区间上就是线性相关的.

特别地，由函数线性相关和线性无关的定义可知，若函数组由两个函数 $y_1(x)$，$y_2(x)$ 组成，则当 $\frac{y_1(x)}{y_2(x)}\equiv$**常数**时，$y_1(x)$，$y_2(x)$ **线性相关**；否则**线性无关**.

例如，对函数 $y_1=\sin 2x$，$y_2=\sin x\cos x$. 因为 $\frac{y_1(x)}{y_2(x)}\equiv 2$，所以 $y_1=\sin 2x$ 和 $y_2=\sin x\cos x$ 线性相关.

在区间 $(-1,1)$ 上，因为 $\frac{x}{|x|}\equiv\begin{cases}1, & x>0,\\ -1, & x<0\end{cases}$ 不是常数，所以在区间 $(-1,1)$ 上 x 和 $|x|$ 线性无关.

定理 2　若函数 $y_1(x)$，$y_2(x)$ 是方程(2)的两个线性无关的解，则 $y_1(x)$，$y_2(x)$ 的线性组合 $y=C_1y_1(x)+C_2y_2(x)$ 是方程(2)的通解，其中 C_1，C_2 是任意常数.

例如，函数 $y_1(x)=\sin x$，$y_2(x)=\cos x$ 都是方程 $y''+y=0$ 的解，又 $\frac{y_1(x)}{y_2(x)}=\frac{\sin x}{\cos x}=\tan x$ $\neq$ 常数，故 $y_1(x)$，$y_2(x)$ 是线性无关的. 所以 $y=C_1\sin x+C_2\cos x$ 是方程 $y''+y=0$ 的通解.

四、二阶线性非齐次微分方程解的结构

以下考虑二阶线性非齐次微分方程

$$y''+p(x)y'+q(x)y=f(x) \tag{3}$$

解的结构，其中 $f(x)\neq 0$.

定理 3　若函数 $y_0(x)$ 是非齐次微分方程(3)的特解，$Y=C_1y_1(x)+C_2y_2(x)$ 是与方程(3)对应的线性齐次微分方程(2)的通解，则 $y=Y(x)+y_0(x)$ 是方程(3)的通解.

证　先验证 y 是方程(3)的解. 将 y 代入方程(3)的左端，有

$$\begin{aligned}&(Y+y_0)''+p(x)(Y+y_0)'+q(x)(Y+y_0)\\ =&[Y''+p(x)Y'+q(x)Y]+[y_0''+p(x)y_0'+q(x)y_0].\end{aligned}$$

由于 Y 是二阶线性齐次微分方程(2)的解，$y_0(x)$ 是非齐次微分方程(3)的解，故

$$(Y+y_0)''+p(x)(Y+y_0)'+q(x)(Y+y_0)=0+f(x)=f(x).$$

即 y 是方程(3)的解.

又因为 Y 是齐次微分方程(2)的通解，Y 中含有两个独立的任意常数 C_1，C_2，所以 $y=Y(x)+y_0(x)$ 中也含有两个独立的任意常数，从而它是方程(3)的通解.

上面的定理实际上还说明了两个非齐次微分方程的解之差是对应的齐次微分方程的解. 即有下面的结论.

定理 4　若函数 $y_1(x)$，$y_2(x)$ 是非齐次微分方程(3)的两个特解，则 $y_1(x)-y_2(x)$ 是与之对应的线性齐次微分方程(2)的解.

例 3　证明 $y=C_1x+C_2e^x-(x^2+x+1)$ 是方程 $(x-1)y''-xy'+y=(x-1)^2$ 的通解.

解　易知 $y_1(x)=x$，$y_2(x)=e^x$ 是齐次方程 $(x-1)y''-xy'+y=0$ 的解，且 $\frac{y_1(x)}{y_2(x)}=\frac{x}{e^x}$ 不

是常数，故 $y_1(x)$，$y_2(x)$线性无关，于是

$$Y = C_1x + C_2e^x$$

是对应的齐次方程的通解.

又 $y_0=-(x^2+x+1)$满足方程$(x-1)y''-xy'+y=(x-1)^2$，于是由定理可得：$y=C_1x+C_2e^x-(x^2+x+1)$是方程$(x-1)y''-xy'+y=(x-1)^2$的通解.

例 4 设 $y_1=e^x(1+x\ln x)$，$y_2=xe^x(1+\ln x)$，$y_3=xe^x\ln x$ 分别是二阶微分方程 $y''-2y'+y=\frac{e^x}{x}$的解，求该方程的通解.

解 由定理 4，$y_1-y_3=e^x$，$y_2-y_3=xe^x$是齐次方程

$$y''-2y'+y=0$$

的解，又$\frac{y_1-y_3}{y_2-y_3}=\frac{1}{x}$不是常数，所以

$$Y = C_1e^x + C_2xe^x$$

是对应于

$$y''-2y'+y=\frac{e^x}{x}$$

的齐次方程的通解，

又 y_3是它的一个特解，从而

$$y = C_1e^x + C_2xe^x + xe^x\ln x$$

是它的通解.

定理 5 若方程(3)的自由项 $f(x)$为若干个函数之和，如

$$y''+p(x)y'+q(x)y = f_1(x)+f_2(x), \tag{4}$$

$y_1(x)$和 $y_2(x)$是分别对应方程

$$y''+p(x)y'+q(x)y = f_1(x) \text{ 和 } y''+p(x)y'+q(x)y = f_2(x)$$

的特解，则 $y=f_1(x)+f_2(x)$是方程(4)的特解.

证 将 $y=f_1(x)+f_2(x)$代入方程(4)中验证即可. 由于

$$\begin{aligned}&(y_1+y_2)''+p(x)(y_1+y_2)'+q(x)(y_1+y_2)\\=&[y_1''+p(x)y_1'+q(x)y_1]+[y_2''+p(x)y_2'+q(x)y_2]\\=&f_1(x)+f_2(x)\\=&f(x),\end{aligned}$$

故 $y=f_1(x)+f_2(x)$是方程(4)的解.

由定理 3 可知，求线性非齐次微分方程的通解，只要先求出其对应的线性齐次微分方程的通解，然后，再求出非齐次方程的一个特解，两者之和即为线性非齐次微分方程的通解.

而定理 5 指出，当自由项复杂时，可以考虑把自由项分解成若干个简单函数的和. 通常，以这些简单函数作自由项重新构造的微分方程容易求特解，这些特解之和即为原微分方程的特解，从而使得求解的范围进一步扩大.

习题 6－3

1. 求解下列微分方程的通解.

(1)$y''=3x+\sin x$；　　(2)$y''=\ln x$；

(3) $y'''=xe^x$；　　(4) $y''=\cos\dfrac{x}{2}+e^{3x}$.

2. 判断下列函数组在其定义区间内哪些是线性相关的.

(1) x, x^2；　　(2) e^{2x}, e^{3x}；

(3) e^{-x}, e^x；　　(4) $\sin 2x, \sin x\cos x$；

(5) $\sin^2 x, \cos^2 x$；　　(6) $\ln x, x\ln x$；

(7) $e^x\sin 2x, e^{2x}\sin x$；　　(8) $\arcsin x$；$\dfrac{\pi}{2}-\arccos x$.

3. 验证 $y_1=e^{x^2}$ 和 $y_2=xe^{x^2}$ 都是方程 $y''-4xy'+(4x^2-2)y=0$ 的解，并写出该方程的通解.

4. 验证 $y_1=\cos\omega x$ 和 $y_2=\sin\omega x$ 都是方程 $y''+\omega^2 y=0$ 的解，并写出该方程的通解.

5. 已知函数 $y_1=e^x$ 和 $y_2=e^{-x}$ 是方程 $y''+py'+qy=0$（p,q 为常数）的两个特解.

(1) 求常数 p,q；

(2) 求该方程的通解，并求满足初始条件 $y|_{x=0}=1, y'|_{x=0}=2$ 的特解.

※ 第四节　应用与实践六

一、微分方程的建立与应用

1. 用微分方程解决实际问题的一般过程：

(1) 建立微分方程，并根据实际问题提出相应的初始条件.

(2) 求解微分方程.

(3) 利用求得的解说明它所反映的事实.

2. 建立微分方程的常用方法：

(1) 直接法：利用有关的科学定律直接写出微分方程.

(2) 间接法：通过微元分析或数学运算确定微分方程.

3. 分类

(1) 物理问题：利用导数和积分的物理意义.

(2) 电学问题：利用电学中的原理.

(3) 力学问题：利用牛顿第二定律，力的平衡条件.

例 1　【土地沙化问题】

建设绿地、防止沙漠化的环保意识已成为人们的共识. 现已查明，有一块土地有一部分正在沙化. 并且沙化的数量正在增加，其增加的速度与剩下的绿地数量成正比. 由统计得知，每年沙化土地的增长率是绿地的 $\dfrac{1}{10}$. 现有土地 10 万亩，试确定沙化土地与时间的函数关系.

解　如果 $x(0\leqslant x<10)$ 为时刻 t 的沙化土地数量，则沙化土地的增长率为 $\dfrac{dx}{dt}$，绿地的数量为 $10-x$，由此得到 $\dfrac{dx}{dt}=\dfrac{1}{10}(10-x)$. 这个方程就是可分离变量的常微分方程.

解此微分方程

$$\frac{dx}{10-x}=\frac{1}{10}dt.$$

两边积分得
$$\int\frac{dx}{10-x}=\int\frac{1}{10}\,dt,$$

得
$$\ln|10-x|=-\frac{1}{10}t+C_1\quad(C_1\text{为任意常数}),$$

即
$$10-x=\pm e^{C_1}e^{-\frac{1}{10}t}.$$

令 $C=\pm e^{C_1}$,则　$x=10-Ce^{-\frac{1}{10}t}$　(C 为任意常数).

当 $t=0$ 时,$x=0$,常数 $C=10$,因此得到沙化土地与时间的函数关系为
$$x=10-10e^{-\frac{1}{10}t}.$$

例 2 【列车制动】

列车在直线轨道上以 20 m/s 的速度行驶,制动列车获得负加速度 $-0.4\ m/s^2$,问开始制动后要经过多长时间才能把列车刹住?在这段时间内列车行驶了多少路程?

解　记列车制动的时刻为 $t=0$,设制动后 t 秒列车行驶了 s 米. 由题意知,制动后列车行驶的加速度
$$\frac{d^2s}{d^2t}=-0.4\tag{1}$$

初始条件为当 $t=0$ 时,$s=0$, $v=\frac{ds}{dt}=20$

将(1)式两端同时对 t 积分得
$$v(t)=\frac{ds}{dt}=-0.4t+C_1\tag{2}$$

将(2)式两端同时再对 t 积分得
$$s=-0.2t^2+C_1t+C_2\tag{3}$$

其中 C_1,C_2 都是任意常数,把条件当 $t=0$,$\frac{ds}{dt}=20$ 代入(2) 式,得 $C_1=20$,

把 $t=0$ 时,$s=0$ 代入式(3) ,得 $C_2=0$.

于是列车制动后的运动方程为
$$s=-0.2t^2+20t\tag{4}$$

速度方程为
$$v(t)=-0.4t+20$$

因为列车刹住时速度为零,令 $v(t)=-0.4t+20=0$

解出得列车从开始制动到完全刹住的时间为 $t=50$(s)

再把 $t=50$ 代入式(4) ,得列车在制动后所行驶的路程为 $s=-0.2\times50^2+20\times50=500$(m).

例 3 【细菌繁殖】

细菌的增长率与总数成正比。如果培养的细菌总数在 24h 内由 100 增长为 400,那么前 12h 后总数是多少?

解　y 为细菌总数,k 为比例常数,C 为任意常数,$\frac{dy}{dt}$为细菌的增长率.

由已知得$\frac{dy}{dt}=ky\Rightarrow$分离变量$\Rightarrow\frac{dy}{y}=k\,dt$

两端积分得 $\int \frac{\mathrm{d}y}{y}\mathrm{d}x = \int k\mathrm{d}t \Rightarrow \ln y = \frac{1}{2}kt$

即 $y = \mathrm{e}^{\frac{1}{2}kt} \Rightarrow y = C\mathrm{e}^{kt}$

由初始条件得 $y(0)=100 \Rightarrow C=100$

$$y(24)=400 \Rightarrow 400=100\mathrm{e}^{24k} \Rightarrow 4=\mathrm{e}^{24k}$$

$$k=\frac{\ln 4}{24}=\frac{\ln 2}{12} \Rightarrow y(t)=100\mathrm{e}^{\frac{\ln 2}{12}t}$$

当 $t=12$ 时 $\Rightarrow y(12)=100\mathrm{e}^{\ln 2}=200$

即 12 小时之后细菌可达到 200.

通过模型建立和解答可知：细菌的繁殖在适宜的条件下是逐渐增加的，通过改变条件才能控制。

例 4 【*RL* 电路】

一个 RL 回路中有电源 5 V，电阻 50 Ω，电感 L H，无初始电流（如图 6－3 所示）. 求在任何时刻 t，电路中的电流.

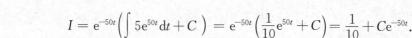

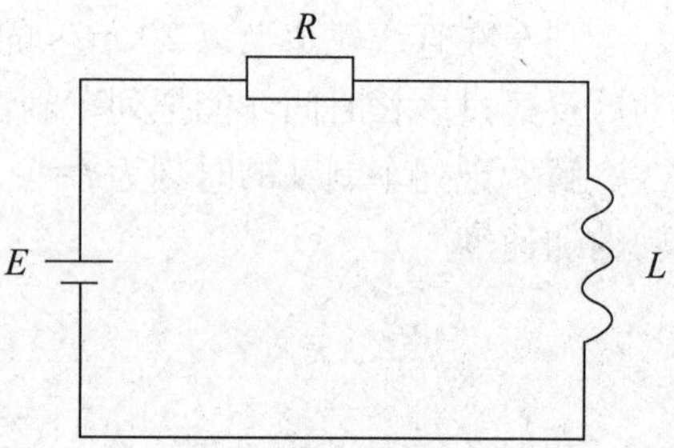

图 6—3

解 RL 回路包含有电阻 R（欧姆）、电感 L（亨利）和电源 E（伏）. 电路中的电流 I（安培）应满足的基本方程是

$$\frac{\mathrm{d}I}{\mathrm{d}t}+\frac{R}{L}I=\frac{E}{L},$$

于是
$$\frac{\mathrm{d}I}{\mathrm{d}t}+50I=5,$$

所以
$$I=\mathrm{e}^{-50t}\left(\int 5\mathrm{e}^{50t}\mathrm{d}t+C\right)=\mathrm{e}^{-50t}\left(\frac{1}{10}\mathrm{e}^{50t}+C\right)=\frac{1}{10}+C\mathrm{e}^{-50t}.$$

因为 $t=0$ 时，$I=0$，代入得 $C=-\frac{1}{10}$，于是 $I=\frac{1}{10}-\frac{1}{10}\mathrm{e}^{-50t}$，其中 $-\frac{1}{10}\mathrm{e}^{-50t}$ 称为瞬时电流，当 $t\to\infty$ 时趋于 0，$\frac{1}{10}$ 称为稳态电流.

例 5 【人口问题】

某国的人口增长与当前国内人口成正比. 若两年后人口增加一倍，三年后是 20 000 人，试估计该国最初人口.

解 设 $N=N(t)$ 为任何时刻 t 该国的人口，N_0 为最初的人口，因为

$$\frac{\mathrm{d}N}{\mathrm{d}t}=kN,$$

分离变量法解得
$$N=C\mathrm{e}^{kt}.$$

当 $t=0$ 时，$N=N_0$，解得 $N_0=C$，于是

$$N=N_0\mathrm{e}^{kt};$$

当 $t=2$ 时，$N=2N_0$，故 $2N_0=N_0\mathrm{e}^{2k}$，解得 $k=\frac{1}{2}\ln 2\approx 0.347$，于是

$$N=N_0\mathrm{e}^{0.347t};$$

当 $t=3$ 时，$N=20\,000$，代入得 $20\,000=N_0\mathrm{e}^{0.347\times 3}=N_0\times 2.832$，解得

$$N_0=7\,062.$$

所以该国最初人口为 7 062 人.

二、实践

MATLAB 软件使用

dsolve 函数求解实例

MATLAB R2008a 是 MATLAB 采用 Maple 符号计算内核的最后一个版本，我们以这个版本的 dsolve 函数为例介绍 R2008b 的 dsolve 函数的用法. 该版本的 dsolve 函数的语法规则如下：

```
r = dsolve('ep1,ep2,...','cond1,cond2,...','v'),
r = dsolve('ep1','ep2',...,'cond1','cond2',...,'v').
```

r 为求解输出的结果，ep1 和 ep2 等是求解的微分方程表达式，微分方程表达式中自变量（以 t 为例）的 n 阶导数$\frac{d^n f}{dt^n}$可以用 Dnf 来表示，类似的，$\frac{d^n g}{dt^n}$可以用 Dng 来表示. 边界条件或者初值条件等一些微分方程的定解条件由 cond1，cond2 等给出. v 为方程的自变量，默认的自变量是 t.

在 R2008b 之后版本的 dsolve 函数除了支持上述两种调用格式外，还多了一个 IgnoreAnalyticConstraints 设置项，其调用格式如下：

```
dsolve('ep1','ep2',...,'cond1','cond2',...,'v','IgnoreAnalyticConstraints',value).
```

其中，IgnoreAnalyticConstraints 参数项的字面意思是“忽略分析上的约束”，这是出于一些求解结果在一般性上的考虑. 它有两个设置值可供选择：all 和 none. 默认情况下是 all，这个时候意味着不对所求结果进行一般意义上的推广，所以解出来的解可能在最一般意义条件下会不成立，但还是会满足原始微分方程以及定解条件. 而如果选择 none，dsolve 返回的解（前提是能够求得解析解）在最一般意义下也会成立，但是会增加求不出统一的解析表达式的概率.

例 6　求$\frac{dx}{dt}=y,\frac{dy}{dt}=-x$ 的解.

解

```
S = dsolve('Dx = y,Dy = - x')
S =
  y:[1x1 sym]
  x:[1x1 sym]
>>S.x
Ans =
(C2 * i)/exp(i * t) - C1 * i * exp(i * t)
>>S.y
Ans =
C1 * exp(i * t) - C2/exp(i * t)
```

例 7　求解微分方程$\frac{dy}{dt}=1+y^2,y(0)=1$. 本例题展示“IgnoreAnalyticConstraints”设置项的用法.

解

```
y = dsolve('Dy = 1 + y^2','y(0) = 1')
y =
```

```
Tan(pi/4 + t)
```

这一设置项的默认值是 all，得到的表达式并不是严格数学意义上的最一般的表达式，如果将其改为 none，将得到如下结果：

```
y = dsolve('Dy = 1 + y^2','y(0) = 1',...'IgnoreAnalyticConstraints','none')
y =
piecewise([C20inZ_ ,tan(pi/4 + t + pi * C20)])
```

这个结果是数学意义上严格条件下微分方程的通解.

应用与实践六　习题

1. 有一个电阻 $R=100\ \Omega$，电感 $L=2\text{H}$ 和电源电压 $E=20\sin 5t(\text{V})$ 串联组成的电路，开关 S 闭合后，电路中的电流通过，求电流 i 与时间 t 的函数关系.

2. 质量为 m 的潜水艇，从水下某处下潜，所受阻力与下潜速度成正比（比例系数 $k>0$），并设开始下潜时（$t=0$）的速度为零，求潜水艇下潜的速度与时间的函数关系.

3. 求下列微分方程的通解.

(1) $x(y'+1)+\sin(x+y)=0$；　　(2) $y'=(x+y)^2$；

(3) $y'-y=2xe^{2x}$；　　(4) $y''-6y'+9y=e^{3x}$.

4. 求微分方程 $y''-2y'+y=0$，满足初始条件 $y(2)=1, y'(2)=-2$ 的特解.

小　结

一、主要内容

本章主要讲述了微分方程的概念；一阶微分方程；可降阶的高阶微分方程；二阶线性齐次（非齐次）微分方程的解的结构；微分方程的简单应用与实践.

1. 微分方程的基本概念

要理解微分方程的基本概念，诸如，微分方程的定义、阶、解、通解、初始条件；函数的线性相关性；线性微分方程解的结构；特征方程、特征根等.

2. 一阶微分方程

掌握可分离变量的微分方程、齐次微分方程、一阶线性微分方程的解法.

3. 高阶微分方程

掌握可降阶的高阶微分方程的解法；了解二阶线性微分方程解的结构.

4. 应用与实践

掌握应用微分方程解决具体问题的步骤，会用 MATLAB 解微分方程.

二、应注意的问题

1. 解微分方程的关键是分清方程的类型，依不同类型，而“对号入座”，采用相应的方法.

(1) 对于可分离微分方程 $\frac{dy}{dx}=f(x)g(x)$：先分离变量，再两边积分得通解；

(2)对于齐次方程$\frac{dy}{dx}=f(\frac{y}{x})$：先作变量代换 $u=\frac{y}{x}$，转化为可分离变量的微分方程求解；

(3)对于一阶线性微分方程 $y'+P(x)y=Q(x)$：直接代入通解公式

$y=e^{-\int P(x)dx}\left(\int Q(x)e^{\int P(x)dx}dx+C\right)$求解.

2. 可降阶的高阶微分方程 $y^{(n)}=f(x)$型：两边直接积分 n 次即可.

3. 微分方程的应用主要是列方程解决实际问题. 列微分方程首先要有正确的思想方法，善于把所给的具体问题变成一个数学问题(建立数学模型). 要仔细分析已知条件与未知函数的关系并借助其他学科的知识，特别要找到函数的变化率与未知函数的联系.

复习题六

1. 填空题.

(1)微分方程 $y^{(4)}-xy^6=\cos 2x$ 的阶数是________.

(2)如果一个一阶微分方程可化成________的形式，则称它是可分离变量的.

(3)一阶线性非齐次微分方程的解法通常指________和________两种方法.

(4)$y^{(4)}=x$ 的通解为________.

2. 选择题.

(1)方程 $x^2ydx-dy=x^2dx+ydy$ 是(　　).

A. 线性微分方程　　B. 可分离变量方程

C. 齐次微分方程　　D. 一阶线性非齐次方程

(2)微分方程$(x+y)dy=(x-y)dx$ 是(　　).

A. 线性微分方程　　B. 可分离变量方程

C. 齐次微分方程　　D. 一阶线性非齐次方程

(3)下列方程中属于一阶微分方程的是(　　).

A. $x(y')^2+2yy''+x=0$　　B. $(y'')^2+5y'-y^5+x=0$

C. $(x^2-y^2)dx+(x^2+y^2)dy=0$　　D. $xy''+y'+y=0$

(4)二阶线性齐次微分方程有(　　).

A. $(y')^2+5yy'+xy=0$　　B. $x^2y''+2y+y-x=0$

C. $yy''+x^2y'+y^2=0$　　D. $xy'+2y''+x^2y=0$

(5)下列函数组中线性无关的是(　　).

A. $x^2,\frac{2}{3}x^2$　　B. $\sin 2x,\sin x\cos x$

C. $1+\cos x,\cos^2\frac{x}{2}$　　D. e^x,e^{-2x}

3. 求解下列一阶微分方程，若带初始条件，求特解.

(1)$\frac{dy}{dx}=\frac{xy}{1+x^2}$；　　(2)$y'+y=\cos x$；

(3)$y'+\frac{y}{x}=\frac{\sin x}{x}$；　　(4)$xy'-x\tan\frac{y}{x}=y$；

(5)$y'=\frac{1-x^2}{xy},y|_{x=1}=1$；　　(6)$xy'+2y=x\ln x,y(1)=-\frac{1}{9}$；

(7) $y'-y=2xe^{2x}, y(0)=1$；　　　　(8) $(x-\sin y)dy+\tan y dx=0, y(1)=\frac{\pi}{6}$.

4. 求解微分方程 $y''=\cos\frac{x}{2}+e^{3x}$.

5. 应用题.

(1)设单位质量的物体在水平面内做直线运动，初速度为 $v|_{t=0}=v_0$，已知阻力与速度成正比（比例系数为1），问时间 t 为多少时，此物体的速度为 $\frac{1}{3}v_0$？并求该物体到此时刻所经过的路程.

(2)某集团最初有财产2 500万元，财产本身产生利息（如同在银行存款可以获得利息一样），且利息以年利率4%增长，同时该集团还必须以每年100万元的数额连续地支付职工工资，求该集团的财产 y 与时间 t 的函数关系.

阅读材料

数学家秦元勋，不一样的传奇人生

数学家秦元勋，贵州贵阳人，生于1923年2月.1943年毕业于浙江大学数学系.1947年获美国哈佛大学哲学博士学位.1948年从美国回国，历任西南军政委员会文教部调研室副主任、科学普及处处长，中国核工业部九院理论部副主任，中国科学院数学研究所研究员，中科院应用数学研究所研究员、执行副所长，中国核学会计算物理学会理事长，中国人工智能学会理事长.

秦元勋具有纯粹数学的坚实基础，又在解决国防的实际任务中积累了丰富的经验，两者相结合，使秦元勋的研究涉及众多领域，在微分方程、应用数学、计算物理、计算数学、相对论、人工智能和经济数学等方面都取得了丰硕的成果.

秦元勋建立复域定性理论，解决大量实际问题.比如，大型发电机负荷平衡控制问题、电解加工成型问题、大型体育馆通风设计问题等，在此基础上完成了《常微分方程近似解析解的理论与实践》一文，提出了以“五步法”为核心的近似解析解的理论，开创了常微分方程近似解析解这一分支.

秦元勋在人工智能方面的成就.1979年，秦元勋开始了常微分方程的计算机公式推导的研究工作，此项工作实属“人工智能”的范畴.秦元勋与刘尊全、秦朝斌合作，对二次微分系统中十分复杂的中心焦点判别公式，通过计算机的符号运算实现了.发现苏联科学院院士巴乌金的著名结果有一个关键性的符号错误，纠正其错误后得到了全部参数的二次微分方程系统的判据.关于这方面的研究成果，秦元勋曾以《计算机的新应用》为题，荣获中国科学院重大成果二等奖.同时秦元勋还在1981年发起组织了中国人工智能学会，出任第一届理事长，推动了这一新领域在中国的发展.对变系数系统、非线性系统、李卡提方程等方面进行研究，并出版了《运动稳定性理论与应用》一书.

秦元勋一贯的学术指导思想是从攻难题出发，建立新分支，以找出“微分方程的基本规律”为目的，顺便解决难题.他认为，不攻难题，没有深度；只攻难题，提不出系统的新理论，对数学学科也不能算是大的贡献.

秦元勋在计算物理方面的成就.1972年，秦元勋在科学院的国防科研基础上，将保密部分去掉,提出“计算物理学”这一新学科.这方面中国与国际上大体是同时发展的.但秦元勋确立了具有明确定义的,具有中国自己特色的新学科.亲自发起和组织了中国的计算物理队伍.1982年,成立了“计算物理学会”并出任学会理事长.1984年,创刊了《计算物理学报》杂志并担任主编.秦元勋十分重视将此学科应用于民和科学的研究中去.比如,他与杜家瑶、吴声昌、常谦顺等人合作解决过犁体曲面的设计,将现代数学方法成功地应用到农业机械理论设计研究中,是1978年科学大会获奖项目之一;他与胡文瑞等将计算物理用于解决星系密度波旋涡星云不稳定性的论证.1984年主编出版了中国第一部《计算物理学》著作.

秦元勋对爱因斯坦的相对论进行了长期的研究,不仅把相对论的实质提炼出时间相对性,并应用直线的解析几何表达,出版了《空间与时间》一书,使狭义相对论成为中学生都可以学懂的知识,而且提出了“空时对称理论”.他的理论突破了相对论光速不可超越,成为中国第一个指出粒子超过光速以后能量越小速度反而越快规律的人,秦元勋为了让更多的人了解这个规律,甚至到中学去做科普报告,对以后中国超光速的研究起了引路人的作用.他又对黑洞的存在性问题提出了自己的新见解.这方面的研究工作仍在进行之中,著有《时间、空间和运动着的物质》一书.

秦元勋也对非线性物理,尤其是孤立子有极大的兴趣.在他的指导下,他的学生管克英早在20世纪80年代就研究了非线性KdV方程的孤立波解,在《应用数学和力学》等国内学术刊物上发表了数篇论文,取得了当时国内的这个领域一流的学术成果.

秦元勋既从事纯理论的数学研究,又从事解决实际任务的应用研究;既引入国际的先进学科,又开创具有中国特色的新分支学科,并都取得了重要成果.

秦元勋在国防科研方面的成就.1960年,秦元勋调到国防科研战线上工作.由纯粹数学理论研究转向结合国防任务的应用研究.学科分工是负责数学、计算机和计算方面的组织管理工作,任务分工是负责抓核武器设计中的威力计算方面的工作.秦元勋与参战人员一起解决了核装置设计过程中遇到的各种数学问题.提出非定态中子输运方程的“人为次临界”解法,用拓扑学方法论证球形合成的块数,对原子弹威力计算的误差作出整体估计,给出原子弹威力计算的粗估公式.这些理论成果经受了中国第一颗原子弹爆炸成功的实践检验.完成了百万字的《核装置分析》一书.同时培养了中国第一代核威力计算工作者队伍.是我国首颗原子弹、氢弹成功爆炸的大功臣.

秦元勋为人热情,坦率诚恳,爽直正派。对学生爱护备至,对同志热情相助.秦元勋多才多艺,有着强烈的求知欲望和惊人的毅力,分秒必争.思索是秦元勋生活的第一需要.在科学的园地里,辛勤耕耘的他取得了丰硕的成果,解决了实际应用中的众多问题,对社会做出了重大的贡献.这样以国家利益、民族利益为重的民族脊梁,值得我们永远的爱戴和尊敬.

模块七　线性代数

【学习目标】

☆ 理解行列式的概念,掌握行列式的性质,会计算行列式的值,会用克莱姆法则解方程组.
☆ 理解矩阵的概念,掌握矩阵的计算,矩阵的秩,矩阵的初等变换及逆矩阵.
☆ 掌握用矩阵知识求解线性方程组的方法.
☆ 了解应用 MATLAB 数学软件进行行列式及矩阵等运算操作的方法.
☆ 通过案例的学习,使学生认识有关线性代数应用的科技发展现况和趋势,培养持续学习的习惯和勇于探索的创新精神.

【引例】互付工资问题

现有一个木工、一个电工和一个油漆工,他们相互装修自己的房子,有协议如下:
(1)每人总共工作 10 天(包括在自己家干活),
(2)每人的日工资根据一般的市价在 60～80 元,
(3)日工资数应使每人的总收入与总支出相等,
求每人的日工资.

天数　工人 地点	木工	电工	油漆工
木工家	2	1	6
电工家	4	5	1
油漆工家	4	4	3

我们可以用方程组来表示每个人与工资之间的关系,想要科学地解决上述问题,就要用到线性代数的知识.通过本模块的学习,我们将体会线性代数的思想及简单应用.

第一节　行列式的概念

本节从二阶、三阶行列式出发,引入 n 阶行列式的概念.

一、二阶行列式

对行列式的研究源于对线性方程组的研究.
例如,求解二元线性方程组

$$\begin{cases} a_{11}x_1 + a_{12}x_2 = b_1, & (1) \\ a_{21}x_1 + a_{22}x_2 = b_2. & (2) \end{cases}$$

用加减消元法解方程组.(1)$\times a_{22}$－(2)$\times a_{12}$,得$(a_{11}a_{22}-a_{12}a_{21})x_1=b_1a_{22}-a_{12}b_2$,

$$x_1 = \frac{b_1a_{22}-a_{12}b_2}{a_{11}a_{22}-a_{12}a_{21}}.$$

同理 $$x_2=\frac{a_{11}b_2-b_1a_{21}}{a_{11}a_{22}-a_{12}a_{21}}.$$

现在来看解的表达式，其中分母恰好是方程组的系数按规律得出的，为了便于记忆，我们引进记号$\begin{vmatrix} a_{11} & a_{12} \\ a_{21} & a_{22} \end{vmatrix}=a_{11}a_{22}-a_{12}a_{21}$.

定义 1 四个数 $a_{11},a_{12},a_{21},a_{22}$，称$\begin{vmatrix} a_{11} & a_{12} \\ a_{21} & a_{22} \end{vmatrix}=a_{11}a_{22}-a_{12}a_{21}$为**二阶行列式**.

a_{11},a_{12}所在的行称为**第一行**，记为 r_1. a_{21},a_{22}所在的行称为**第二行**，记为 r_2. a_{11},a_{21}所在的列称为**第一列**，记为 c_1. a_{12},a_{22}所在的列称为**第二列**，记为 c_2. 一般地，用 a_{ij} 表示第 i 行、第 j 列的元素，i 是**行标**，j 是**列标**.

行列式可叙述为：二阶行列式的对应值是主对角线元素之积与副对角线元素之积的差，此法则称为**对角线法则**.

例如，$\begin{vmatrix} 1 & -2 \\ 3 & 5 \end{vmatrix}=1\times5-(-2)\times3=11$.

根据定义，我们记
$$D=\begin{vmatrix} a_{11} & a_{12} \\ a_{21} & a_{22} \end{vmatrix}=a_{11}a_{22}-a_{12}a_{21},$$
$$D_1=\begin{vmatrix} b_1 & a_{12} \\ b_2 & a_{22} \end{vmatrix}=b_1a_{22}-a_{12}b_2,$$
$$D_2=\begin{vmatrix} a_{11} & b_1 \\ a_{21} & b_2 \end{vmatrix}=a_{11}b_2-b_1a_{21}.$$

于是方程组的解可以写成 $x_1=\dfrac{D_1}{D}=\dfrac{\begin{vmatrix} b_1 & a_{12} \\ b_2 & a_{22} \end{vmatrix}}{\begin{vmatrix} a_{11} & a_{12} \\ a_{21} & a_{22} \end{vmatrix}},x_2=\dfrac{D_2}{D}=\dfrac{\begin{vmatrix} a_{11} & b_1 \\ a_{21} & b_2 \end{vmatrix}}{\begin{vmatrix} a_{11} & a_{12} \\ a_{21} & a_{22} \end{vmatrix}}$.

例 1 求解二元线性方程组$\begin{cases} 2x+3y=8, \\ 4x+y=6. \end{cases}$

解 $D=\begin{vmatrix} 2 & 3 \\ 4 & 1 \end{vmatrix}=2-12=-10\neq0$, $D_1=\begin{vmatrix} 8 & 3 \\ 6 & 1 \end{vmatrix}=8-18=-10$,

$$D_2=\begin{vmatrix} 2 & 8 \\ 4 & 6 \end{vmatrix}=12-32=-20,$$

故 $x_1=\dfrac{D_1}{D}=1,x_2=\dfrac{D_2}{D}=2$.

二、三阶行列式

定义 2

$$\begin{vmatrix} a_{11} & a_{12} & a_{13} \\ a_{21} & a_{22} & a_{23} \\ a_{31} & a_{32} & a_{33} \end{vmatrix}=a_{11}a_{22}a_{33}+a_{12}a_{23}a_{31}+a_{13}a_{32}a_{21}-a_{13}a_{22}a_{31}-a_{12}a_{21}a_{33}-a_{11}a_{32}a_{23},$$

其中前三项来源于主对角线，后三项来源于副对角线（如图 7－1 所示）.

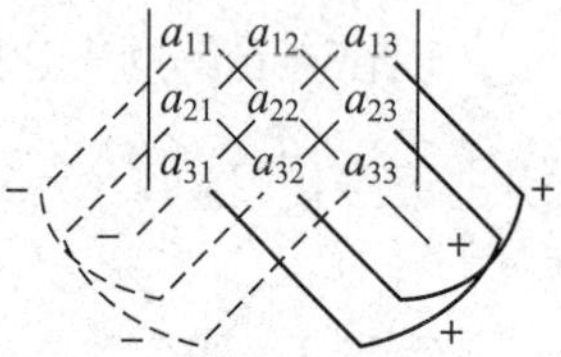

图 7－1

例 2 计算行列式 $D=\begin{vmatrix}1&1&1\\3&2&-1\\3&1&2\end{vmatrix}$ 的值.

解 $D=\begin{vmatrix}1&1&1\\3&2&-1\\3&1&2\end{vmatrix}=1\times2\times2+1\times(-1)\times3+3\times1\times1-1\times2\times3-1\times3\times2-1\times(-1)\times1=-7$

三、n 阶行列式

根据二阶和三阶行列式规律定义 n 阶行列式.

定义 3 有 n^2 个数 a_{ij}，其中 $i,j=1,2,\cdots,n$，把它们排成 n 行 n 列，记成

$$D=\begin{vmatrix}a_{11}&a_{12}&\cdots&a_{1n}\\a_{21}&a_{22}&\cdots&a_{2n}\\\vdots&\vdots&&\vdots\\a_{n1}&a_{n2}&\cdots&a_{nn}\end{vmatrix}.$$

当 $n=1$ 时，$D=|a_{11}|=a_{11}$.

当 $n\geqslant2$ 时，$D=a_{11}A_{11}+a_{12}A_{12}+\cdots+a_{1n}A_{1n}=\sum\limits_{j=1}^{n}a_{1j}A_{1j}=\sum\limits_{j=1}^{n}a_{1j}(-1)^{1+j}M_{1j}$，其中 M_{1j}，A_{1j} 为元素 a_{1j} 的余子式和代数余子式（$j=1,2,3\cdots$）.

一般地，把 a_{ij} 所在的行和列都划掉，剩下的元素保持原来的相对位置不变而构成的新行列式称为元素 a_{ij} 的**余子式**，记为 M_{ij}. 记 $A_{ij}=(-1)^{i+j}M_{ij}$，A_{ij} 称为元素 a_{ij} 的**代数余子式**.

我们称 D 为 **n 阶行列式**，上式称为 n 阶行列式按第一行元素的展开式.

定理 行列式等于它的任一行（或任一列）的每个元素与它所对应的代数余子式的乘积之和，

即 $D=a_{i1}A_{i1}+a_{i2}A_{i2}+\cdots+a_{ij}A_{ij}=\sum\limits_{j=1}^{n}a_{ij}A_{ij}\ (i=1,2,\cdots,n)$

例 3 按第 1 行展开计算行列式 $D=\begin{vmatrix}2&1&2\\-4&3&1\\2&3&5\end{vmatrix}$.

解 $D=\begin{vmatrix}2&1&2\\-4&3&1\\2&3&5\end{vmatrix}=2\times(-1)^{1+1}\begin{vmatrix}3&1\\3&5\end{vmatrix}+1\times(-1)^{1+2}\begin{vmatrix}-4&1\\2&5\end{vmatrix}+2\times(-1)^{1+3}\begin{vmatrix}-4&3\\2&3\end{vmatrix}=10$

注：n 阶行列式最终是一个**数值**.

例 4 求四阶行列式 $D=\begin{vmatrix}1&2&3&4\\0&1&2&3\\1&0&2&3\\1&2&0&3\end{vmatrix}$ 的值.

解 按第 1 行展开 $D=\begin{vmatrix}1&2&3&4\\0&1&2&3\\1&0&2&3\\1&2&0&3\end{vmatrix}=1\times(-1)^{1+1}\begin{vmatrix}1&2&3\\0&2&3\\2&0&3\end{vmatrix}+2\times(-1)^{1+2}$

$$\begin{vmatrix}0&2&3\\1&2&3\\1&0&3\end{vmatrix}+3\times(-1)^{1+3}\begin{vmatrix}0&1&3\\1&0&3\\1&2&3\end{vmatrix}+4\times(-1)^{1+4}\begin{vmatrix}0&1&2\\1&0&2\\1&2&0\end{vmatrix}$$

$$=6+12+18-24=12.$$

例 5 计算下三角行列式(对角线以上的元素全为 0)

$$D_1=\begin{vmatrix}a_{11}&&&0\\a_{21}&a_{22}&&\\\vdots&\vdots&\ddots&\\a_{n1}&a_{n2}&\cdots&a_{nn}\end{vmatrix}.$$

解 连续按第 1 行展开 $D_1=\begin{vmatrix}a_{11}&&&0\\a_{21}&a_{22}&&\\\vdots&\vdots&\ddots&\\a_{n1}&a_{n2}&\cdots&a_{nn}\end{vmatrix}=a_{11}\begin{vmatrix}a_{22}&&&0\\a_{32}&a_{33}&&\\\vdots&\vdots&\ddots&\\a_{n2}&a_{n3}&\cdots&a_{nn}\end{vmatrix}$

$$=a_{11}a_{22}\begin{vmatrix}a_{33}&&&0\\a_{43}&a_{44}&&\\\vdots&\vdots&\ddots&\\a_{n3}&a_{n4}&\cdots&a_{nn}\end{vmatrix}=\cdots=a_{11}a_{22}\cdots a_{nn}.$$

同理,上三角行列式 $D_n=\begin{vmatrix}a_{11}&a_{12}&\cdots&a_{1n}\\&a_{22}&\cdots&a_{2n}\\&&\ddots&\vdots\\0&&&a_{nn}\end{vmatrix}=a_{11}a_{22}\cdots a_{nn}$

四、克莱姆(Cramer)法则

我们可以把用二、三阶行列式表示线性方程组的规律推广到含有 n 个未知量的 n 个方程的线性方程组的情形,这就是下面介绍的克莱姆(Cramer)定理.

设含有 n 个未知量的 n 个方程的线性方程组为

$$\begin{cases}a_{11}x_1+a_{12}x_2+\cdots+a_{1n}x_n=b_1,\\a_{21}x_1+a_{22}x_2+\cdots+a_{2n}x_n=b_2,\\\cdots\\a_{n1}x_1+a_{n2}x_2+\cdots+a_{nn}x_n=b_n.\end{cases}\qquad(7-1)$$

由未知量的系数组成 $D=\begin{vmatrix}a_{11}&a_{12}&\cdots&a_{1n}\\a_{21}&a_{22}&\cdots&a_{2n}\\\vdots&\vdots&&\vdots\\a_{n1}&a_{n2}&\cdots&a_{nn}\end{vmatrix}$,称为方程组的**系数行列式**.

定理(Cramer) 设线性方程组(7－1)的系数行列式 $D\neq 0$，则(7－1)有唯一解，且解可用行列式表示为 $x_1=\dfrac{D_1}{D},x_2=\dfrac{D_2}{D},\cdots,x_n=\dfrac{D_n}{D}$.

其中 $D_j\,(j=1,2,\cdots,n)$ 是把系数行列式 D 中第 j 列元素用方程组右端相应的常数项代替而得到的 n 阶行列式，即 $D_j=\begin{vmatrix} a_{11} & \cdots & a_{1,j-1} & b_1 & a_{1,j+1} & \cdots & a_{1n} \\ a_{21} & \cdots & a_{2,j-1} & b_2 & a_{2,j+1} & \cdots & a_{2n} \\ \vdots & & \vdots & \vdots & \vdots & & \vdots \\ a_{n1} & \cdots & a_{n,j-1} & b_n & a_{n,j+1} & \cdots & a_{nn} \end{vmatrix}\quad(j=1,2,\cdots,n)$.

例 6 求解线性方程组 $\begin{cases} x_1+x_2+x_3=6 \\ 3x_1+2x_2-x_3=4 \\ 3x_1+x_2+2x_3=11 \end{cases}$

解 $D=\begin{vmatrix} 1 & 1 & 1 \\ 3 & 2 & -1 \\ 3 & 1 & 2 \end{vmatrix}=-7\quad D_1=\begin{vmatrix} 6 & 1 & 1 \\ 4 & 2 & -1 \\ 11 & 1 & 2 \end{vmatrix}=-7$

$D_2=\begin{vmatrix} 1 & 6 & 1 \\ 3 & 4 & -1 \\ 3 & 11 & 2 \end{vmatrix}=-14\quad D_3=\begin{vmatrix} 1 & 1 & 6 \\ 3 & 2 & 4 \\ 3 & 1 & 11 \end{vmatrix}=-21$

故 $x_1=\dfrac{D_1}{D}=1,x_2=\dfrac{D_2}{D}=2,x_3=\dfrac{D_3}{D}=3$

例 7 求解线性方程组 $\begin{cases} 2x_1-x_2+3x_3+2x_4=6, \\ 3x_1-3x_2+3x_3+2x_4=5, \\ 3x_1-x_2-x_3+2x_4=3, \\ 3x_1-x_2+3x_3-x_4=4. \end{cases}$

解 $D=\begin{vmatrix} 2 & -1 & 3 & 2 \\ 3 & -3 & 3 & 2 \\ 3 & -1 & -1 & 2 \\ 3 & -1 & 3 & -1 \end{vmatrix}=-70\neq 0,\quad D_1=\begin{vmatrix} 6 & -1 & 3 & 2 \\ 5 & -3 & 3 & 2 \\ 3 & -1 & -1 & 2 \\ 4 & -1 & 3 & -1 \end{vmatrix}=-70,$

$D_2=\begin{vmatrix} 2 & 6 & 3 & 2 \\ 3 & 5 & 3 & 2 \\ 3 & 3 & -1 & 2 \\ 3 & 4 & 3 & -1 \end{vmatrix}=-70,\quad D_3=\begin{vmatrix} 2 & -1 & 6 & 2 \\ 3 & -3 & 5 & 2 \\ 3 & -1 & 3 & 2 \\ 3 & -1 & 4 & -1 \end{vmatrix}=-70,$

$D_4=\begin{vmatrix} 2 & -1 & 3 & 6 \\ 3 & -3 & 3 & 5 \\ 3 & -1 & -1 & 3 \\ 3 & -1 & 3 & 4 \end{vmatrix}=-70,$

得方程组的解为 $x_1=\dfrac{D_1}{D}=1,x_2=\dfrac{D_2}{D}=1,x_3=\dfrac{D_3}{D}=1,x_4=\dfrac{D_4}{D}=1$.

习题 7—1

1. 利用对角线法则，计算下列二阶行列式.

(1) $\begin{vmatrix} 3 & -5 \\ 2 & 4 \end{vmatrix}$；　　(2) $\begin{vmatrix} a+b & a \\ a-b & 2a-b \end{vmatrix}$；

(3) $\begin{vmatrix} \cos\theta & \sin\theta \\ \sin\theta & \cos\theta \end{vmatrix}$；　　(4) $\begin{vmatrix} a & a^2 \\ b & ab \end{vmatrix}$.

2. 利用对角线法则，计算下列三阶行列式.

(1) $\begin{vmatrix} 2 & 0 & 0 \\ 3 & 1 & 0 \\ 18 & 5 & 1 \end{vmatrix}$；　　(2) $\begin{vmatrix} 0 & a & b \\ a & 0 & c \\ b & c & 0 \end{vmatrix}$；

(3) $\begin{vmatrix} 1 & 3 & 2 \\ 3 & -5 & 1 \\ 2 & 1 & 4 \end{vmatrix}$；　　(4) $\begin{vmatrix} a & b & c \\ b & c & a \\ c & a & b \end{vmatrix}$.

3. 解下列方程.

(1) $\begin{vmatrix} 1 & 2 \\ x & 4 \end{vmatrix}=0$；　　(2) $\begin{vmatrix} 1 & 1 & 1 \\ 1 & 1-x & 1 \\ 1 & 1 & 2-x \end{vmatrix}=0$.

4. 计算下列行列式.

(1) $\begin{vmatrix} 2 & 1 & 4 & 1 \\ 3 & -1 & 2 & 1 \\ 1 & 2 & 3 & 2 \\ 5 & 0 & 6 & 2 \end{vmatrix}$；　　(2) $\begin{vmatrix} 1 & 2 & 3 & 4 \\ 2 & 3 & 4 & 1 \\ 3 & 4 & 1 & 2 \\ 4 & 1 & 2 & 3 \end{vmatrix}$.

5. 用行列式解下列方程组.

(1) $\begin{cases} x+2y+z=0, \\ 2x-y+z=1, \\ x-y+2z=3; \end{cases}$　　(2) $\begin{cases} x+y+z=1, \\ 2x-y-z=1, \\ x-3y+z=2. \end{cases}$

6. 用克莱姆定理解下列方程组.

(1) $\begin{cases} x+y+3z=0, \\ x+2y+3z=-1, \\ x+3y+6z=0; \end{cases}$　　(2) $\begin{cases} x_1-x_2+x_3-2x_4=2, \\ 2x_1-x_3+4x_4=4, \\ 3x_1+2x_2+x_3=-1, \\ -x_1+2x_2-x_3+2x_4=-4. \end{cases}$

第二节　行列式的性质及其运算

当行列式的阶数较高时，仅靠定义计算行列式有时会相当困难，本节所介绍的性质可使计算大为简化. 在计算行列式时，为了表达简洁，引入下列记号：

(1) $r_i \leftrightarrow r_j$ ($c_i \leftrightarrow c_j$) 表示交换第 i, j 两行(列).

(2) $r_i \times k$ ($c_i \times k$) 表示用数 k 乘第 i 行(列)的每个元素.

(3)$r_i+kr_j(c_i+kc_j)$表示将行列式第 j 行(列)乘以 k 后再加到第 i 行(列)上去.

(4)$r(i)(c(i))$表示按第 i 行(列)展开.

一、行列式的性质

在此我们只叙述行列式的性质，而略去一般的证明. 先给出转置行列式的概念.

定义 1 若把行列式 D 的行与列按原来顺序互换后所得的行列式称为 D 的**转置行列式**，记为 D^{T}.

即若
$$D=\begin{vmatrix} a_{11} & a_{12} & \cdots & a_{1n} \\ a_{21} & a_{22} & \cdots & a_{2n} \\ \vdots & \vdots & & \vdots \\ a_{n1} & a_{n2} & \cdots & a_{nn} \end{vmatrix}，则\ D^{\mathrm{T}}=\begin{vmatrix} a_{11} & a_{21} & \cdots & a_{n1} \\ a_{12} & a_{22} & \cdots & a_{n2} \\ \vdots & \vdots & & \vdots \\ a_{1n} & a_{2n} & \cdots & a_{nn} \end{vmatrix}.$$

显然 D 也是 D^{T}转置行列式.

性质 1 行列式与它的转置行列式相等.

例如
$$A=\begin{vmatrix} 2 & 0 & 0 \\ 1 & 1 & 2 \\ 2 & 1 & 3 \end{vmatrix}=2,\ A^{\mathrm{T}}=\begin{vmatrix} 2 & 1 & 2 \\ 0 & 1 & 1 \\ 0 & 2 & 3 \end{vmatrix}=2,\ A=A^{\mathrm{T}}=2.$$

性质 1 说明，行列式中行与列所处的地位是一样的，即凡是行列式对行成立的性质，对列也同样成立. 例如 n 阶行列式的定义是按第一行展开，由于行与列的地位一样，也可以按第一列展开.

性质 2 若行列式中任何两行(或两列)互相交换位置，则行列式的值变号.

推论 1 若行列式中有两行(或两列)的全部元素分别相同，则行列式的值等于零.

性质 3 若行列式的某行(或列)中所有各元素同用数 k 去乘，其结果就等于用 k 乘这行列式. 反之，行列式的某行(或列)中所有各元素有公因数 k，可以把 k 提到行列式外面，

即
$$\begin{vmatrix} a_{11} & a_{12} & \cdots & a_{1n} \\ \vdots & \vdots & & \vdots \\ ka_{i1} & ka_{i2} & \cdots & ka_{in} \\ \vdots & \vdots & & \vdots \\ a_{n1} & a_{n2} & \cdots & a_{nn} \end{vmatrix}=k\begin{vmatrix} a_{11} & a_{12} & \cdots & a_{1n} \\ \vdots & \vdots & & \vdots \\ a_{i1} & a_{i2} & \cdots & a_{in} \\ \vdots & \vdots & & \vdots \\ a_{n1} & a_{n2} & \cdots & a_{nn} \end{vmatrix}.$$

推论 2 若行列式中有一行(或一列)的元素全为零，则这个行列式的值等于零.

由性质 3 和推论 1 可以得到下面推论：

推论 3 若行列式中有两行(或两列)的元素成比例，则这个行列式的值等于零.

例 1 计算行列式 $D=\begin{vmatrix} 1 & 2 & 3 & 4 \\ 2 & 3 & 6 & 0 \\ -1 & -1 & -3 & -1 \\ 3 & 2 & 9 & 0 \end{vmatrix}$.

解 因为第 1 列与第 3 列对应元素成比例，所以 $D=0$.

性质 4 若行列式的第 i 行(列)中各元素都可以写成两项的和：
$$a_{ij}=b_{ij}+c_{ij},j=1,2,\cdots,n.$$
则这行列式等于两个行列式的和，这两个行列式的第 i 行，一个是 $b_{i1},b_{i2},\cdots,b_{in}$，另一个是 c_{i1}，

$c_{i2},\cdots,c_{in}$,其他各行都同原行列式的一样,即

$$\begin{vmatrix} a_{11} & a_{12} & \cdots & a_{1n} \\ \vdots & \vdots & & \vdots \\ b_{i1}+c_{i1} & b_{i2}+c_{i2} & \cdots & b_{in}+c_{in} \\ \vdots & \vdots & & \vdots \\ a_{n1} & a_{n2} & \cdots & a_{nn} \end{vmatrix} = \begin{vmatrix} a_{11} & a_{12} & \cdots & a_{1n} \\ \vdots & \vdots & & \vdots \\ b_{i1} & b_{i2} & \cdots & b_{in} \\ \vdots & \vdots & & \vdots \\ a_{n1} & a_{n2} & \cdots & a_{nn} \end{vmatrix} + \begin{vmatrix} a_{11} & a_{12} & \cdots & a_{1n} \\ \vdots & \vdots & & \vdots \\ c_{i1} & c_{i2} & \cdots & c_{in} \\ \vdots & \vdots & & \vdots \\ a_{n1} & a_{n2} & \cdots & a_{nn} \end{vmatrix}.$$

例 2　计算行列式 $B=\begin{vmatrix} 3 & 1 & 2 \\ 290 & 106 & 196 \\ 5 & -3 & 2 \end{vmatrix}$.

解　把行列式第二行的元素分别看作:300－10,100＋6,200－4,利用性质 4,将其拆成两个行列式之和,再由推论 3 和性质 3,得

$$B=\begin{vmatrix} 3 & 1 & 2 \\ 290 & 106 & 196 \\ 5 & -3 & 2 \end{vmatrix} = \begin{vmatrix} 3 & 1 & 2 \\ 300-10 & 100+6 & 200-4 \\ 5 & -3 & 2 \end{vmatrix}$$

$$= \begin{vmatrix} 3 & 1 & 2 \\ 300 & 100 & 200 \\ 5 & -3 & 2 \end{vmatrix} + \begin{vmatrix} 3 & 1 & 2 \\ -10 & 6 & -4 \\ 5 & -3 & 2 \end{vmatrix} = 0.$$

性质 5　把行列式的某一行(或列)的各个元素乘以同一个常数后加到另一个行(或列)的对应元素上去,所得行列式的值与原行列式的值相等,即

$$\begin{vmatrix} a_{11} & a_{12} & \cdots & a_{1n} \\ \vdots & \vdots & & \vdots \\ ka_{i1}+a_{j1} & ka_{i2}+a_{j2} & \cdots & ka_{in}+a_{jn} \\ \vdots & \vdots & & \vdots \\ a_{n1} & a_{n2} & \cdots & a_{nn} \end{vmatrix} = \begin{vmatrix} a_{11} & a_{12} & \cdots & a_{1n} \\ \vdots & \vdots & & \vdots \\ a_{j1} & a_{j2} & \cdots & a_{jn} \\ \vdots & \vdots & & \vdots \\ a_{n1} & a_{n2} & \cdots & a_{nn} \end{vmatrix}.$$

例 3　计算行列式 $D=\begin{vmatrix} 1+a & 2+a & 3+a \\ 1+b & 2+b & 3+b \\ 1+c & 2+c & 3+c \end{vmatrix}$.

解　$D=\begin{vmatrix} 1+a & 2+a & 3+a \\ 1+b & 2+b & 3+b \\ 1+c & 2+c & 3+c \end{vmatrix} \xlongequal[c_3-c_1]{c_2-c_1} \begin{vmatrix} 1+a & 1 & 2 \\ 1+b & 1 & 2 \\ 1+c & 1 & 2 \end{vmatrix} =0.$

性质 6　行列式的某一行(或列)的每个元素与另一行(或列)对应元素的代数余子式的乘积之和等于零,

即

$$\sum_{k=1}^{n} a_{ik}A_{jk} = a_{i1}A_{j1} + a_{i2}A_{j2} + \cdots + a_{in}A_{jn} = 0(i \neq j).$$

二、行列式的运算

行列式的基本计算方法之一是根据其特点,利用行列式的性质,把它逐步化为三角形行列式,由前面的结论可知,三角形行列式的值就是其主对角线上元素的乘积. 这种方法一般叫做**“化三角形法”**.

对于一般的以具体数字为元素的行列式的计算，都可以利用行(或列)互换以及对行(或列)的倍加运算将其化为三角形行列式，再计算得到行列式的值.

例 4 计算行列式 $D=\begin{vmatrix}1&2&3&4\\0&1&2&3\\1&0&2&3\\1&2&0&3\end{vmatrix}$.

解 $$D=\begin{vmatrix}1&2&3&4\\0&1&2&3\\1&0&2&3\\1&2&0&3\end{vmatrix}\xlongequal[r_4-r_1]{r_3-r_1}\begin{vmatrix}1&2&3&4\\0&1&2&3\\0&-2&-1&-1\\0&0&-3&-1\end{vmatrix}$$

$$\xlongequal{r_3+2r_2}\begin{vmatrix}1&2&3&4\\0&1&2&3\\0&0&3&5\\0&0&-3&-1\end{vmatrix}\xlongequal{r_4+r_3}\begin{vmatrix}1&2&3&4\\0&1&2&3\\0&0&3&5\\0&0&0&4\end{vmatrix}=12.$$

例 5 计算行列式 $D=\begin{vmatrix}x&a&a\\a&x&a\\a&a&x\end{vmatrix}$.

解 $$D=\begin{vmatrix}x&a&a\\a&x&a\\a&a&x\end{vmatrix}\xlongequal[r_1+r_3]{r_1+r_2}\begin{vmatrix}2a+x&2a+x&2a+x\\a&x&a\\a&a&x\end{vmatrix}=(2a+x)\cdot\begin{vmatrix}1&1&1\\a&x&a\\a&a&x\end{vmatrix}$$

$$\xlongequal[r_3-ar_1]{r_2-ar_1}(2a+x)\cdot\begin{vmatrix}1&1&1\\0&x-a&0\\0&0&x-a\end{vmatrix}=(2a+x)(x-a)^2.$$

同理可知

$$D_n=\begin{vmatrix}x&a&a&\cdots&a\\a&x&a&\cdots&a\\a&a&x&\cdots&a\\\vdots&\vdots&\vdots&&\vdots\\a&a&a&\cdots&x\end{vmatrix}=[(n-1)a+x](x-a)^{n-1}.$$

把数字行列式化为上三角行列式的一般步骤为：

(1)将元素 a_{11} 变换为 1；

(2)将第一列 a_{11} 以下的元素全部化为零，即将第一行乘 $-a_{21}$，$-a_{31}$，…，$-a_{n1}$ 并分别加到第 2，3，…，n 行对应元素上；

(3)从第二行依次用类似的方法把主对角线 a_{22}，a_{33}，…，$a_{n-1,n-1}$ 以下的元素全部化为零，即可得上三角形行列式.

注：在上述变换过程中，主对角线上元素 a_{ii} $(i=1,2,\cdots,n-1)$ 不能为零，若出现零，可通过行变换或列变换使得主对角线上的元素不为零.

计算行列式的另一种基本方法是选择零元素较多的行(或列)，按这一行(或列)展开，将行列式转化成几个低一阶的行列式的代数和；如果原行列式没有一行(或列)多数元素为零，则可以利用性质，使某一行（或列）化成只有一两个非零元素，其他均为零元素，然后按这一行（或列）展开. 按此方法逐步降阶，直至计算出结果. 这种方法一般称为“**降阶法**”.

例 6　计算行列式 $D=\begin{vmatrix} a & b & 0 & 0 & 0 \\ 0 & a & b & 0 & 0 \\ 0 & 0 & a & b & 0 \\ 0 & 0 & 0 & a & b \\ b & 0 & 0 & 0 & a \end{vmatrix}$.

解　$D=\begin{vmatrix} a & b & 0 & 0 & 0 \\ 0 & a & b & 0 & 0 \\ 0 & 0 & a & b & 0 \\ 0 & 0 & 0 & a & b \\ b & 0 & 0 & 0 & a \end{vmatrix}=a(-1)^{1+1}\begin{vmatrix} a & b & 0 & 0 \\ 0 & a & b & 0 \\ 0 & 0 & a & b \\ 0 & 0 & 0 & a \end{vmatrix}+b(-1)^{5+1}\begin{vmatrix} b & 0 & 0 & 0 \\ a & b & 0 & 0 \\ 0 & a & b & 0 \\ 0 & 0 & a & b \end{vmatrix}=a^5+b^5$.

例 7　计算三阶 Vandermonde 行列式 $D=\begin{vmatrix} 1 & 1 & 1 \\ x_1 & x_2 & x_3 \\ x_1^2 & x_2^2 & x_3^2 \end{vmatrix}$.

解　$D=\begin{vmatrix} 1 & 1 & 1 \\ x_1 & x_2 & x_3 \\ x_1^2 & x_2^2 & x_3^2 \end{vmatrix}\xrightarrow[r_2-x_1r_1]{r_3-x_1r_2}\begin{vmatrix} 1 & 1 & 1 \\ 0 & x_2-x_1 & x_3-x_1 \\ 0 & x_2^2-x_1x_2 & x_3^2-x_1x_3 \end{vmatrix}$

$$\underline{\underline{c(1)}}\begin{vmatrix} x_2-x_1 & x_3-x_1 \\ x_2^2-x_1x_2 & x_3^2-x_1x_3 \end{vmatrix}=(x_2-x_1)(x_3-x_1)\begin{vmatrix} 1 & 1 \\ x_2 & x_3 \end{vmatrix}$$

$$=(x_2-x_1)(x_3-x_1)(x_3-x_2)=\prod_{1\leqslant i<j\leqslant 3}(x_j-x_i).$$

同理可知 n 阶行列式 $\begin{vmatrix} 1 & 1 & \cdots & 1 \\ x_1 & x_2 & \cdots & x_n \\ x_1^2 & x_2^2 & \cdots & x_n^2 \\ \vdots & \vdots & & \vdots \\ x_1^{n-1} & x_2^{n-1} & \cdots & x_n^{n-1} \end{vmatrix}=\prod_{1\leqslant i<j\leqslant n}(x_j-x_i)$.

习题 7—2

1. 利用行列式的性质计算下列各式.

(1) $\begin{vmatrix} 113 & 1\,024 \\ 226 & 2\,048 \end{vmatrix}$；　　(2) $\begin{vmatrix} 3 & 14 & 3 \\ 1 & 10 & 1 \\ 2 & 4 & 1 \end{vmatrix}$；

(3) $\begin{vmatrix} 10 & 8 & 2 \\ 15 & 12 & 3 \\ 20 & 32 & 12 \end{vmatrix}$；　　(4) $\begin{vmatrix} a & 0 & b \\ 0 & 0 & 0 \\ c & 0 & d \end{vmatrix}$；

(5) $\begin{vmatrix} 103 & 199 & 301 \\ 100 & 200 & 300 \\ 204 & 395 & 600 \end{vmatrix}$；　　(6) $\begin{vmatrix} 1 & 2 & 3 \\ 1 & 1 & 1 \\ 2 & 2 & 2 \end{vmatrix}$.

2.证明下列各式.

(1) $\begin{vmatrix} \cos a & \sin a & 0 & 0 \\ -\sin a & \cos a & 0 & 0 \\ 0 & 0 & \cos a & \sin a \\ 0 & 0 & -\sin a & \cos a \end{vmatrix}=1$；(2) $\begin{vmatrix} a & b & 0 & 0 \\ 0 & a & b & 0 \\ 0 & 0 & a & b \\ b & 0 & 0 & a \end{vmatrix}=a^4-b^4$；

(3) $\begin{vmatrix} ax+by & ay+bz & az+bx \\ ay+bz & az+bx & ax+by \\ az+bx & ax+by & ay+bz \end{vmatrix}=(a^3+b^3)\begin{vmatrix} x & y & z \\ y & z & x \\ z & x & y \end{vmatrix}$.

3.计算下列行列式的值.

(1) $\begin{vmatrix} a_1 & 0 & 0 & b_1 \\ 0 & a_2 & b_2 & 0 \\ 0 & b_3 & a_3 & 0 \\ b_4 & 0 & 0 & a_4 \end{vmatrix}$；　　(2) $\begin{vmatrix} 1+a & 1 & \cdots & 1 \\ 1 & 1+a & \cdots & 1 \\ \vdots & \vdots & & \vdots \\ 1 & 1 & \cdots & 1+a \end{vmatrix}$；

(3) $\begin{vmatrix} -ab & ac & ae \\ bd & -cd & de \\ bf & cf & -ef \end{vmatrix}$；　　(4) $\begin{vmatrix} 2 & 3 & 0 & 0 & 0 \\ 1 & 5 & 0 & 0 & 0 \\ 4 & 2 & 1 & 3 & 4 \\ 3 & 4 & 2 & 8 & 5 \\ 5 & 6 & 0 & 2 & 1 \end{vmatrix}$.

4.设 $D_4=\begin{vmatrix} 1 & 1 & 1 & 1 \\ 2 & 3 & 4 & 5 \\ 4 & 9 & 16 & 25 \\ 8 & 27 & 64 & 125 \end{vmatrix}$，(1)求 D_4 的值；(2)求 $A_{41}+A_{42}+A_{43}+A_{44}$.

第三节　矩阵的概念及其运算

矩阵是重要的数学工具，运用矩阵可以使许多数量方法得以简化，本节我们先介绍矩阵的基本概念及其运算.

一、矩阵的概念

在解线性方程组时，其系数的位置是非常重要的，在进行变换时，常常将未知数的系数排成一个矩形的数表.例如，线性方程组

$$\begin{cases} a_{11}x_1+a_{12}x_2+\cdots+a_{1n}x_n=b_1, \\ a_{21}x_1+a_{22}x_2+\cdots+a_{2n}x_n=b_2, \\ \cdots \\ a_{m1}x_1+a_{m2}x_2+\cdots+a_{mn}x_n=b_m. \end{cases}$$

将其系数按在方程组中原有的相应位置排成一个矩形数表，即

$$\begin{bmatrix} a_{11} & a_{12} & \cdots & a_{1n} \\ a_{21} & a_{22} & \cdots & a_{2n} \\ \vdots & \vdots & & \vdots \\ a_{m1} & a_{m2} & \cdots & a_{mn} \end{bmatrix},$$

把这样的矩形数表叫做一个**矩阵**.

定义 1　由 $m\times n$ 个数 a_{ij} $(i=1,2,\cdots,m;j=1,2,\cdots,n)$ 排成的 m 行 n 列的矩形数表 $\begin{bmatrix} a_{11} & a_{12} & \cdots & a_{1n} \\ a_{21} & a_{22} & \cdots & a_{2n} \\ \vdots & \vdots & & \vdots \\ a_{m1} & a_{m2} & \cdots & a_{mn} \end{bmatrix}$ 称为一个 $m\times n$ **阶矩阵**. 其中 a_{ij} 称为该矩阵的第 i 行第 j 列的元素，简称为该矩阵的 (i,j)**元素**. 通常用大写英文字母 $\boldsymbol{A},\boldsymbol{B},\boldsymbol{C},\cdots$ 表示矩阵. 矩阵也可以简记为 $\boldsymbol{A}=[a_{ij}]_{m\times n}$ 或 $\boldsymbol{A}_{m\times n}$.

例如：矩阵 $\begin{bmatrix} 1 & -2 & 3 \\ 6 & 0 & 8 \end{bmatrix}$ 就是一个 2×3 阶矩阵，它的 $(1,2)$ 元素是 -2.

当 $m\neq n$ 时，矩阵 $\boldsymbol{A}=[a_{ij}]_{m\times n}$；当 $m=n$ 时，矩阵 $\boldsymbol{A}=[a_{ij}]_{m\times n}$ 称为 n **阶方阵**，记为 $\boldsymbol{A}_{n\times n}$.

$$\boldsymbol{A}_{n\times n}=\begin{bmatrix} a_{11} & a_{12} & \cdots & a_{1n} \\ a_{21} & a_{22} & \cdots & a_{2n} \\ \vdots & \vdots & & \vdots \\ a_{n1} & a_{n2} & \cdots & a_{nn} \end{bmatrix}.$$

下面介绍几种重要的特殊矩阵.

1. 零矩阵

所有元素都是零的矩阵，称为零矩阵，记为 $\boldsymbol{O}$. 即 $\boldsymbol{O}=\begin{bmatrix} 0 & 0 & \cdots & 0 \\ 0 & 0 & \cdots & 0 \\ \vdots & \vdots & & \vdots \\ 0 & 0 & \cdots & 0 \end{bmatrix}$.

2. 单位矩阵

主对角线上的元素都是 1，而其他元素全为零的 n 阶方阵称为 n **阶单位矩阵**，记为 $\boldsymbol{E}_n$ 或 $\boldsymbol{E}$.

即　$\boldsymbol{E}=\begin{bmatrix} 1 & 0 & \cdots & 0 \\ 0 & 1 & \cdots & 0 \\ \vdots & \vdots & & \vdots \\ 0 & 0 & \cdots & 1 \end{bmatrix}$.

3. 行矩阵与列矩阵

只有一行的矩阵 $[a_1 \quad a_2 \quad \cdots \quad a_n]$，称为 n **元行矩阵**.

只有一列的矩阵 $\begin{bmatrix} b_1 \\ b_2 \\ \vdots \\ b_m \end{bmatrix}$，称为 m **元列矩阵**.

4. 上(下)三角矩阵

主对角线下边的元素全为零的 n 阶方阵，称为 n **阶上三角矩阵**.

例如：$\begin{bmatrix} 1 & 2 & 3 \\ 0 & 0 & 4 \\ 0 & 0 & 8 \end{bmatrix}$ 就是一个 3 阶上三角矩阵.

类似地，把主对角线上边的元素全为零的 n 阶方阵，称为 n **阶下三角矩阵**.

5. 相等矩阵

对于两个行数和列数都相等的矩阵称为**同型矩阵**,对应的元素也都相等的两个同型矩阵,称为**相等矩阵**.

注:不同型的零矩阵是不相等的.

二、矩阵的运算

1. 矩阵的加法

定义 2 设$\boldsymbol{A}=[a_{ij}]_{m\times n}$和$\boldsymbol{B}=[b_{ij}]_{m\times n}$是两个$m\times n$矩阵,$\boldsymbol{A}$与$\boldsymbol{B}$的对应元素相加所得到的另一个$m\times n$矩阵,称为$\boldsymbol{A}$与$\boldsymbol{B}$的和,记为$\boldsymbol{A}+\boldsymbol{B}$,即$\boldsymbol{A}+\boldsymbol{B}=[a_{ij}+b_{ij}]_{m\times n}$.

例如,$\begin{bmatrix}1&2&3\\-1&0&7\end{bmatrix}+\begin{bmatrix}2&3&7\\1&2&1\end{bmatrix}=\begin{bmatrix}3&5&10\\0&2&8\end{bmatrix}$.

由定义可见,只有同型矩阵才可以相加,而且同型矩阵相加归结为它们的对应元素相加.因此在作矩阵加法时,特别应注意不同型的矩阵不能相加.

若矩阵$\boldsymbol{A}=[a_{ij}]_{m\times n}$,而$\boldsymbol{C}=[-a_{ij}]_{m\times n}$,则称$\boldsymbol{C}$为$\boldsymbol{A}$的负矩阵,记为$\boldsymbol{C}=-\boldsymbol{A}$.

矩阵$\boldsymbol{A}$与矩阵$-\boldsymbol{B}$的和叫做$\boldsymbol{A}$与$\boldsymbol{B}$的差,又称$\boldsymbol{A}$与$\boldsymbol{B}$的减法,记为$\boldsymbol{A}-\boldsymbol{B}$,即$\boldsymbol{A}-\boldsymbol{B}=\boldsymbol{A}+(-\boldsymbol{B})$.

2. 数与矩阵相乘

定义 3 设矩阵$\boldsymbol{A}=[a_{ij}]_{m\times n}$,$k$为常数,用$k$去乘$\boldsymbol{A}$的每个元素所得到的另一个$m\times n$矩阵,称为$k$与$\boldsymbol{A}$之积,记为$k\boldsymbol{A}$,即$k\boldsymbol{A}=[ka_{ij}]_{m\times n}$.例如$(-2)\begin{bmatrix}1&2\\-3&0\end{bmatrix}=\begin{bmatrix}-2&-4\\6&0\end{bmatrix}$.

矩阵的加减法运算和数与矩阵相乘的运算统称为矩阵的**线性运算**.

线性运算满足下列运算规律:

(1)$\boldsymbol{A}+\boldsymbol{B}=\boldsymbol{B}+\boldsymbol{A}$; (2)$(\boldsymbol{A}+\boldsymbol{B})+\boldsymbol{C}=\boldsymbol{A}+(\boldsymbol{B}+\boldsymbol{C})$;

(3)$\boldsymbol{A}+(-\boldsymbol{A})=\boldsymbol{O}$; (4)$\boldsymbol{A}+\boldsymbol{O}=\boldsymbol{A}$;

(5)$1\boldsymbol{A}=\boldsymbol{A}$; (6)$k(l\boldsymbol{A})=(kl)\boldsymbol{A}$;

(7)$(k+l)\boldsymbol{A}=k\boldsymbol{A}+l\boldsymbol{A}$; (8)$k(\boldsymbol{A}+\boldsymbol{B})=k\boldsymbol{A}+k\boldsymbol{B}$.

其中$\boldsymbol{A}$,$\boldsymbol{B}$为任意$m\times n$矩阵,k,l为任意常数.

例 1 设矩阵$\boldsymbol{A}$、$\boldsymbol{B}$和$\boldsymbol{C}$满足等式$3(\boldsymbol{A}+\boldsymbol{C})=2(\boldsymbol{B}-\boldsymbol{C})$,其中$\boldsymbol{A}=\begin{bmatrix}2&3&6\\-1&3&5\end{bmatrix}$,$\boldsymbol{B}=\begin{bmatrix}3&2&4\\1&-3&5\end{bmatrix}$,求矩阵$\boldsymbol{C}$.

解 由$3(\boldsymbol{A}+\boldsymbol{C})=2(\boldsymbol{B}-\boldsymbol{C})$解得$\boldsymbol{C}=\dfrac{1}{5}(2\boldsymbol{B}-3\boldsymbol{A})$.

由于$2\boldsymbol{B}-3\boldsymbol{A}=\begin{bmatrix}6&4&8\\2&-6&10\end{bmatrix}-\begin{bmatrix}6&9&18\\-3&9&15\end{bmatrix}=\begin{bmatrix}0&-5&-10\\5&-15&-5\end{bmatrix}$,

所以$\boldsymbol{C}=\begin{bmatrix}0&-1&-2\\1&-3&-1\end{bmatrix}$.

3. 矩阵的乘法

矩阵的乘法运算较为复杂,但极其重要.

定义 4 设矩阵$\boldsymbol{A}=[a_{ij}]_{m\times p}$和$\boldsymbol{B}=[b_{ij}]_{p\times n}$,规定$\boldsymbol{A}$与$\boldsymbol{B}$的乘积为矩阵$\boldsymbol{C}=[c_{ij}]_{m\times n}$,记为

$\boldsymbol{AB}=\boldsymbol{C}$, 其中 $c_{ij}=\sum_{k=1}^{p}a_{ik}b_{kj}=a_{i1}b_{1j}+a_{i2}b_{2j}+\cdots+a_{ip}b_{pj}\ (i=1,2,\cdots,m;j=1,2,\cdots,n)$.

即 $\boldsymbol{AB}$ 的第 i 行第 j 列元素为 $\boldsymbol{A}$ 的第 i 行元素与 $\boldsymbol{B}$ 的第 j 列对应元素的乘积之和.

关于矩阵乘法的定义,必须注意以下两点:

(1)因为乘积矩阵的 (i,j) 元素规定为左边矩阵的第 i 行元素与右边矩阵的第 j 列对应元素的乘积之和,所以只有当左边矩阵的列数等于右边矩阵的行数时它们才可以相乘,否则不能相乘.

(2)乘积矩阵的行数等于左边矩阵的行数,乘积矩阵的列数等于右边矩阵的列数.

例 2　设矩阵 $\boldsymbol{A}=\begin{bmatrix}1 & 2\\ 3 & 4\\ -1 & 0\\ 7 & -1\end{bmatrix}$, $\boldsymbol{B}=\begin{bmatrix}1 & 2 & 0\\ -1 & 3 & 4\end{bmatrix}$,求 $\boldsymbol{AB}$.

解　$\boldsymbol{AB}=\begin{bmatrix}1 & 2\\ 3 & 4\\ -1 & 0\\ 7 & -1\end{bmatrix}\begin{bmatrix}1 & 2 & 0\\ -1 & 3 & 4\end{bmatrix}$

$$=\begin{bmatrix}1\times1+2\times(-1) & 1\times2+2\times3 & 1\times0+2\times4\\ 3\times1+4\times(-1) & 3\times2+4\times3 & 3\times0+4\times4\\ -1\times1+0\times(-1) & -1\times2+0\times3 & -1\times0+0\times4\\ 7\times1+(-1)\times(-1) & 7\times2+(-1)\times3 & 7\times0+(-1)\times4\end{bmatrix}=\begin{bmatrix}-1 & 8 & 8\\ -1 & 18 & 16\\ -1 & -2 & 0\\ 8 & 11 & -4\end{bmatrix}.$$

例 3　设矩阵 $\boldsymbol{A}=[a_1\ \ a_2\ \ \cdots\ \ a_n]$, $\boldsymbol{B}=\begin{bmatrix}b_1\\ b_2\\ \vdots\\ b_n\end{bmatrix}$,求 $\boldsymbol{AB}$ 与 $\boldsymbol{BA}$.

解　$\boldsymbol{AB}=[a_1\ \ a_2\ \ \cdots\ \ a_n]\begin{bmatrix}b_1\\ b_2\\ \vdots\\ b_n\end{bmatrix}=a_1b_1+a_2b_2+\cdots+a_nb_n$.

$$\boldsymbol{BA}=\begin{bmatrix}b_1\\ b_2\\ \vdots\\ b_n\end{bmatrix}[a_1\ \ a_2\ \ \cdots\ \ a_n]=\begin{bmatrix}b_1a_1 & b_1a_2 & \cdots & b_1a_n\\ b_2a_1 & b_2a_2 & \cdots & b_2a_n\\ \vdots & \vdots & & \vdots\\ b_na_1 & b_na_2 & \cdots & b_na_n\end{bmatrix}.$$

可见 $\boldsymbol{AB}$ 是一个数,而 $\boldsymbol{BA}$ 是一个 n 阶方阵. 显然,有 $\boldsymbol{AB}\neq\boldsymbol{BA}$.

例 4　设矩阵 $\boldsymbol{A}=\begin{bmatrix}1 & 0\\ 1 & 0\end{bmatrix}$, $\boldsymbol{B}=\begin{bmatrix}0 & 0\\ 1 & 1\end{bmatrix}$,求 $\boldsymbol{AB}$ 与 $\boldsymbol{BA}$.

解　$\boldsymbol{AB}=\begin{bmatrix}1 & 0\\ 1 & 0\end{bmatrix}\begin{bmatrix}0 & 0\\ 1 & 1\end{bmatrix}=\begin{bmatrix}0 & 0\\ 0 & 0\end{bmatrix}$, $\boldsymbol{BA}=\begin{bmatrix}0 & 0\\ 1 & 1\end{bmatrix}\begin{bmatrix}1 & 0\\ 1 & 0\end{bmatrix}=\begin{bmatrix}0 & 0\\ 2 & 0\end{bmatrix}$.

由上面例题看到,矩阵的乘法运算是不满足交换律的,即 $\boldsymbol{AB}\neq\boldsymbol{BA}$. 从下面几方面可以说明这一点：

(1)当 $\boldsymbol{A},\boldsymbol{B}$ 可以相乘时，$\boldsymbol{B},\boldsymbol{A}$ 未必可以相乘.

(2)即使 $\boldsymbol{AB}$ 与 $\boldsymbol{BA}$ 都有意义，但是 $\boldsymbol{AB}$ 与 $\boldsymbol{BA}$ 也不一定相等.

从上例可以得出结论：两个非零矩阵相乘可以是零矩阵. 即 $\boldsymbol{A}\neq\boldsymbol{O},\boldsymbol{B}\neq\boldsymbol{O}$，但 $\boldsymbol{AB}=\boldsymbol{O}$. 反之，即使 $\boldsymbol{AB}=\boldsymbol{O}$，也不能得出 $\boldsymbol{A}=\boldsymbol{O}$ 或 $\boldsymbol{B}=\boldsymbol{O}$ 的结论.

下面讨论矩阵乘法满足的运算规律：

(1)结合律：$(\boldsymbol{AB})\boldsymbol{C}=\boldsymbol{A}(\boldsymbol{BC})$；(2)$k(\boldsymbol{AB})=(k\boldsymbol{A})\boldsymbol{B}=\boldsymbol{A}(k\boldsymbol{B})$；

(3)分配律：$\boldsymbol{A}(\boldsymbol{B}+\boldsymbol{C})=\boldsymbol{AB}+\boldsymbol{AC}$ $(\boldsymbol{B}+\boldsymbol{C})\boldsymbol{A}=\boldsymbol{BA}+\boldsymbol{CA}$；

(4)$\boldsymbol{E}_m\boldsymbol{A}_{m\times n}=\boldsymbol{A}_{m\times n}\boldsymbol{E}_n=\boldsymbol{A}_{m\times n}$.

4. 矩阵的转置运算

定义 5 把 $m\times n$ 阶矩阵的行列互换而得到的 $n\times m$ 阶矩阵，称为 $\boldsymbol{A}$ 的转置矩阵，记为 $\boldsymbol{A}^{\mathrm{T}}$ 或 $\boldsymbol{A}'$.

例如 $\begin{bmatrix}-2 & 3\\0 & 7\\6 & 5\end{bmatrix}^{\mathrm{T}}=\begin{bmatrix}-2 & 0 & 6\\3 & 7 & 5\end{bmatrix}$.

矩阵的转置满足下列规律：

(1)$(\boldsymbol{A}^{\mathrm{T}})^{\mathrm{T}}=\boldsymbol{A}$；　　(2)$(\boldsymbol{A}+\boldsymbol{B})^{\mathrm{T}}=\boldsymbol{A}^{\mathrm{T}}+\boldsymbol{B}^{\mathrm{T}}$；

(3)$(k\boldsymbol{A})^{\mathrm{T}}=k\boldsymbol{A}^{\mathrm{T}}$($k$ 为常数)；　　(4)$(\boldsymbol{AB})^{\mathrm{T}}=\boldsymbol{B}^{\mathrm{T}}\boldsymbol{A}^{\mathrm{T}}$.

可将规律(4)推广.

例如：$(\boldsymbol{ABC})^{\mathrm{T}}=[(\boldsymbol{AB})\boldsymbol{C}]^{\mathrm{T}}=\boldsymbol{C}^{\mathrm{T}}(\boldsymbol{AB})^{\mathrm{T}}=\boldsymbol{C}^{\mathrm{T}}\boldsymbol{B}^{\mathrm{T}}\boldsymbol{A}^{\mathrm{T}}$.

例 5 设矩阵 $\boldsymbol{A}=\begin{bmatrix}1 & 2 & 0\\3 & -1 & 4\end{bmatrix},\boldsymbol{B}=\begin{bmatrix}1 & 3 & 0\\4 & 2 & 1\\0 & 1 & -1\end{bmatrix}$，求$(\boldsymbol{AB})^{\mathrm{T}}$.

解 $\boldsymbol{A}^{\mathrm{T}}=\begin{bmatrix}1 & 3\\2 & -1\\0 & 4\end{bmatrix},\boldsymbol{B}^{\mathrm{T}}=\begin{bmatrix}1 & 4 & 0\\3 & 2 & 1\\0 & 1 & -1\end{bmatrix}$，

$$(\boldsymbol{AB})^{\mathrm{T}}=\boldsymbol{B}^{\mathrm{T}}\boldsymbol{A}^{\mathrm{T}}=\begin{bmatrix}1 & 4 & 0\\3 & 2 & 1\\0 & 1 & -1\end{bmatrix}\begin{bmatrix}1 & 3\\2 & -1\\0 & 4\end{bmatrix}=\begin{bmatrix}9 & -1\\7 & 11\\2 & -5\end{bmatrix}.$$

习题 7—3

1. 设 $\boldsymbol{A}=\begin{bmatrix}5 & -2 & 1\\3 & 4 & -1\end{bmatrix},\boldsymbol{B}=\begin{bmatrix}-3 & 2 & 0\\-2 & 0 & 1\end{bmatrix}$，试求(1)$\boldsymbol{A}+\boldsymbol{B}$；(2)$\boldsymbol{A}-\boldsymbol{B}$；(3)$2\boldsymbol{A}-5\boldsymbol{B}$.

2. 已知 $\begin{bmatrix}x & -2\\7 & y\end{bmatrix}+\begin{bmatrix}2y & -3\\-1 & -4x\end{bmatrix}=\begin{bmatrix}5 & -5\\6 & -2\end{bmatrix}$，求元素 x,y 的值.

3. 计算下列乘积.

(1)$\begin{bmatrix}1 & 2 & 3\end{bmatrix}\begin{bmatrix}3\\2\\1\end{bmatrix}$；　　(2)$\begin{bmatrix}2\\3\\-2\end{bmatrix}\begin{bmatrix}1 & -1\end{bmatrix}$；

(3) $\begin{bmatrix}1 & 2 & 1\\2 & -1 & 0\\1 & 1 & 0\end{bmatrix}\begin{bmatrix}0 & 1 & 0\\2 & 1 & 0\\0 & 2 & 1\end{bmatrix}$；　　(4) $\begin{bmatrix}8 & 0 & -1\\2 & 4 & 1\\-3 & -3 & 1\end{bmatrix}\begin{bmatrix}1\\-2\\3\end{bmatrix}$.

4. 已知 $\boldsymbol{A}=\begin{bmatrix}1 & 1 & 1\\-1 & 1 & 1\\1 & -1 & 1\end{bmatrix}$，$\boldsymbol{B}=\begin{bmatrix}1 & 2 & 1\\1 & 3 & -1\\2 & 1 & 4\end{bmatrix}$，求 $\boldsymbol{AB}-\boldsymbol{BA}$.

5. 已知 $\boldsymbol{A}=\begin{bmatrix}3 & 2 & 5\\1 & 0 & -1\\7 & 6 & 4\end{bmatrix}$，$\boldsymbol{B}=\begin{bmatrix}2 & 6 & 3\\-5 & 1 & 4\\6 & 0 & -7\end{bmatrix}$，$\boldsymbol{C}=\begin{bmatrix}1 & 6 & 3 & 0\\0 & 1 & 0 & 0\\2 & 0 & 1 & 0\end{bmatrix}$，

求 $\boldsymbol{AB}$，$\boldsymbol{BA}$，$\boldsymbol{AC}$. 能否求 $\boldsymbol{CA}$？

6. 设 $\boldsymbol{A}=\begin{bmatrix}2 & 1 & 4\\-3 & 0 & 2\end{bmatrix}$，求 $\boldsymbol{AA}^{\mathrm{T}}$ 与 $\boldsymbol{A}^{\mathrm{T}}\boldsymbol{A}$.

第四节　逆矩阵与初等变换

本节的内容在矩阵理论及求解线性方程组的应用中占有重要的地位.

一、逆矩阵的概念

方阵是矩阵中的特殊情况，由于它的特殊性，有些矩阵运算只有方阵才能具有.

1. 方阵的幂

定义 1　k 个相同的 n 阶方阵连乘称为方阵 $\boldsymbol{A}$ 的 k 次幂，记为 $\boldsymbol{A}^k$. 即 $\boldsymbol{A}_n{}^k=\underbrace{\boldsymbol{A}_n\cdot\boldsymbol{A}_n\cdot\cdots\cdot\boldsymbol{A}_n}_{k\text{个}}$.

规定 $k=0$ 时 $\boldsymbol{A}_n{}^0=\boldsymbol{E}_n$.

方阵的幂运算满足以下运算规律：

(1)$\boldsymbol{A}^k\cdot\boldsymbol{A}^l=\boldsymbol{A}^{k+l}$($k$,$l$ 均为正整数)；(2)$(\boldsymbol{A}^k)^l=\boldsymbol{A}^{kl}$；(3)一般地，$(\boldsymbol{AB})^k\neq\boldsymbol{A}^k\cdot\boldsymbol{B}^k$.

2. 方阵的行列式

定义 2　由 n 阶方阵 $\boldsymbol{A}$ 的元素所构成的行列式，称为方阵 $\boldsymbol{A}$ 的行列式，记为 $|\boldsymbol{A}|$ 或 $\det\boldsymbol{A}$.

方阵的行列式运算满足以下规律：

(1) $|\boldsymbol{A}^{\mathrm{T}}|=|\boldsymbol{A}|$；　　(2) $|\lambda\boldsymbol{A}|=\lambda^n|\boldsymbol{A}|$；　　(3) $|\boldsymbol{AB}|=|\boldsymbol{A}||\boldsymbol{B}|$.

定义 3　由 n 阶方阵 $\boldsymbol{A}$ 的行列式 $|\boldsymbol{A}|$ 的各元素的代数余子式 $\boldsymbol{A}_{ij}$ 构成的 n 阶方阵的转置矩阵，称为 $\boldsymbol{A}$ 的**伴随矩阵**，记为 $\boldsymbol{A}^*$，$\boldsymbol{A}^*=\begin{bmatrix}\boldsymbol{A}_{11} & \boldsymbol{A}_{21} & \cdots & \boldsymbol{A}_{n1}\\\boldsymbol{A}_{12} & \boldsymbol{A}_{22} & \cdots & \boldsymbol{A}_{n2}\\\vdots & \vdots & & \vdots\\\boldsymbol{A}_{1n} & \boldsymbol{A}_{2n} & \cdots & \boldsymbol{A}_{nn}\end{bmatrix}$.

例 1　设矩阵 $\boldsymbol{A}=\begin{bmatrix}1 & 3\\4 & 2\end{bmatrix}$，求 $\boldsymbol{A}^*$.

解　$\boldsymbol{A}_{11}=2$，$\boldsymbol{A}_{21}=-3$，$\boldsymbol{A}_{12}=-4$，$\boldsymbol{A}_{22}=1$，得 $\boldsymbol{A}^*=\begin{bmatrix}2 & -3\\-4 & 1\end{bmatrix}$.

我们可以得到一个重要结论：对于任意方阵 $\boldsymbol{A}$，都有 $\boldsymbol{AA}^*=\boldsymbol{A}^*\boldsymbol{A}=|\boldsymbol{A}|\boldsymbol{E}_n$.

3. 逆矩阵

定义 4 对于 n 阶方阵 $\boldsymbol{A}$，如果存在 n 阶方阵 $\boldsymbol{B}$，使得 $\boldsymbol{AB}=\boldsymbol{BA}=\boldsymbol{E}_n$，方阵 $\boldsymbol{A}$ 称为可逆矩阵或非奇异矩阵，$\boldsymbol{B}$ 称为 $\boldsymbol{A}$ 的逆矩阵，记为 $\boldsymbol{B}=\boldsymbol{A}^{-1}$. 可逆矩阵是相互的，$\boldsymbol{B}$ 是 $\boldsymbol{A}$ 的逆矩阵，同样地，$\boldsymbol{A}$ 也是 $\boldsymbol{B}$ 的逆矩阵. $\boldsymbol{A}$ 和 $\boldsymbol{B}$ 是互为逆矩阵，即 $\boldsymbol{A}=\boldsymbol{B}^{-1}$，$\boldsymbol{B}=\boldsymbol{A}^{-1}$.

例如
$$\boldsymbol{A}=\begin{bmatrix}2 & 5\\1 & 3\end{bmatrix},\boldsymbol{B}=\begin{bmatrix}3 & -5\\-1 & 2\end{bmatrix},$$
$$\boldsymbol{AB}=\begin{bmatrix}2 & 5\\1 & 3\end{bmatrix}\begin{bmatrix}3 & -5\\-1 & 2\end{bmatrix}=\begin{bmatrix}1 & 0\\0 & 1\end{bmatrix},\boldsymbol{BA}=\begin{bmatrix}3 & -5\\-1 & 2\end{bmatrix}\begin{bmatrix}2 & 5\\1 & 3\end{bmatrix}=\begin{bmatrix}1 & 0\\0 & 1\end{bmatrix}.$$
所以，$\boldsymbol{A}$ 和 $\boldsymbol{B}$ 是可逆矩阵.

逆矩阵具有以下性质：

(1)唯一性：n 阶方阵 $\boldsymbol{A}$ 如果可逆，其逆矩阵是唯一的；(2) $(\boldsymbol{A}^{-1})^{-1}=\boldsymbol{A}$；

(3) $(k\boldsymbol{A})^{-1}=\dfrac{1}{k}\boldsymbol{A}^{-1}$；　(4) $(\boldsymbol{A}^{\mathrm{T}})^{-1}=(\boldsymbol{A}^{-1})^{\mathrm{T}}$；　(5) $(\boldsymbol{AB})^{-1}=\boldsymbol{B}^{-1}\boldsymbol{A}^{-1}$.

该性质可以推广到有限个矩阵，设 $\boldsymbol{A},\boldsymbol{B},\cdots,\boldsymbol{C}$ 都是可逆矩阵，则有 $(\boldsymbol{AB}\cdots\boldsymbol{C})^{-1}=\boldsymbol{C}^{-1}\cdots\boldsymbol{B}^{-1}\boldsymbol{A}^{-1}$.

现在给出方阵可逆的充要条件及逆矩阵的计算公式.

定理 1　方阵可逆的充分必要条件

n 阶方阵 $\boldsymbol{A}$ 可逆的充分必要条件是 $|\boldsymbol{A}|\neq0$，且 $\boldsymbol{A}^{-1}=\dfrac{1}{|\boldsymbol{A}|}\boldsymbol{A}^{*}$.

证明　必要性

由已知 $\boldsymbol{A}$ 可逆，则存在一个 n 阶方阵 $\boldsymbol{A}^{-1}$，使 $\boldsymbol{AA}^{-1}=\boldsymbol{A}^{-1}\boldsymbol{A}=\boldsymbol{E}_n$.

又因为 $|\boldsymbol{AA}^{-1}|=|\boldsymbol{A}||\boldsymbol{A}^{-1}|=|\boldsymbol{E}_n|=1$，所以 $|\boldsymbol{A}|\neq0$.

由伴随矩阵性质　$\boldsymbol{AA}^{*}=\boldsymbol{A}^{*}\boldsymbol{A}=|\boldsymbol{A}|\boldsymbol{E}_n$，得　$\boldsymbol{A}\cdot\dfrac{\boldsymbol{A}^{*}}{|\boldsymbol{A}|}=\dfrac{1}{|\boldsymbol{A}|}\cdot|\boldsymbol{A}|\boldsymbol{E}_n=\boldsymbol{E}_n$.

同理 $\dfrac{\boldsymbol{A}^{*}}{|\boldsymbol{A}|}\cdot\boldsymbol{A}=\dfrac{1}{|\boldsymbol{A}|}\cdot|\boldsymbol{A}|\boldsymbol{E}_n=\boldsymbol{E}_n$，于是得 $\boldsymbol{A}^{-1}=\dfrac{1}{|\boldsymbol{A}|}\boldsymbol{A}^{*}$.

充分性

设 $|\boldsymbol{A}|\neq0\boldsymbol{AA}^{*}=\boldsymbol{A}^{*}\boldsymbol{A}=|\boldsymbol{A}|\boldsymbol{E}_n$，$\boldsymbol{A}\cdot\dfrac{\boldsymbol{A}^{*}}{|\boldsymbol{A}|}=\dfrac{\boldsymbol{A}^{*}}{|\boldsymbol{A}|}\cdot\boldsymbol{A}=\boldsymbol{E}_n$.

所以 $\boldsymbol{A}$ 可逆，且 $\boldsymbol{A}^{-1}=\dfrac{1}{|\boldsymbol{A}|}\boldsymbol{A}^{*}$.

例 2　已知矩阵 $\boldsymbol{A}=\begin{bmatrix}2 & 1\\3 & -5\end{bmatrix}$，求 $\boldsymbol{A}^{-1}$.

解　$|\boldsymbol{A}|=-13\neq0$，$\boldsymbol{A}^{*}=\begin{bmatrix}-5 & -1\\-3 & 2\end{bmatrix}$，所以　$\boldsymbol{A}^{-1}=\dfrac{1}{|\boldsymbol{A}|}\boldsymbol{A}^{*}=\begin{bmatrix}\dfrac{5}{13} & \dfrac{1}{13}\\\dfrac{3}{13} & -\dfrac{2}{13}\end{bmatrix}$.

例 3　求线性方程组 $\begin{cases}x_1+2x_2+3x_3=1,\\2x_1+2x_2+5x_3=2,\\3x_1+5x_2+x_3=3\end{cases}$ 的解.

解 已知系数矩阵 $A=\begin{bmatrix}1&2&3\\2&2&5\\3&5&1\end{bmatrix}$，$x=\begin{bmatrix}x_1\\x_2\\x_3\end{bmatrix}$，$b=\begin{bmatrix}1\\2\\3\end{bmatrix}$.

$$|A|=\begin{vmatrix}1&2&3\\2&2&5\\3&5&1\end{vmatrix}=15\neq 0,$$

$$A^{-1}=\frac{1}{15}\begin{bmatrix}-23&13&4\\13&-8&1\\4&1&-2\end{bmatrix}=\begin{bmatrix}-\frac{23}{15}&\frac{13}{15}&\frac{4}{15}\\\frac{13}{15}&-\frac{8}{15}&\frac{1}{15}\\\frac{4}{15}&\frac{1}{15}&-\frac{2}{15}\end{bmatrix},$$

则

$$x=\begin{bmatrix}x_1\\x_2\\x_3\end{bmatrix}=A^{-1}b=\begin{bmatrix}-\frac{23}{15}&\frac{13}{15}&\frac{4}{15}\\\frac{13}{15}&-\frac{8}{15}&\frac{1}{15}\\\frac{4}{15}&\frac{1}{15}&-\frac{2}{15}\end{bmatrix}\begin{bmatrix}1\\2\\3\end{bmatrix}=\begin{bmatrix}1\\0\\0\end{bmatrix}.$$

方程组的解为 $x_1=1,x_2=0,x_3=0$.

二、矩阵的初等变换

矩阵的初等变换是矩阵的一种最基本的运算，它有很多重要的应用. 下面我们介绍一些有关的知识.

1. 矩阵的初等变换

定义 5 下面三种对矩阵的变换，统称为矩阵的**初等行变换**.

(1)互换矩阵中两行的位置. 如果第 i,j 两行互换，记为 $r_i\leftrightarrow r_j$.

(2)用任意数 $k\neq 0$ 去乘矩阵的第 i 行，记为 kr_i.

(3)把矩阵的第 i 行的 k 倍加于第 j 行，其中 k 为任意数，记为 kr_i+r_j.

注：将定义 5 中的“行”换成“列”，就是矩阵**初等列变换**的定义，分别记为 $c_i\leftrightarrow c_j$（i,j 两列互换）；kc_i（用任意数 $k\neq 0$ 去乘矩阵的第 i 列）；kc_i+c_j（第 i 列的 k 倍加于第 j 列，数 $k\neq 0$）.

矩阵的初等行变换和初等列变换统称为矩阵的**初等变换**.

例 4 设矩阵 $A=\begin{bmatrix}1&2&1&-1\\3&6&-1&-3\\5&10&1&-5\end{bmatrix}$，对 A 施以行初等变换.

解 $\begin{bmatrix}1&2&1&-1\\3&6&-1&-3\\5&10&1&-5\end{bmatrix}\xrightarrow{-3r_1+r_2}\begin{bmatrix}1&2&1&-1\\0&0&-4&0\\5&10&1&-5\end{bmatrix}$

$$\xrightarrow{-5r_1+r_3}\begin{bmatrix}1&2&1&-1\\0&0&-4&0\\0&0&-4&0\end{bmatrix}\xrightarrow{r_3-r_2}\begin{bmatrix}1&2&1&-1\\0&0&-4&0\\0&0&0&0\end{bmatrix}.$$

由例 4 我们看到矩阵 $\boldsymbol{A}$ 经过行初等变换化成矩阵 $\begin{bmatrix}1&2&1&-1\\0&0&-4&0\\0&0&0&0\end{bmatrix}$，则称这种类型的矩阵为**行阶梯形矩阵**. 其特点是：

(1)每一行首位非零元素所在列的位置逐行增加；

(2)零行在非零行下面.

如：$\begin{bmatrix}0&1&7&-5&1\\0&0&1&0&4\\0&0&0&2&1\\0&0&0&0&3\\0&0&0&0&0\end{bmatrix}$ 和 $\begin{bmatrix}1&0&5&0\\0&1&2&1\\0&0&0&7\end{bmatrix}$ 都是行阶梯形矩阵.

而 $\begin{bmatrix}0&0&1\\0&1&0\\1&0&1\end{bmatrix}$ 和 $\begin{bmatrix}4&5&6&7\\3&0&1&4\\1&0&0&0\end{bmatrix}$ 是非行阶梯形矩阵.

如果对例 4 中的行阶梯形矩阵再进一步施以行变换，可使它更加简化.

$$\begin{bmatrix}1&2&1&-1\\0&0&-4&0\\0&0&0&0\end{bmatrix}\xrightarrow{-\frac{1}{4}r_2}\begin{bmatrix}1&2&1&-1\\0&0&1&0\\0&0&0&0\end{bmatrix}\xrightarrow{r_1-r_2}\begin{bmatrix}1&2&0&-1\\0&0&1&0\\0&0&0&0\end{bmatrix}.$$

最后这个矩阵我们称为**行最简形矩阵**，其特点是：

(1) 它满足行阶梯形矩阵特征，是一个行阶梯形矩阵；

(2) 它每行中首位非零元素是 1，而且首位非零元素所在列除 1 外其他元素都是零.

如：$\begin{bmatrix}1&0&0\\0&1&0\\0&0&1\end{bmatrix}$，$\begin{bmatrix}1&0&2&0\\0&1&1&0\\0&0&0&1\end{bmatrix}$，$\begin{bmatrix}1&0&1&-1&0\\0&1&2&0&-1\\0&0&0&0&0\end{bmatrix}$ 都是行最简形矩阵.

对于矩阵的初等变换有以下几点说明：

(1) 初等行变换可将任意 $m\times n$ 阶矩阵化为行阶梯形矩阵和行最简形矩阵.

(2) 初等行变换后的矩阵一般情况下与原矩阵不等，所以，一般要用"→"来连接变换前后的矩阵.

(3)三种初等行变换都是可逆的. 即经变换后的矩阵再施以同类型的变换又会回到原矩阵.

如：$\begin{bmatrix}3&7&-4\\1&0&9\\4&-6&1\end{bmatrix}\xrightarrow{r_1\leftrightarrow r_2}\begin{bmatrix}1&0&9\\3&7&-4\\4&-6&1\end{bmatrix}\xrightarrow{r_2\leftrightarrow r_1}\begin{bmatrix}3&7&-4\\1&0&9\\4&-6&1\end{bmatrix}$，

$$\begin{bmatrix}1&2\\4&5\end{bmatrix}\xrightarrow{2r_1}\begin{bmatrix}2&4\\4&5\end{bmatrix}\xrightarrow{\frac{1}{2}r_1}\begin{bmatrix}1&2\\4&5\end{bmatrix}.$$

定义 6 如果矩阵 $\boldsymbol{A}$ 经有限次初等变换变成矩阵 $\boldsymbol{B}$，那么称 $\boldsymbol{A}$ 与 $\boldsymbol{B}$ 等价，记为 $\boldsymbol{A}\sim\boldsymbol{B}$. 如果

A_n是可逆矩阵，那么A_n经过有限次初等变换可化成单位矩阵E_n，所以$A_n \sim E_n$.

等价矩阵具有下列性质：

(1)$A\sim A$；(2)若$A\sim B$，则$B\sim A$；(3)若$A\sim B$，$B\sim C$，则$A\sim C$.

例 5　将矩阵$A=\begin{bmatrix}1&-2&3\\2&-1&2\\3&1&2\end{bmatrix}$化为行最简形矩阵.

解

$$\begin{bmatrix}1&-2&3\\2&-1&2\\3&1&2\end{bmatrix}\xrightarrow[-3r_1+r_3]{-2r_1+r_2}\begin{bmatrix}1&-2&3\\0&3&-4\\0&7&-7\end{bmatrix}\xrightarrow{-7r_2+3r_3}\begin{bmatrix}1&-2&3\\0&3&-4\\0&0&7\end{bmatrix}\xrightarrow[\frac{1}{7}r_3]{\frac{1}{3}r_2}$$

$$\begin{bmatrix}1&-2&3\\0&1&-\frac{4}{3}\\0&0&1\end{bmatrix}(\text{行阶梯形})\xrightarrow{2r_2+r_1}\begin{bmatrix}1&0&\frac{1}{3}\\0&1&-\frac{4}{3}\\0&0&1\end{bmatrix}\xrightarrow[\frac{4}{3}r_3+r_2]{-\frac{1}{3}r_3+r_1}\begin{bmatrix}1&0&0\\0&1&0\\0&0&1\end{bmatrix}(\text{行最简形}),$$

从而得$A\sim E_3$.

2. 初等方阵

定义 7　由单位矩阵经过一次的初等变换得到的方阵称为初等方阵.

因为初等变换只有 3 种，所以初等方阵也只有 3 种.

三个对行的初等变换对应着三个初等方阵分别记为：

(1)互换E的i,j两行所得矩阵E_{ij}.

(2)用任意数$k\neq 0$去乘E的第i行所得矩阵$E_{i(k)}$.

(3)把E第i行乘以k加于第j行所得矩阵$E_{i(k)+j}$.

三个对列的初等变换对应着 3 个初等方阵分别记为：C_{ij}，$C_i(k)$，$C_{i(k)+j}$.

用初等方阵左乘(或右乘)任意矩阵，可达到对其进行同类型初等行(或列)变换一样的效果. 现以任意 3×4 阶矩阵为例来说明这一点.

设$A=\begin{bmatrix}a_{11}&a_{12}&a_{13}&a_{14}\\a_{21}&a_{22}&a_{23}&a_{24}\\a_{31}&a_{32}&a_{33}&a_{34}\end{bmatrix}$，又 3 阶行初等方阵$E_{12}=\begin{bmatrix}0&1&0\\1&0&0\\0&0&1\end{bmatrix}$，

则
$$E_{12}A=\begin{bmatrix}0&1&0\\1&0&0\\0&0&1\end{bmatrix}\begin{bmatrix}a_{11}&a_{12}&a_{13}&a_{14}\\a_{21}&a_{22}&a_{23}&a_{24}\\a_{31}&a_{32}&a_{33}&a_{34}\end{bmatrix}=\begin{bmatrix}a_{21}&a_{22}&a_{23}&a_{24}\\a_{11}&a_{12}&a_{13}&a_{14}\\a_{31}&a_{32}&a_{33}&a_{34}\end{bmatrix}.$$

(实现A的第 1，2 两行对换)

又设 4 阶列初等方阵为$C_{1(k)+3}=\begin{bmatrix}1&0&k&0\\0&1&0&0\\0&0&1&0\\0&0&0&1\end{bmatrix}$，

则
$$AC_{1(k)+3}=\begin{bmatrix}a_{11}&a_{12}&a_{13}&a_{14}\\a_{21}&a_{22}&a_{23}&a_{24}\\a_{31}&a_{32}&a_{33}&a_{34}\end{bmatrix}\begin{bmatrix}1&0&k&0\\0&1&0&0\\0&0&1&0\\0&0&0&1\end{bmatrix}=\begin{bmatrix}a_{11}&a_{12}&ka_{11}+a_{13}&a_{14}\\a_{21}&a_{22}&ka_{21}+a_{23}&a_{24}\\a_{31}&a_{32}&ka_{31}+a_{33}&a_{34}\end{bmatrix}.$$

（实现$\boldsymbol{A}$的第1列乘k加于第3列）

定理2 设$\boldsymbol{A}$为任意$m\times n$阶矩阵，用m阶初等方阵左乘矩阵$\boldsymbol{A}$，相当于对$\boldsymbol{A}$作相应的初等行变换. 用n阶初等方阵右乘矩阵$\boldsymbol{A}$，相当于对$\boldsymbol{A}$作相应的初等列变换.

如：$\boldsymbol{A}\xrightarrow{r_i\leftrightarrow r_j}\boldsymbol{B}$，相当于$\boldsymbol{B}=\boldsymbol{E}_{ij}\boldsymbol{A}$.

$\boldsymbol{A}\xrightarrow{kr_i+r_j}\boldsymbol{B}$，相当于$\boldsymbol{B}=\boldsymbol{E}_{i(k)+j}\boldsymbol{A}$.

由定理1容易得到下列推论.

推论1 如果$\boldsymbol{A}$经过若干次初等行变换得到$\boldsymbol{B}$，那么，必有若干个初等方阵$\boldsymbol{E}_1,\boldsymbol{E}_2,\cdots,E_k$使得$\boldsymbol{B}=\boldsymbol{E}_1\cdots\boldsymbol{E}_k\boldsymbol{A}$.

如果$\boldsymbol{A}$经过若干次初等列变换得到$\boldsymbol{B}$，那么，必有若干个初等方阵$\boldsymbol{C}_1,\boldsymbol{C}_2,\cdots,\boldsymbol{C}_l$使得$\boldsymbol{B}=\boldsymbol{A}\boldsymbol{C}_1\cdots\boldsymbol{C}_L$.

如果$\boldsymbol{A}\sim\boldsymbol{B}$，那么必有有限个初等方阵$\boldsymbol{E}_1,\boldsymbol{E}_2,\cdots,\boldsymbol{E}_k,\boldsymbol{C}_1,\boldsymbol{C}_2,\cdots,\boldsymbol{C}_l$使$\boldsymbol{B}=\boldsymbol{E}_1\cdots\boldsymbol{E}_k\boldsymbol{A}\boldsymbol{C}_1\cdots\boldsymbol{C}_L$.

定理3 任何一种初等方阵均有逆，且其逆为同一种类型的初等方阵.

说明，(1)$\boldsymbol{E}_{ij}^{-1}=\boldsymbol{E}_{ij}$；(2)$\boldsymbol{E}_i^{-1}(k)=\boldsymbol{E}_i\left(\dfrac{1}{k}\right)$；(3)$\boldsymbol{E}_{i(k)+j}^{-1}=\boldsymbol{E}_{i(-k)+j}$.

同理得，(1)$\boldsymbol{C}_{ij}^{-1}=\boldsymbol{C}_{ij}$；(2)$\boldsymbol{C}_i^{-1}(k)=\boldsymbol{C}_i\left(\dfrac{1}{k}\right)$；(3)$\boldsymbol{C}_{i(k)+j}^{-1}=\boldsymbol{C}_{i(-k)+j}$.

定理4 设$\boldsymbol{A}$是可逆矩阵，则它恒为若干个初等方阵之积.

根据定理2和定理4可得出一种求逆矩阵的方法.

用初等行变换法求逆矩阵：在n阶可逆方阵$\boldsymbol{A}_n$的右边拼加一个同阶单位矩阵$\boldsymbol{E}_n$，得到一个$n\times 2n$阶矩阵$[\boldsymbol{A}_n\,\vdots\,\boldsymbol{E}_n]$，对$[\boldsymbol{A}_n\,\vdots\,\boldsymbol{E}_n]$作初等行变换（注意只限于用初等行变换）将子块$\boldsymbol{A}_n$化成$\boldsymbol{E}_n$，同时就将子块$\boldsymbol{E}_n$化成了$\boldsymbol{A}_n^{-1}$，即$[\boldsymbol{A}_n\,\vdots\,\boldsymbol{E}_n]\longrightarrow$**一系列初等行变换**$\longrightarrow[\boldsymbol{E}_n\,\vdots\,\boldsymbol{A}_n^{-1}]$.

例6 已知矩阵$\boldsymbol{A}=\begin{bmatrix}1&0&0\\2&1&0\\-3&2&1\end{bmatrix}$，求矩阵$\boldsymbol{A}$的逆.

解 对矩阵$[\boldsymbol{A}\,\vdots\,\boldsymbol{E}_3]$进行初等行变换

$$[\boldsymbol{A}\,\vdots\,\boldsymbol{E}_3]=\left[\begin{array}{ccc:ccc}1&0&0&1&0&0\\2&1&0&0&1&0\\-3&2&1&0&0&1\end{array}\right]\xrightarrow[3r_1+r_3]{-2r_1+r_2}\left[\begin{array}{ccc:ccc}1&0&0&1&0&0\\0&1&0&-2&1&0\\0&2&1&3&0&1\end{array}\right]$$

$$\xrightarrow{-2r_2+r_3}\left[\begin{array}{ccc:ccc}1&0&0&1&0&0\\0&1&0&-2&1&0\\0&0&1&7&-2&1\end{array}\right]=[\boldsymbol{E}_3\,\vdots\,\boldsymbol{A}^{-1}],$$

故
$$\boldsymbol{A}^{-1}=\begin{bmatrix}1&0&0\\-2&1&0\\7&-2&1\end{bmatrix}.$$

同样可用初等列变换法求逆矩阵，即$\begin{bmatrix}\boldsymbol{A}\\\cdots\\\boldsymbol{E}\end{bmatrix}\longrightarrow$一系列初等列变换$\longrightarrow\begin{bmatrix}\boldsymbol{E}\\\cdots\\\boldsymbol{A}^{-1}\end{bmatrix}$.

例7 已知矩阵$\boldsymbol{A}=\begin{bmatrix}2&3\\4&1\end{bmatrix}$，求矩阵$\boldsymbol{A}$的逆.

解　对矩阵$\begin{bmatrix}\boldsymbol{A}\\ \cdots\\ \boldsymbol{I}_2\end{bmatrix}$施以初等列变换$\begin{bmatrix}\boldsymbol{A}\\ \cdots\\ \boldsymbol{I}_2\end{bmatrix}=\begin{bmatrix}2&3\\4&1\\ \cdots&\cdots\\1&0\\0&1\end{bmatrix}\xrightarrow{\frac{1}{2}c_1}\begin{bmatrix}1&3\\2&1\\ \cdots&\cdots\\ \frac{1}{2}&0\\0&1\end{bmatrix}\xrightarrow{-3c_1+c_2}$

$$\begin{bmatrix}1&0\\2&-5\\ \cdots&\cdots\\ \frac{1}{2}&-\frac{3}{2}\\0&1\end{bmatrix}\xrightarrow{-\frac{1}{5}c_2}\begin{bmatrix}1&0\\2&1\\ \cdots&\cdots\\ \frac{1}{2}&\frac{3}{10}\\0&-\frac{1}{5}\end{bmatrix}\xrightarrow{-2c_2+c_1}\begin{bmatrix}1&0\\0&1\\ \cdots&\cdots\\ -\frac{1}{10}&\frac{3}{10}\\ \frac{2}{5}&-\frac{1}{5}\end{bmatrix}=\begin{bmatrix}\boldsymbol{I}_2\\ \cdots\\ \boldsymbol{A}^{-1}\end{bmatrix},$$

故
$$\boldsymbol{A}^{-1}=\begin{bmatrix}-\frac{1}{10}&\frac{3}{10}\\ \frac{2}{5}&-\frac{1}{5}\end{bmatrix}.$$

3. 矩阵的秩

在前面我们定义了两个矩阵等价的概念，若 $\boldsymbol{A}$ 经若干次初等变换得到 $\boldsymbol{B}$，则 $\boldsymbol{A}$ 与 $\boldsymbol{B}$ 等价，即 $\boldsymbol{A}\sim\boldsymbol{B}$. 那么，等价的矩阵之间有什么内在联系呢？矩阵的秩数即揭示了等价矩阵之间的共同特性，它是矩阵的一个非常重要的内在属性.

定义 8　在 $m\times n$ 阶矩阵 $\boldsymbol{A}$ 中，任取 k 行与 k 列，位于这些行、列交叉处的 k^2 个元素(不改变它们在 $\boldsymbol{A}$ 中所处的位置次序)所构成的 k 阶行列式，称为 **$\boldsymbol{A}$ 的 k 阶子式**.

一个 $m\times n$ 阶矩阵应有 $C_m^k\cdot C_n^k$ 个 k 阶子式.

当 $\boldsymbol{A}$ 的所有元素都是零时，$\boldsymbol{A}$ 的任何子式都必然是零. 当 $\boldsymbol{A}$ 中有一个元素不为零时，$\boldsymbol{A}$ 中至少有一个 1 阶子式非零，再看 $\boldsymbol{A}$ 的所有 2 阶子式，如果有非零的子式，再看 $\boldsymbol{A}$ 的所有 3 阶子式. 这样下去，如果 $\boldsymbol{A}$ 至少有一个非零的 r 阶子式，而 $\boldsymbol{A}$ 的所有 $r+1$ 阶子式都是零. 也即是 $\boldsymbol{A}$ 的最高阶非零子式的阶数为 r，r 揭示矩阵 $\boldsymbol{A}$ 的内在特性.

定义 9　在 $m\times n$ 阶矩阵 $\boldsymbol{A}$ 中，若非零子式的最高阶数为 r，则称 r 为**矩阵 $\boldsymbol{A}$ 的秩数**，记为 $R(\boldsymbol{A})=r$.

如 $\boldsymbol{A}=\begin{bmatrix}1&-2&3&4\\0&1&5&7\\0&0&0&0\end{bmatrix}$，$\boldsymbol{A}$ 中有非零的 2 阶子式，但它所有的 3 阶子式全为零，故 $R(\boldsymbol{A})=2$.

由定义可知：

(1)若 $\boldsymbol{A}$ 是零矩阵，则 $R(\boldsymbol{A})=0$；

(2)若 $\boldsymbol{A}$ 是 $m\times n$ 阶非零矩阵，则 $1\leqslant R(\boldsymbol{A})\leqslant\min(m,n)$；

(3)$R(\boldsymbol{A})=r\Leftrightarrow\boldsymbol{A}$ 中至少有一个非零的 r 阶子式，而 $\boldsymbol{A}$ 的所有 $r+1$ 阶子式(如果存在的话)都是零；

(4)阶梯形矩阵的秩等于它的非零行的个数.

定理 5　等价的矩阵有相同的秩.

此定理为我们提供了求矩阵秩数的方法如下：

先利用初等行变换将矩阵 $\boldsymbol{A}$ 化为行阶梯形矩阵 $\boldsymbol{B}$，再根据 $\boldsymbol{B}$ 的秩数等于其非零行的行数，即求得 $R(\boldsymbol{B})$. 又知 $\boldsymbol{A}\sim\boldsymbol{B}$，所以，$R(\boldsymbol{A})=R(\boldsymbol{B})$.

例 8 求 $\boldsymbol{A}=\begin{bmatrix}1&2&0&-1\\2&6&-3&-3\\3&10&-6&-5\end{bmatrix}$ 的秩数.

解 对 $\boldsymbol{A}$ 进行初等行变换

$$\begin{bmatrix}1&2&0&-1\\2&6&-3&-3\\3&10&-6&-5\end{bmatrix}\xrightarrow[-3r_1+r_3]{-2r_1+r_2}\begin{bmatrix}1&2&0&-1\\0&2&-3&-1\\0&4&-6&-2\end{bmatrix}\xrightarrow{-2r_2+r_3}\begin{bmatrix}1&2&0&-1\\0&2&-3&-1\\0&0&0&0\end{bmatrix}=\boldsymbol{B}.$$

$\boldsymbol{B}$ 是行阶梯形矩阵，其非零行数为 2，即得 $R(\boldsymbol{B})=2$.

再由定理得 $R(\boldsymbol{A})=R(\boldsymbol{B})=2$.

特别地，当 $R(\boldsymbol{A})=m$ 时，称 $\boldsymbol{A}$ 为**行满秩矩阵**；当 $R(\boldsymbol{A})=n$ 时，称 $\boldsymbol{A}$ 为**列满秩矩阵**.

当 $\boldsymbol{A}$ 是 n 阶方阵，又 $R(\boldsymbol{A})=n$ 时，称 $\boldsymbol{A}$ 为**满秩矩阵**.

可见，单位矩阵是满秩矩阵.

习题 7—4

1. 求下列矩阵的伴随矩阵.

(1) $\begin{bmatrix}4&6\\-2&-3\end{bmatrix}$；　　(2) $\begin{bmatrix}1&2&-1\\3&4&2\\5&-4&1\end{bmatrix}$.

2. 判别下列方阵是否可逆？若可逆，则求出逆矩阵.

(1) $\begin{bmatrix}1&2\\2&5\end{bmatrix}$；　　(2) $\begin{bmatrix}\cos\theta&-\sin\theta\\\sin\theta&\cos\theta\end{bmatrix}$；

(3) $\begin{bmatrix}0&1&0\\1&0&0\\0&0&1\end{bmatrix}$；　　(4) $\begin{bmatrix}1&2&-3\\0&1&2\\0&0&1\end{bmatrix}$.

3. 设 $\boldsymbol{A}=\begin{bmatrix}1&0&0\\2&2&0\\3&4&5\end{bmatrix}$，$\boldsymbol{A}^*$ 为 $\boldsymbol{A}$ 的伴随矩阵，求 $(\boldsymbol{A}^*)^{-1}$.

4. 利用逆矩阵求解下列线性方程组.

(1) $\begin{cases}2x_1-x_2=1,\\4x_1+5x_2=2;\end{cases}$　　(2) $\begin{cases}x_1+2x_2+3x_3=0,\\2x_1+2x_2+x_3=1,\\3x_1+4x_2+3x_3=0.\end{cases}$

5. 化下列矩阵为行阶梯形矩阵.

(1) $\begin{bmatrix}1&4\\-2&3\end{bmatrix}$；　　(2) $\begin{bmatrix}3&1&0&2\\1&-1&2&-1\\1&3&-4&4\end{bmatrix}$；　　(3) $\begin{bmatrix}1&1&2&2&1\\0&2&1&5&-1\\2&0&3&-1&3\\1&1&0&4&-1\end{bmatrix}$.

6. 化下列矩阵为行最简形矩阵.

(1) $\begin{bmatrix} 6 & 3 & -4 \\ -4 & 1 & 6 \\ 1 & 2 & -5 \end{bmatrix}$;　(2) $\begin{bmatrix} 1 & 1 & 3 & -2 \\ 2 & 1 & -4 & 3 \\ 2 & 3 & 2 & -1 \end{bmatrix}$;　(3) $\begin{bmatrix} 1 & 1 & 1 & 1 & 1 & 2 \\ 1 & 1 & 1 & 2 & 2 & 3 \\ 1 & 1 & 1 & 2 & 3 & 2 \end{bmatrix}$.

7. 设 $\boldsymbol{A}=\begin{bmatrix} 1 & 2 & -3 \\ 4 & -1 & 2 \end{bmatrix}$,求 $\boldsymbol{E}_{12}\boldsymbol{A}\boldsymbol{C}_{3(k)}$.

8. 利用初等行变换求下列矩阵的逆矩阵.

(1) $\begin{bmatrix} 3 & 2 \\ 7 & 5 \end{bmatrix}$;　(2) $\begin{bmatrix} -1 & 2 & -3 \\ 2 & 1 & 0 \\ 4 & -2 & 5 \end{bmatrix}$;　(3) $\begin{bmatrix} 1 & 2 & 1 & -1 \\ 0 & 1 & -1 & 1 \\ 0 & 0 & 1 & 1 \\ 0 & 0 & 0 & 1 \end{bmatrix}$.

9. 求下列矩阵的秩.

(1) $\begin{bmatrix} 0 & 0 & 1 \\ 2 & 1 & 1 \\ 1 & 0 & -1 \end{bmatrix}$;　(2) $\begin{bmatrix} 3 & 1 & 0 & 2 \\ 1 & -1 & 2 & -1 \\ 1 & 3 & -4 & 4 \end{bmatrix}$;　(3) $\begin{bmatrix} 1 & 3 & 1 & -2 & -3 \\ 1 & 4 & 3 & -1 & -4 \\ 2 & 3 & -4 & -8 & -3 \\ 3 & 8 & 1 & -5 & -8 \end{bmatrix}$.

第五节　一般线性方程组的求解

线性方程组的一般形式为

$$\begin{cases} a_{11}x_1+a_{12}x_2+\cdots+a_{1n}x_n=b_1, \\ a_{21}x_1+a_{22}x_2+\cdots+a_{2n}x_n=b_2, \\ \qquad\vdots \\ a_{m1}x_1+a_{m2}x_2+\cdots+a_{mn}x_n=b_m. \end{cases} \tag{7-2}$$

还可以表示为　$\boldsymbol{A}x=\boldsymbol{b}$,其中

$\boldsymbol{A}_{m\times n}=\begin{bmatrix} a_{11} & a_{12} & \cdots & a_{1n} \\ a_{21} & a_{22} & \cdots & a_{2n} \\ \vdots & \vdots & & \vdots \\ a_{m1} & a_{m2} & \cdots & a_{mn} \end{bmatrix}$被称为**系数矩阵**.

$[\boldsymbol{A} \vdots \boldsymbol{b}]=\left[\begin{array}{cccc:c} a_{11} & a_{12} & \cdots & a_{1n} & b_1 \\ \vdots & \vdots & & \vdots & \vdots \\ a_{m1} & a_{m2} & \cdots & a_{mn} & b_m \end{array}\right]$被称为**增广矩阵**.

$\boldsymbol{x}=\begin{bmatrix} x_1 \\ \vdots \\ x_n \end{bmatrix}$, $\boldsymbol{b}=\begin{bmatrix} b_1 \\ \vdots \\ b_m \end{bmatrix}$.

当 $\boldsymbol{b}=\boldsymbol{0}$ 时,称方程组 $\boldsymbol{Ax}=0$ 为齐次线性方程组.

当 $\boldsymbol{b}\neq\boldsymbol{0}$ 时,称方程组 $\boldsymbol{Ax}=\boldsymbol{b}$ 为非齐次线性方程组.

如:$\begin{cases} x_1+2x_2=5, \\ 3x_1+2x_2=7, \end{cases}$系数矩阵 $\boldsymbol{A}=\begin{bmatrix} 1 & 2 \\ 3 & 2 \end{bmatrix}$,$b=\begin{bmatrix} 5 \\ 7 \end{bmatrix}$,是非齐次线性方程组.

$\begin{cases} x_1-2x_2+3x_3=0, \\ 2x_1-4x_2+6x_3=0, \\ x_1-4x_3=0, \end{cases}$ 系数矩阵 $\boldsymbol{B}=\begin{bmatrix} 1 & -2 & 3 \\ 2 & -4 & 6 \\ 1 & 0 & -4 \end{bmatrix}$，$\boldsymbol{b}=\begin{bmatrix} 0 \\ 0 \\ 0 \end{bmatrix}$，是齐次线性方程组.

前面我们介绍了利用行列式性质讨论线性方程组的解，这一节介绍利用矩阵的性质来讨论线性方程组的解.

从矩阵的角度出发，我们可利用初等行变换将$[\boldsymbol{A} \vdots \boldsymbol{b}]$化为更简单的矩阵$[\boldsymbol{B} \vdots \boldsymbol{d}]$，可验证这种变换过程不会影响方程组的解.

定理 1 设线性方程组(7－2)的增广矩阵$[\boldsymbol{A} \vdots \boldsymbol{b}]$可由初等行变换化为$[\boldsymbol{B} \vdots \boldsymbol{d}]$，则$\boldsymbol{Ax}=\boldsymbol{b}$与$\boldsymbol{Bx}=\boldsymbol{d}$是同解的方程组.（证略）

注：如果是齐次线性方程组$\boldsymbol{b}=0$，只需对其系数矩阵进行初等行变换.

由定理可知求解线性方程组无论是齐次或非齐次线性方程组，首先将其系数矩阵或增广矩阵$[\boldsymbol{A} \vdots \boldsymbol{b}]$施以初等行变换化简成为行最简形矩阵，再利用系数矩阵的秩数讨论其解. 下面分别讨论齐次线性方程组和非齐次线性方程组解的情况.

一、齐次线性方程组的解

定理 2 齐次线性方程组$\boldsymbol{A}_{m\times n}x_n=0$有非零解的充分必要条件是$R(\mathbf{A})<n$.（证明略）

例 1 求解齐次线性方程组$\begin{cases} x_1+x_2-x_3=0, \\ 2x_1+4x_2-x_3=0, \\ 3x_1+2x_2+2x_3=0. \end{cases}$

解 系数矩阵$\boldsymbol{A}=\begin{bmatrix} 1 & 1 & -1 \\ 2 & 4 & -1 \\ 3 & 2 & 2 \end{bmatrix}$，将$\boldsymbol{A}$施以初等行变换

$$\begin{bmatrix} 1 & 1 & -1 \\ 2 & 4 & -1 \\ 3 & 2 & 2 \end{bmatrix} \xrightarrow[-3r_1+r_3]{-2r_1+r_2} \begin{bmatrix} 1 & 1 & -1 \\ 0 & 2 & 1 \\ 0 & -1 & 5 \end{bmatrix} \xrightarrow{\frac{1}{2}r_2} \begin{bmatrix} 1 & 1 & -1 \\ 0 & 1 & \frac{1}{2} \\ 0 & -1 & 5 \end{bmatrix}$$

$$\xrightarrow[r_2+r_3]{-r_2+r_1} \begin{bmatrix} 1 & 0 & -\frac{3}{2} \\ 0 & 1 & \frac{1}{2} \\ 0 & 0 & \frac{11}{2} \end{bmatrix} \longrightarrow \begin{bmatrix} 1 & 0 & 0 \\ 0 & 1 & 0 \\ 0 & 0 & 1 \end{bmatrix}=\boldsymbol{E}.$$

可知$R(\boldsymbol{E})=3$，方程组$\boldsymbol{Ex}=0$只有零解.

又知方程组$\boldsymbol{Ax}=0$与方程组$\boldsymbol{Ex}=0$同解，所以$\boldsymbol{Ax}=0$只有零解.

例 2 求解齐次线性方程组$\begin{cases} x_1+2x_2+x_3-x_4=0, \\ 3x_1+6x_2-x_3-3x_4=0, \\ 5x_1+10x_2+x_3-5x_4=0. \end{cases}$

解 系数矩阵 $\boldsymbol{A}=\begin{bmatrix} 1 & 2 & 1 & -1 \\ 3 & 6 & -1 & -3 \\ 5 & 10 & 1 & -5 \end{bmatrix}$，

将 $\boldsymbol{A}$ 施以初等行变换

$$\begin{bmatrix}1 & 2 & 1 & -1\\3 & 6 & -1 & -3\\5 & 10 & 1 & -5\end{bmatrix}\xrightarrow[-5r_1+r_3]{-3r_1+r_2}\begin{bmatrix}1 & 2 & 1 & -1\\0 & 0 & -4 & 0\\0 & 0 & -4 & 0\end{bmatrix}\xrightarrow{r_3-r_2}\begin{bmatrix}1 & 2 & 1 & -1\\0 & 0 & -4 & 0\\0 & 0 & 0 & 0\end{bmatrix}$$

$$\xrightarrow{-\frac{1}{4}r_2}\begin{bmatrix}1 & 2 & 1 & -1\\0 & 0 & 1 & 0\\0 & 0 & 0 & 0\end{bmatrix}\xrightarrow{r_1-r_2}\begin{bmatrix}1 & 2 & 0 & -1\\0 & 0 & 1 & 0\\0 & 0 & 0 & 0\end{bmatrix}=\boldsymbol{B}.$$

$\boldsymbol{B}$ 为行最简形矩阵，$R(\boldsymbol{B})=2<4$，由定理 2 知，$\boldsymbol{Bx}=0$ 有非零解，

$\boldsymbol{B}$ 所对应的方程组为$\begin{cases}x_1+2x_2-x_4=0,\\ x_3=0.\end{cases}$

这个方程中有 4 个未知量，2 个方程，故应有 $4-2=2$ 个自由未知量.

设 $x_2=c_1$，$x_4=c_2$（c_1，c_2 为任意常数），则有

$$\begin{cases}x_1=-2c_1+c_2,\\ x_2=c_1,\\ x_3=0,\\ x_4=c_2.\end{cases}$$

此解是方程组 $\boldsymbol{Bx}=0$ 的通解，再由定理 1 知，它也是方程组 $\boldsymbol{Ax}=0$ 的通解.

二、非齐次线性方程组的解

对于非齐次线性方程组 $\boldsymbol{A}_{m\times n}\boldsymbol{x}_n=\boldsymbol{b}$，如果系数矩阵 $\boldsymbol{A}$ 是可逆矩阵（或满秩矩阵），其解即为 $\boldsymbol{x}=\boldsymbol{A}^{-1}\boldsymbol{b}$. 如果系数矩阵 $\boldsymbol{A}$ 是非满秩矩阵，其解的情形较复杂，可能无解，可能有唯一解，也可能有无穷多个解.

定理 3　对于非齐次线性方程组 $\boldsymbol{A}_{m\times n}\boldsymbol{x}_n=\boldsymbol{b}$ 有解的充分必要条件是 $R(\boldsymbol{A})=R[\boldsymbol{A}\,\vdots\,\boldsymbol{b}]$.（证明略）

即：当 $R(\boldsymbol{A})=R[\boldsymbol{A}\,\vdots\,\boldsymbol{b}]=n$ 时，**方程组有唯一解**.

当 $R(\boldsymbol{A})=R[\boldsymbol{A}\,\vdots\,\boldsymbol{b}]<n$ 时，**方程组有无穷多个解**.

当 $R(\boldsymbol{A})<R[\boldsymbol{A}\,\vdots\,\boldsymbol{b}]$时，**方程组无解**.

例 3　求解非齐次线性方程组$\begin{cases}2x+y-2z=10,\\ 3x+2y+2z=1,\\ 5x+4y+3z=4.\end{cases}$

解　其增广矩阵为　$[\boldsymbol{A}\,\vdots\,\boldsymbol{b}]=\left[\begin{array}{ccc:c}2 & 1 & -2 & 10\\3 & 2 & 2 & 1\\5 & 4 & 3 & 4\end{array}\right]$，

将$[\boldsymbol{A}\,\vdots\,\boldsymbol{b}]$进行初等行变换

$$\left[\begin{array}{ccc:c}2 & 1 & -2 & 10\\3 & 2 & 2 & 1\\5 & 4 & 3 & 4\end{array}\right]\xrightarrow[2r_3-5r_1]{2r_2-3r_1}\left[\begin{array}{ccc:c}2 & 1 & -2 & 10\\0 & 1 & 10 & -28\\0 & 3 & 16 & -42\end{array}\right]\xrightarrow{-3r_2+r_3}\left[\begin{array}{ccc:c}2 & 1 & -2 & 10\\0 & 1 & 10 & -28\\0 & 0 & -14 & 42\end{array}\right]=\boldsymbol{B}.$$

$\boldsymbol{B}$ 是行阶梯形矩阵，$R(\boldsymbol{B})=3$，即 $R[\boldsymbol{A}\,\vdots\,\boldsymbol{b}]=3$.

由于 $R(\boldsymbol{A})=R[\boldsymbol{A}\,\vdots\,\boldsymbol{b}]=3=n$，可得方程组有唯一解 .

再将 $\boldsymbol{B}$ 化为行最简形矩阵

$$\left[\begin{array}{ccc:c}2&1&-2&10\\0&1&10&-28\\0&0&-14&42\end{array}\right]\xrightarrow[\frac{1}{2}r_1]{-\frac{1}{14}r_3}\left[\begin{array}{ccc:c}1&\frac{1}{2}&-1&5\\0&1&10&-28\\0&0&1&-3\end{array}\right]\xrightarrow[r_2-10r_3]{r_1+r_3}\left[\begin{array}{ccc:c}1&\frac{1}{2}&0&2\\0&1&0&2\\0&0&1&-3\end{array}\right]$$

$$\xrightarrow{-\frac{1}{2}r_2+r}\left[\begin{array}{ccc:c}1&0&0&1\\0&1&0&2\\0&0&1&-3\end{array}\right]=\boldsymbol{C}.$$

$\boldsymbol{C}$ 是行最简形矩阵，其对应的方程组解为 $\begin{cases}x=1,\\y=2,\\z=-3.\end{cases}$

方程组 $\boldsymbol{Ax}=\boldsymbol{b}$ 与之同解. 所以 $\boldsymbol{Ax}=\boldsymbol{b}$ 有唯一解 $x=1,y=2,z=-3$.

例 4 求解非齐次线性方程组 $\begin{cases}x+2y-3z=6,\\2x-y+4z=2,\\4x+3y-2z=14.\end{cases}$

解 其增广矩阵 $[\boldsymbol{A}\,\vdots\,\boldsymbol{b}]=\left[\begin{array}{ccc:c}1&2&-3&6\\2&-1&4&2\\4&3&-2&14\end{array}\right]$，

将 $[\boldsymbol{A}\,\vdots\,\boldsymbol{b}]$ 进行初等行变换

$$\left[\begin{array}{ccc:c}1&2&-3&6\\2&-1&4&2\\4&3&-2&14\end{array}\right]\xrightarrow[-4r_1+r_3]{-2r_1+r_2}\left[\begin{array}{ccc:c}1&2&-3&6\\0&-5&10&-10\\0&-5&10&-10\end{array}\right]=\boldsymbol{B}.$$

由于 $R(\boldsymbol{A})=R(\boldsymbol{B})=2<3$，可得方程组有无穷多解. 再将 $\boldsymbol{B}$ 化为行最简形矩阵

$$\left[\begin{array}{ccc:c}1&2&-3&6\\0&1&-2&2\\0&1&-2&2\end{array}\right]\xrightarrow{r_3-r_2}\left[\begin{array}{ccc:c}1&2&-3&6\\0&1&-2&2\\0&0&0&0\end{array}\right]\xrightarrow{-2r_2+r_1}\left[\begin{array}{ccc:c}1&0&1&2\\0&1&-2&2\\0&0&0&0\end{array}\right]=\boldsymbol{C}.$$

$\boldsymbol{C}$ 所对应的方程组为 $\begin{cases}x+z=2,\\y-2z=2.\end{cases}$

这个方程组中有 3 个未知量，2 个方程，故应有 1 个自由未知量.

设 $z=c$（c 为任意常数），$\begin{cases}x=2-c,\\y=2+2c,\\z=c.\end{cases}$

所以，方程组有无穷多个解，其通解为 $x=2-c,y=2+2c,z=c$.

例 5 求解方程组 $\begin{cases}x_1-2x_2+3x_3-x_4+2x_5=2,\\3x_1-x_2+5x_3-3x_4-x_5=6,\\2x_1+x_2+2x_3-2x_4-3x_5=8,\\3x_2-4x_3+5x_4+x_5=7.\end{cases}$

解 其增广矩阵为 $[\boldsymbol{A}\vdots\boldsymbol{b}]=\begin{bmatrix}1&-2&3&-1&2&\vdots&2\\3&-1&5&-3&-1&\vdots&6\\2&1&2&-2&-3&\vdots&8\\0&3&-4&5&1&\vdots&7\end{bmatrix}$,

将$[\boldsymbol{A}\vdots\boldsymbol{b}]$进行初等行变换

$$\begin{bmatrix}1&-2&3&-1&2&\vdots&2\\3&-1&5&-3&-1&\vdots&6\\2&1&2&-2&-3&\vdots&8\\0&3&-4&5&1&\vdots&7\end{bmatrix}\xrightarrow[-2r_1+r_2]{-3r_1+r_2}\begin{bmatrix}1&-2&3&-1&2&\vdots&2\\0&5&-4&0&-7&\vdots&0\\0&5&-4&0&-7&\vdots&4\\0&3&-4&5&1&\vdots&7\end{bmatrix}=\boldsymbol{B}.$$

观察$\boldsymbol{B}$的第2行,第3行,即可看出:$R(\boldsymbol{A})=3$.

而$R(\boldsymbol{B})=R[\boldsymbol{A}\vdots\boldsymbol{b}]=4$,$R(\boldsymbol{A})<R[\boldsymbol{A}\vdots\boldsymbol{b}]$,所以方程组无解.

例6 确定λ的值,使下列线性方程组$\begin{cases}x_1+x_2-x_3=1,\\2x_1+3x_2+\lambda x_3=3,\\x_1+\lambda x_2+3x_3=2,\end{cases}$

(1)有唯一解;(2)有无穷多解;(3)无解.

解 方程组增广矩阵为$[\boldsymbol{A}\vdots\boldsymbol{b}]=\begin{bmatrix}1&1&-1&\vdots&1\\2&3&1&\vdots&3\\1&\lambda&3&\vdots&2\end{bmatrix}$,

$[\boldsymbol{A}\vdots\boldsymbol{b}]$进行初等行变换化为行阶梯形矩阵,

$$\begin{bmatrix}1&1&-1&\vdots&1\\2&3&1&\vdots&3\\1&\lambda&3&\vdots&2\end{bmatrix}\xrightarrow[-r_1+r_3]{-2r_1+r_2}\begin{bmatrix}1&1&-1&\vdots&1\\0&1&2+\lambda&\vdots&1\\0&\lambda-1&4&\vdots&1\end{bmatrix}$$

$$\xrightarrow[-(\lambda-1)r_2+r_3]{-r_2+r_1}\begin{bmatrix}1&0&-3-\lambda&\vdots&0\\0&1&2+\lambda&\vdots&1\\0&0&-(\lambda+3)(\lambda-2)&\vdots&-\lambda+2\end{bmatrix}=\boldsymbol{B}.$$

由此可得:

如果$\lambda\neq-3$和$\lambda\neq2$,则$R(\boldsymbol{A})=R[\boldsymbol{A}\vdots\boldsymbol{b}]=3$,方程组有唯一解.

如果$\lambda=2$,则$\boldsymbol{B}=\begin{bmatrix}1&0&-5&\vdots&0\\0&1&4&\vdots&1\\0&0&0&\vdots&0\end{bmatrix}$.

因此$R(\boldsymbol{A})=R[\boldsymbol{A}\vdots\boldsymbol{b}]=2<3$,方程组有无穷多个解 .

如果$\lambda=-3$,则$\boldsymbol{B}=\begin{bmatrix}1&0&0&\vdots&0\\0&1&-1&\vdots&1\\0&0&0&\vdots&5\end{bmatrix}$.

因此$R(\boldsymbol{A})=2<R[\boldsymbol{A}\vdots\boldsymbol{b}]=3$,方程组无解.

习题 7－5

1. 求解齐次线性方程组.

(1)$\begin{cases} x_1+x_2+2x_3-x_4=0, \\ 2x_1+x_2+x_3-x_4=0, \\ 2x_1+2x_2+x_3+2x_4=0; \end{cases}$　(2)$\begin{cases} x_1+2x_2+x_3-x_4=0, \\ 3x_1+6x_2-x_3-3x_4=0, \\ 5x_1+10x_2+x_3-5x_4=0; \end{cases}$

(3)$\begin{cases} 2x_1+3x_2-x_3+5x_4=0, \\ 3x_1+x_2+2x_3-7x_4=0, \\ 4x_1+x_2-3x_3+6x_4=0, \\ x_1-2x_2+4x_3-7x_4=0. \end{cases}$

2. 求解非齐次线性方程组.

(1)$\begin{cases} 4x_1+2x_2-x_3=2, \\ 3x_1-x_2+2x_3=10, \\ 11x_1+3x_2=8; \end{cases}$　(2)$\begin{cases} 2x_1+3x_2+x_3=4, \\ x_1-2x_2+4x_3=-5, \\ 3x_1+8x_2-2x_3=13, \\ 4x_1-x_2+9x_3=-6; \end{cases}$

(3)$\begin{cases} 2x_1+x_2-x_3+x_4=1, \\ 4x_1+2x_2-2x_3+x_4=2, \\ 2x_1+x_2-x_3+x_4=1. \end{cases}$

3. 确定 λ 的值,使下列线性方程组$\begin{cases} \lambda x_1+x_2+x_3=1, \\ x_1+\lambda x_2+x_3=\lambda, \\ x_1+x_2+\lambda x_3=\lambda^2, \end{cases}$

(1)有唯一解；(2)有无穷多解；(3)无解.

4. 已知方程组$\begin{cases} x_1+2x_2-3x_3=a, \\ 2x_1+6x_2-11x_3=b, \\ x_1-2x_2+7x_3=c, \end{cases}$问：$a,b,c$ 为何值时,方程组有解?

※ 第六节　应用与实践七

本节列举两个实际问题,以说明矩阵及线性方程组的应用.这些问题中的计算均可利用 MATLAB 软件来完成.

一、应用

例 1　互付工资问题

现有一个木工,一个电工和一个油漆工,他们相互装修自己的房子,有协议如下：

(1)每人总共工作 10 天(包括在自己家干活),

(2)每人的日工资根据一般的市价在 60～80 元,

(3)日工资数应使每人的总收入与总支出相等,

求每人的日工资.

地点 \ 天数 \ 工人	木工	电工	油漆工
木工家	2	1	6
电工家	4	5	1
油漆工家	4	4	3

解　分析问题并建立模型.

以 x_1 表示木工的日工资,以 x_2 表示电工的日工资,以 x_3 表示油漆工的日工资. 木工的 10 个工作日总收入为 $10x_1$,木工、电工及油漆工三人在木工家工作的天数分别为:2 天、1 天、6 天,则木工的总支出为 $2x_1+x_2+6x_3$. 由于木工的总支出与总收入要相等,于是木工的收支平衡关系可描述为 $2x_1+x_2+6x_3=10x_1$.

同理,可以分别建立描述电工及油漆工各自的收支平衡关系的两个等式:

$$4x_1+5x_2+x_3=10x_2,\ 4x_1+4x_2+3x_3=10x_3.$$

联立三个方程得方程组:

$$\begin{cases}2x_1+x_2+6x_3=10x_1,\\4x_1+5x_2+x_3=10x_2,\\4x_1+4x_2+3x_3=10x_3.\end{cases}$$

整理,得三人的日工资数应满足的齐次线性方程组:

$$\begin{cases}-8x_1+x_2+6x_3=0,\\4x_1-5x_2+x_3=0,\\4x_1+4x_2-7x_3=0.\end{cases}$$

解方程组

由系数阵 $\boldsymbol{A}=\begin{bmatrix}-8&1&6\\4&-5&1\\4&4&-7\end{bmatrix}\xrightarrow[\substack{r_3-r_1\\r_3+r_2}]{\substack{r_1\leftrightarrow r_2\\r_2+2r_1}}\begin{bmatrix}4&-5&1\\0&-9&8\\0&0&0\end{bmatrix}\xrightarrow[r_2\times\left(\frac{1}{4}\right)]{\substack{r_2\times\left(-\frac{1}{9}\right)\\r_1+5r_2}}\begin{bmatrix}1&0&-\frac{31}{36}\\0&1&-\frac{8}{9}\\0&0&0\end{bmatrix}$

得上面齐次线性方程组的一般解为 $\begin{pmatrix}x_1\\x_2\\x_3\end{pmatrix}=k\begin{pmatrix}\frac{31}{36}\\\frac{8}{9}\\1\end{pmatrix}$,其中 k 为任意实数.

最后,由于每个工人的日工资在 60～80 元,故选择 $k=72$,以确定木工、电工及油漆工每人每天的日工资:$x_1=62,x_2=64,x_3=72$.

结果分析

求解齐次线性方程组并不是太困难,根据工作天数的分配方案表建立线性方程组也比较容易,这类问题的关键是要设计合理的工作天数分配方案表,使得最后计算出的每一个工人的日工资数基本上均等,或相差不是太大,同时还要与市价的日工资基本上相符合.

例 2　加密问题

密码法是一种信息编码与解码的技巧．下面就是使用代码子表和可逆矩阵加密将要转换的信息的实际操作过程．

首先，用一系列数字代表特定的字母，如下图为一个最基本的代码子表．

字母	a	b	c	d	e	f	g	i	j	k	l	m	n
数字	1	2	3	4	5	6	7	9	10	11	12	13	14
字母	o	p	q	r	s	t	u	w	x	y	z	Space	
数字	15	16	17	18	19	20	21	23	24	25	26	0	

假设我们要发送一条信息：braised pork，使用上述代码，则应发送：2，18，1，9，19，5，4，0，17，15，18，11．这种编码很容易编解，但也很容易被截获者破译．为此我们选取一个密钥矩阵（即只有信息交流双方才知道的矩阵 $\boldsymbol{A}$）要求密钥矩阵可逆，且矩阵的行列式值为 ± 1．

例如选取矩阵 $\boldsymbol{A}$

$$\boldsymbol{A}=\begin{bmatrix}1 & 1 & 1\\ -1 & 0 & 1\\ 0 & 1 & 1\end{bmatrix}(|\boldsymbol{A}|=-1)$$

将发送信息单词的编码转化成一个矩阵（矩阵 $\boldsymbol{B}$），矩阵 $\boldsymbol{B}$ 的大小要依据矩阵 A 设定，即要使 $\boldsymbol{AB}$ 运算合法．

矩阵 $\boldsymbol{B}$ 应为 3×4 矩阵，即

$$\boldsymbol{B}=\begin{bmatrix}2 & 9 & 4 & 15\\ 18 & 19 & 0 & 18\\ 1 & 5 & 17 & 11\end{bmatrix}$$

则 $\boldsymbol{C}=\boldsymbol{AB}$

$$\boldsymbol{C}=\begin{bmatrix}1 & 1 & 1\\ -1 & 0 & 1\\ 0 & 1 & 1\end{bmatrix}\begin{bmatrix}2 & 9 & 4 & 15\\ 18 & 19 & 0 & 18\\ 1 & 5 & 17 & 11\end{bmatrix}=\begin{bmatrix}21 & 33 & 21 & 44\\ -1 & -4 & 13 & -4\\ 19 & 24 & 17 & 29\end{bmatrix}$$

矩阵 $\boldsymbol{C}$ 就是把对应信息加密完成的矩阵．

这样我们应发送的信息为：21，−1，19，33，−4，24，21，13，17，44，−4，29．使用此法，若截获者不知转换矩阵，就很难破译截获的信息．

利用上述编译方法，如果我们从通讯处收到的信息为：21，−1，19，33，−4，24，21，13，17，44，−4，29，将怎样把它译为英文呢．

若要破解收到的信息，需要知道密钥矩阵（矩阵 $\boldsymbol{A}$）的逆矩阵．本例中破解该矩阵的方式即为上述加密过程的逆过程．即已知矩阵 $\boldsymbol{C}$，求矩阵 $\boldsymbol{B}$ 的过程．

即 $\boldsymbol{B}=\boldsymbol{A}^{-1}\boldsymbol{C}$

$$\boldsymbol{B}=\boldsymbol{A}^{-1}\boldsymbol{C}=\begin{bmatrix}1 & 0 & -1\\ -1 & -1 & 2\\ 1 & 1 & -1\end{bmatrix}\begin{bmatrix}21 & 33 & 21 & 44\\ -1 & -4 & 13 & -4\\ 19 & 24 & 17 & 29\end{bmatrix}=\begin{bmatrix}2 & 9 & 4 & 15\\ 18 & 19 & 0 & 18\\ 1 & 5 & 17 & 11\end{bmatrix}$$

这里就体现了密钥 $\boldsymbol{A}$ 可逆的重要性，若 $\boldsymbol{A}$ 不可逆，则 $\boldsymbol{A}$ 逆不存在，加密后的矩阵将无法破解．

二、实践

MATLAB 中的矩阵及运算

1. 直接输入法

从键盘上直接输入矩阵是最方便、最常用的创建数值矩阵的方法，尤其适合较小的简单矩阵. 在用此方法创建矩阵时，应当注意以下几点：

1.1 输入矩阵时要以“[ ]”为其标识符号，所有元素必须都在括号内；

1.2 矩阵同行元素之间由空格或逗号分隔，行与行之间用分号或回车键分隔；

1.3 矩阵大小不需要预先定义；

1.4 矩阵元素可以是运算表达式或小矩阵；

1.5 若“[ ]”中无元素表示空矩阵.

例如：

```
>>A=[1 2 3;4 5 6;7 8 9]
A=
    1 2 3
    4 5 6
    7 8 9
```

2. 线性代数的常用函数：

命令	功 能
A′	计算矩阵 **A** 的转置
det(A)	计算方阵 **A** 的行列式
$A_1 \pm A_2$	计算同型矩阵 $\boldsymbol{A}_1$、$\boldsymbol{A}_2$ 的和与差
k * A	常数 k 乘矩阵 **A**
$A_1 \cdot A_2$	两个矩阵 $\boldsymbol{A}_1$、$\boldsymbol{A}_2$ 相乘
inv[A]	计算矩阵 **A** 的逆矩阵
rank[A]	计算矩阵 **A** 的秩
rref[A]	将 **A** 化成行最简化阶梯形矩阵
null[A,'r']	计算系数矩阵为 **A** 的齐次方程的基础解系
pinv[A] * b	计算非齐次方程的特解

例如：

```
>>A=[2 1 -3 -1;3 1 0 7;-1 2 4 -2;1 0 -1 5]
>>A1=det[A];
>>A2=det[inv[A]];
>>A1 * A2
  ans=
      1
```

应用与实践七习题

1. 假定某种通信中使用如下的信息编译方法. 规定 26 个英文大写字母的代码为：

A	B	C	D	E	F	G	H	I	J	K	L	M	N
1	2	3	4	5	6	7	8	9	10	11	12	13	14

O	P	Q	R	S	T	U	V	W	X	Y	Z	空格
15	16	17	18	19	20	21	22	23	24	25	26	27

发送信息时，采用分组形式：“三个一组”而构成列矩阵（不够分时，以零补齐），并做线性转换 $L:\boldsymbol{X}=\begin{bmatrix}x_1\\x_2\\x_3\end{bmatrix}\to\boldsymbol{Y}=\begin{bmatrix}y_1\\y_2\\y_3\end{bmatrix}$ 为 $\boldsymbol{Y}=L(\boldsymbol{X})=\boldsymbol{AX}$，又转换矩阵 $\boldsymbol{A}=\begin{bmatrix}1&1&0\\0&1&1\\0&0&2\end{bmatrix}$. 现在若从通讯者处收到的信息为：

17，25，40，48，40，38，47，38，36，52，47，40，22，12，10，28，13，10，18，0，0. 请将其译为英文.

2. 计算下列行列式的值.

(1) $\begin{vmatrix}3&-7&2&4\\-2&5&1&-3\\1&-5&-1&2\\4&-6&3&8\end{vmatrix}$；　　(2) $\begin{vmatrix}a-5&-2&4\\-2&a-2&2\\4&2&a-5\end{vmatrix}$.

3. 设矩阵 $\boldsymbol{A}=\begin{bmatrix}2&2&3\\1&-1&0\\-1&2&1\end{bmatrix}$，$\boldsymbol{B}=\begin{bmatrix}2&0&0\\1&2&0\\0&1&2\end{bmatrix}$，计算 $-2\boldsymbol{A}$，$\boldsymbol{A}^{\mathrm{T}}$，$r(\boldsymbol{A})$，$\boldsymbol{AB}$.

4. 解矩阵方程：$\boldsymbol{Ax}=\boldsymbol{B}$，其中 $\boldsymbol{A}=\begin{bmatrix}1&-1&2\\2&-3&5\\3&-2&4\end{bmatrix}$，$\boldsymbol{B}=\begin{bmatrix}1&-1\\-2&3\\5&-4\end{bmatrix}$.

5. 解线性方程组.

(1) $\begin{cases}x_1+2x_2+3x_3=-7,\\2x_1-x_2+2x_3=-8,\\x_1+3x_2=7;\end{cases}$　　(2) $\begin{cases}2x_1-4x_2+5x_3+3x_4=7,\\3x_1-6x_2+4x_3+2x_4=7,\\4x_1-8x_2+17x_3+11x_4=21.\end{cases}$

小　结

一、主要内容

本模块主要介绍了行列式、矩阵的概念及其运算，学习了逆矩阵、矩阵的秩与初等变换、线性方程组的矩阵求解等问题.

1. 行列式

(1)掌握 2 阶、3 阶行列式的定义，理解 n 阶行列式的定义.

(2)熟记行列式的性质及按一行(列)展开法则. 掌握利用行列式的性质及展开法则计算行列式的基本方法.

(3)掌握 2 阶、3 阶行列式的计算，会计算简单的 n 阶行列式.

(4)掌握克莱姆法则，会用克莱姆法则求解简单的线性方程组.

2. 矩阵及其运算

(1)理解矩阵的概念.

(2)掌握矩阵的加法、数乘、乘法、方阵的幂、转置等运算及其计算规律.

(3)理解逆矩阵的概念和有关理论,掌握求逆矩阵的常用方法.

3. 矩阵的初等变换与线性方程组

(1)理解矩阵初等变换和等价矩阵的概念,会进行矩阵的初等变换.

(2)掌握矩阵的秩的定义及计算.

(3)会用克莱姆法则、逆矩阵等方法求线性方程组的解.

二、应注意的问题

(1)行列式是线性代数的一个基本概念,是讨论线性方程组、向量等代数问题的有力工具.行列式是由 n^2 个数排成 n 行 n 列、按照不同行不同列各取一个元素的乘积之和,共有 $n!$ 项,正负各占一半.这个和的每一项不仅与 n^2 个数有关,也与这些数的排列位置有关.

本模块主要介绍了两种行列式的计算方法,其一是“化三角形法”,即利用性质将行列式化为三角形行列式并求其值;其二是“降阶法”,即利用性质将阶数较高的行列式转化为阶数较低的行列式,再求其值.

在行列式计算中,首先要观察分析行列式各行(或列)元素的构造特点,然后利用行列式的性质化简行列式的计算,同时要尽量避免分数运算,避免计算错误.

(2)克莱姆法则是解线性方程组的一种方法,也是行列式理论的应用.但是克莱姆法则要求未知数的个数与方程的个数相等,且系数行列式不能为零.另一方面计算量太大,需要计算 $n+1$ 个 n 阶行列式,但其在理论上是很重要的,应用它可以推导理论问题.

(3)矩阵是线性代数的主要研究的对象之一.它的计算和理论在自然科学、技术科学和社会科学等领域中有着广泛的应用.掌握它的运算方法对理论研究是很重要的.矩阵的运算要注意,只有同型矩阵才能定义加减法运算.只有第一个矩阵的列数与第二个矩阵行数相等时,才有乘法运算.由于运算的特殊性,矩阵乘法不适合交换律,也不适合消去律,这是与数的运算的主要区别.

(4)初等变换在矩阵论的研究中起着重要的作用,无论是求逆矩阵,还是求矩阵的秩及在解方程组中的消去法都要用到它.因而理解并掌握初等变换尤为重要.实际上,初等行变换就相当于对方程组的方程进行计算.这样,对矩阵的初等变换就不难理解了.

(5)逆矩阵相当于数字运算中的非零数的倒数问题.求逆矩阵的问题,本模块给出两种求法:伴随矩阵和初等变换.伴随矩阵法,计算量较大,需要计算一个 n 阶行列式和 n^2 个 $n-1$ 阶行列式.当阶数较高时,并不易计算.初等变换则避免计算行列式,而直接求逆矩阵.

矩阵的秩是矩阵的固有性质,是矩阵变换中的不变量.有两种方法可以计算矩阵的秩.

用定义计算矩阵的秩,比较繁难,要从高阶往低阶计算子式,直到有不为零的子式出现为止.用矩阵的初等变换求秩,就比较方便,用初等变换将矩阵化为阶梯形,就可以直接求得矩阵的秩.

(6)线性方程组是线性代数的基本内容.对线性方程组的求解问题,本模块先后给出三种解法.克莱姆法则,前面已述.第二种方法是利用逆矩阵解矩阵方程的方法.实际上,它所要求的条件与克莱姆法则一致,只是运算量稍小一些.第三种方法是消去法,它是解线性方程组的具体方法.消去法是在线性方程组的增广矩阵上进行的,利用对矩阵的行初等变换将它变为阶梯形,由此判断有解无解,同时在有解时解的个数的问题也随之解决了.消去法解线性方程组,减弱了求解条件,拓宽了适用范围,因而是解线性方程组的较好的方法.

复习题七

1. 填空题.

(1) $\begin{vmatrix} a_1 & a_2 & a_3 \\ b_1 & b_2 & b_3 \\ c_1 & c_2 & c_3 \end{vmatrix} \xlongequal{r_3+r_1(-1)}$ ________.　(2) $\begin{vmatrix} 1 & 2 & 3 & 4 \\ 2 & 0 & 1 & 0 \\ 7 & 2 & 0 & 0 \\ -1 & 0 & 0 & 0 \end{vmatrix}=$ ________.

(3) $\begin{vmatrix} 2 & 3 & -1 & 2 \\ 1 & 0 & 0 & 2 \\ 2 & 1 & 4 & a \\ 0 & 1 & 6 & 1 \end{vmatrix}$ 中元素 a 的代数余子式是________.

(4)行列式 $\begin{vmatrix} 3 & 0 & 4 & 0 \\ 2 & 2 & 2 & 2 \\ 0 & -7 & 0 & 0 \\ 5 & 3 & -2 & 2 \end{vmatrix}$ 中,$M_{34}=$ ________;$A_{34}=$ ________;$A_{41}+A_{42}+A_{43}+A_{44}=$ ________;$A_{31}+A_{33}=$ ________.

(5)若 $\boldsymbol{A}=\begin{bmatrix} 5 & -2 & 1 \\ 3 & 4 & -1 \end{bmatrix}$,$\boldsymbol{B}=\begin{bmatrix} -3 & 2 & 0 \\ -2 & 0 & 1 \end{bmatrix}$,则 $\boldsymbol{A}+\boldsymbol{B}=$ ________,$\boldsymbol{A}-\boldsymbol{B}=$ ________.

(6)设 $\boldsymbol{A}$ 是 $s\times l$ 矩阵,则 $\boldsymbol{A}\boldsymbol{A}^{\mathrm{T}}$ 是________阶矩阵.

(7)设 $\boldsymbol{A}$ 是 $m\times n$ 矩阵,$\boldsymbol{B}$ 是 $p\times m$,则 $\boldsymbol{A}^{\mathrm{T}}\boldsymbol{B}^{\mathrm{T}}$ 是________矩阵.

(8)若 $\boldsymbol{A}$ 为三阶方阵,则 $\det(2\boldsymbol{A})=$ ________ $\det\boldsymbol{A}$.

(9)若 $\boldsymbol{A}=\begin{bmatrix} 1 & 4 \\ 2 & 5 \end{bmatrix}$,则 $\boldsymbol{A}^{*}=$ ________,$\boldsymbol{A}^{-1}=$ ________.

(10)设 $\boldsymbol{A}=\begin{bmatrix} 1 & 2 \\ 4 & 0 \\ -1 & 3 \end{bmatrix}$,$\boldsymbol{B}=\begin{bmatrix} -1 & 2 & 0 \\ 3 & -1 & 1 \end{bmatrix}$,则 $(\boldsymbol{A}+\boldsymbol{B}^{\mathrm{T}})^{\mathrm{T}}=$ ________.

(11)设矩阵 $\boldsymbol{A}=\begin{bmatrix} 1 & 2 & -1 & 1 \\ 2 & -1 & 3 & 1 \\ 3 & 1 & 2 & 2 \end{bmatrix}$,则 $R(\boldsymbol{A})=$ ________.

(12)非齐次线性方程组 $\boldsymbol{A}\boldsymbol{x}=\boldsymbol{b}$ 有解的充要条件是 $R[\boldsymbol{A}\,\vdots\,\boldsymbol{b}]=$ ________.

2. 选择题.

(1)下列各式中,正确的是(　).

A. $\begin{vmatrix} a+b & c+d \\ e+f & g+h \end{vmatrix}=\begin{vmatrix} a & c \\ e & g \end{vmatrix}+\begin{vmatrix} b & d \\ f & h \end{vmatrix}$　B. $\begin{vmatrix} a+b & c+d \\ e+f & g+h \end{vmatrix}=\begin{vmatrix} a & b \\ e & f \end{vmatrix}+\begin{vmatrix} c & d \\ g & h \end{vmatrix}$

C. $\begin{vmatrix} 2a & 2b \\ 2c & 2d \end{vmatrix}=2\begin{vmatrix} a & b \\ c & d \end{vmatrix}$　D. $\begin{vmatrix} 2a & 2b \\ 2c & 2d \end{vmatrix}=4\begin{vmatrix} a & b \\ c & d \end{vmatrix}$

(2)$\begin{vmatrix}3&4&9\\5&7&1\\2&1&4\end{vmatrix}$的 a_{23} 的代数余子式 A_{23} 的值为(　　).

A. 3　　B. -3　　C. 5　　D. -5

(3)若 $k=$(　　),则 $\begin{vmatrix}k&2&1\\2&k&0\\1&-1&1\end{vmatrix}=0$.

A. -2　　B. 2　　C. 0　　D. -3

(4)设 n 阶矩阵 $\boldsymbol{A}$ 的行列式为 $\det\boldsymbol{A}$,则 $k\boldsymbol{A}$ 的行列式为(　　).

A. $k\det\boldsymbol{A}$　　B. $k^n\det\boldsymbol{A}$　　C. $|k|\det\boldsymbol{A}$　　D. $-k\det\boldsymbol{A}$

(5)有矩阵 $\boldsymbol{A}_{3\times 2}$,$\boldsymbol{B}_{2\times 3}$,$\boldsymbol{C}_{3\times 3}$,下列运算可行的是(　　).

A. $\boldsymbol{AC}$　　B. $\boldsymbol{A}-\boldsymbol{B}$　　C. $\boldsymbol{ABC}-\boldsymbol{C}$　　D. $\boldsymbol{AB}-\boldsymbol{BC}$

(6)由 $\boldsymbol{A}_{m\times n}$,$\boldsymbol{B}_{s\times t}$ 作乘积 $\boldsymbol{AB}^{\mathrm{T}}$,则必须满足(　　).

A. $m=n$　　B. $m=t$　　C. $n=s$　　D. $n=t$

(7)由 $\begin{bmatrix}2&3&4\\5&0&-1\\3&1&2\end{bmatrix}\begin{bmatrix}2&1\\3&5\\1&2\end{bmatrix}$ 得到的矩阵 $\boldsymbol{A}$ 中元素 $a_{21}=$(　　).

A. -9　　B. 9　　C. 0　　D. 24

(8)$\begin{cases}x_1+x_2+x_3=4,\\ x_2-x_3=2,\\ -2x_2+2x_3=6,\end{cases}$ 一定(　　).

A. 有无穷多解　　B. 有唯一解　　C. 只有零解　　D. 无解

3. 计算下列各式.

(1)$D=\begin{vmatrix}1&1&1&0\\1&1&0&1\\1&0&1&1\\0&1&1&1\end{vmatrix}$;

(2)$D=\begin{vmatrix}a&b&0&0&0\\0&a&b&0&0\\0&0&a&b&0\\0&0&0&a&b\\b&0&0&0&a\end{vmatrix}$;

(3)$D=\begin{vmatrix}1&1&1&1\\a&b&c&d\\a^2&b^2&c^2&d^2\\a^3&b^3&c^3&d^3\end{vmatrix}$;

(4)$D=\begin{vmatrix}554&427&327\\586&443&343\\711&504&404\end{vmatrix}$;

(5)求矩阵的秩 $\boldsymbol{A}=\begin{bmatrix}1&2&0&-3&5\\2&1&4&0&1\\1&-1&4&-4&1\\2&4&0&1&5\end{bmatrix}$;

(6)计算 $\begin{bmatrix}1\\2\\3\end{bmatrix}\begin{bmatrix}1&0\end{bmatrix}+\begin{bmatrix}1&2\\-1&3\\0&-1\end{bmatrix}\begin{bmatrix}0&1\\-1&0\end{bmatrix}$;

(7)已知 $\boldsymbol{A}=\begin{bmatrix}5&2&0&0\\2&1&0&0\\0&0&8&3\\0&0&5&2\end{bmatrix}$,求 $\boldsymbol{A}^{-1}$.

4. 求解下列线性方程组.

(1) $\begin{cases} x_1+2x_2+2x_3+x_4=0, \\ 2x_1+x_2-2x_3-2x_4=0, \\ x_1-x_2-4x_3-3x_4=0; \end{cases}$

(2) $\begin{cases} x_1-x_2+5x_3-x_4=0, \\ x_1+x_2-2x_3+3x_4=0, \\ 3x_1-x_2+6x_3+x_4=0, \\ x_1+3x_2-9x_3+7x_4=0; \end{cases}$

(3) $\begin{cases} x_1-3x_2-2x_3-x_4=6, \\ 3x_1-8x_2+x_3+5x_4=0, \\ -2x_1+x_2-4x_3+x_4=-12, \\ -x_1+4x_2-x_3-3x_4=2; \end{cases}$

(4) $\begin{cases} 3x_1-6x_2+2x_3-x_4+4x_5=0, \\ -3x_1+6x_2-x_3-7x_4-11x_5=0, \\ -x_1+2x_2-x_3+3x_4+x_5=0, \\ 5x_1-10x_2+3x_3+x_4+9x_5=0. \end{cases}$

阅读材料

数学家华罗庚，难以比拟的天才

华罗庚(1910—1985)，国际数学大师，中国科学院院士，是中国解析数论、矩阵几何学、典型群、自守函数论等多方面研究的创始人和开拓者，“中国解析数论学派”创始人. 他为中国数学的发展做出了无与伦比的贡献. 被誉为“中国现代数学之父”，被列为芝加哥科学技术博物馆中当今世界 88 位数学伟人之一. 美国著名数学家贝特曼著文称：“华罗庚是中国的爱因斯坦，足够成为全世界所有著名科学院的院士.”

华罗庚先生早年的研究领域是解析数论，他在解析数论方面的成就广为人知，国际间颇具盛名的“中国解析数论学派”即华罗庚开创的学派，该学派对于质数分布问题与哥德巴赫猜想做出了许多重大贡献. 他在多复变函数论、矩阵几何学方面的卓越贡献，更是影响到了世界数学的发展. 华罗庚先生在多复变函数论、典型群方面的研究领先西方数学界 10 多年，这些研究成果被著名的华裔数学家丘成桐高度称赞. 华罗庚先生是难以比拟的天才，是中国的人才.

1935 年，数学家诺伯特 · 维纳(Norbert Wiener)访问中国，他注意到华罗庚的潜质，向当时英国著名数学家哈代极力推荐.

1936 年，华罗庚前往英国剑桥大学，度过了关键性的两年. 这时他已经在华林问题上有了很多结果，而且在英国的哈代-李特伍德学派的影响下受益. 他至少有 15 篇文章是在剑桥时期发表的. 其中一篇关于高斯的论文为他在世界上赢得了声誉.

1937 年，华罗庚回到清华大学担任教授，后迁至昆明国立西南联合大学直至 1945 年.

1939 年到 1941 年间，华罗庚在昆明的一个吊脚楼上完成了 20 多篇论文和第一部数学专著《堆垒素数论》.

1946 年 2 月至 5 月，他应邀赴苏联访问. 同年 9 月，在美国普林斯顿高等研究院访问.

1947 年，《堆垒素数论》在苏联出版俄文版，又先后在各国被翻译成德、英、日、匈牙利等多种语言出版.

1948 年至 1950 年，华罗庚被美国伊利诺依大学聘为正教授.

新中国的诞生，牵动着热爱祖国的华罗庚的心. 华罗庚毅然决定放弃在美国的优厚待遇，奔向祖国的怀抱，而且还给留美的中国学生写了一封公开信，动员大家回国参加社会主义建设. 他在信中坦露出了一颗爱中华的赤子之心：“朋友们！梁园虽好，非久居之乡. 归去来兮……为了国家民族，我们应当回去……”虽然数学没有国界，但数学家却有自己的祖国. 华罗庚从海外归来，受到党和人民的热烈欢迎，他回到清华园，被委任为数学系主任，不久又被任命为中国科学院数学研究所所长.从此，开始了他数学研究真正的黄金时期.他不但连续做出了令世界瞩目的突出成绩，同时满腔热情地关心、培养了一大批数学人才.为摘取数学王冠上的明珠，为应用数学研究、试验和推广，他倾注了大量心血.据不完全统计，数十年间，华罗庚共发表了 152 篇重要的数学论文，出版了 9 部数学著作、11 本数学科普著作.他还被选为科学院的国外院士和第三世界科学家的院士.

在国际上以华氏命名的数学科研成果有“华氏定理”“怀依—华不等式”“华氏不等式”“普劳威尔-加当华定理”“华氏算子”“华-王方法”等.20 世纪 40 年代，华罗庚解决了高斯完整三角和的估计这一历史难题，得到了最佳误差阶估计；对哈代与李特伍德关于华林问题及赖特关于塔里问题的结果做出了重大的改进，三角和研究成果被国际数学界称为“华氏定理”.在代数方面，证明了历史长久遗留的一维射影几何的基本定理；给出了“体的正规子体一定包含在它的中心之中”这个结果的一个简单而直接的证明，被称为嘉当-布饶尔-华定理.与王元教授合作在近代数论方法应用研究方面获重要成果，被称为“华-王方法”.华罗庚一生留下了多部巨著，其中八部被国外翻译出版，已列入 20 世纪数学的经典著作之列.

华罗庚为中国数学发展做出了巨大贡献，被誉为“中国现代数学之父”“中国数学之神”“人民数学家”.在国际上享有盛誉的数学大师，他的名字在美国施密斯松尼博物馆与芝加哥科技博物馆等著名博物馆中，与少数经典数学家列在一起，被列为“芝加哥科学技术博物馆中当今世界 88 位数学伟人之一”.从初中毕业到人民数学家，华罗庚走过了一条曲折而辉煌的人生道路，为祖国争得了极大的荣誉.

模块八 概率论与数理统计

【学习目标】

☆ 理解离散型随机变量及其概率分布和性质，掌握两点分布、二项分布和泊松分布.
☆ 理解连续型随机变量密度函数和性质，掌握均匀分布、指数分布和正态分布.
☆ 理解随机变量的数字特征的概念，掌握离散型和连续型随机变量的数学期望、方差的计算方法和性质.
☆ 理解总体、个体、样本、样本值、统计量、样本均值和样本方差等概念；掌握 u 变量及其分布、χ^2 变量及其分布、t 变量及其分布的定义；了解参数的点估计和区间估计的概念，掌握参数的假设检验的基本方法和步骤.
☆ 会使用数学软件 MATLAB 处理一些简单的统计问题.
☆ 通过数学文化的传递，培养学生奉献精神与爱国情怀，树立正确的世界观.

概率论与数理统计同是研究随机现象规律性的数学分支学科，主要研究怎样有效地搜集、整理和分析带有随机性的数据，以对考察的问题作出推断或预测.

随着经济社会的发展和科学研究的不断深入，概率论与数理统计的方法已越来越广泛地应用到生产管理及科学技术研究等领域.

【引例】 彩票问题

目前，社会上流行的彩票主要有“传统型”和“乐透型”两种类型.

“传统型”采用“10 选 6＋1”方案：先从 0～9 号球中摇出 6 个基本号码，该 6 个基本号可以重复摇出；然后从 0～4 号球中摇出一个特别号码，构成这组中奖号码. 下面以中奖号码“123456＋0”为例说明中奖等级，见下表.

奖级	中奖号码	特别号	说明
特等奖	123456	0	选 7 中 6＋1
一等奖	123456	×	选 7 中 6
二等奖	12345× 或×23456	?	选 7 中 5
三等奖	1234×× 或 ×2345× 或 ××3456	?	选 7 中 4
四等奖	123××× 或 ×234×× 或 ××345× 或×××456	?	选 7 中 3
五等奖	12×××× 或×23××× 或××34×× 或×××45× 或××××56	?	选 7 中 2

注：×表示不中的号码，? 表示可中可不中的号码.

“乐透型” 采用“35 选 7＋1”方案：从 01～35 号球中不重复摇出 7 个基本号码和一个特别号码，构成这组中奖号码. 中奖等级见下表.

奖级	中奖号码	特别号	说明
一等奖	●●●●●●●		选 7 中 7
二等奖	●●●●●●○	★	选 7 中 6+1
三等奖	●●●●●●○		选 7 中 6
四等奖	●●●●●○○	★	选 7 中 5+1
五等奖	●●●●●○○		选 7 中 5
六等奖	●●●●○○○	★	选 7 中 4+1
七等奖	●●●●○○○		选 7 中 4

注:●为选中的基本号码,○为未选中的号码,★为选中的特别号码.

第一节　离散型随机变量及其分布

一、随机变量

在涉及随机试验的实际问题中,随机试验的可能结果都可与数值联系起来,可用数值表示,这就为研究随机现象提供了很多方便.

先看两个引例.

例 1　掷一颗匀称的骰子,可能的结果为“出现 1 点”、“出现 2 点”、…、“出现 6 点”,而这些结果可以由 1,2,…,6 六个数表示.

例 2　某人对射击靶射击一次,可能的结果为“命中 0 环”、“命中 1 环”、…、“命中 10 环”,这些结果可以由 0,1,…,10 这十一个数表示.

在例 1 掷一颗骰子的试验中,可能出现的结果都可以用一个数“ξ”(即“点数”)来表示. 这个数在试验之前是无法预先确定的. 在不同的试验中,ξ 可能取不同的值,因此 ξ 是一个变量. 同样地,在例 2 对靶射击一次试验中,可能出现的结果可用“环数 ξ”这个变量来表示.

如果随机试验的各种结果可以用一个变量来表示,那么这个变量叫做**随机变量**,常用希腊字母 ξ,η 或大写字母 X,Y,Z 等表示.

注:随机变量与一般变量的区别是:一般变量取何值是确定的,没有“可能与不可能”取到的问题;而随机变量取何值是不确定的,取不同值的概率(可能性)一般是不同的.

例 1 中掷一颗骰子出现的点数 ξ 是一个随机变量:

“$\xi=1$”表示“出现 1 点”;“$\xi=2$”表示“出现 2 点”;

…　　;“$\xi=6$”表示“出现 6 点”.

例 2 对靶射击一次命中的环数 ξ 也是一个随机变量:

“$\xi=0$”表示“命中 0 环”;“$\xi=1$”表示“命中 1 环”;

…;　　“$\xi=10$”表示“命中 10 环”.

再看几个例子.

例 3　电视机显像管的寿命若用 ξ 表示,则 ξ 是一个随机变量,它可以取$[0,+\infty)$内的一切值.

例 4　一批产品中,有优质品、次品和废品,从中任抽一件进行检验,可能的结果有三个:“产品为优质品”“产品为次品”“产品为废品”,这种试验的结果不是由数量表示的,但是我们可人为地取一些数来表示检验的结果,如果令“$\xi=0$”表示事件“产品为优质品”;“$\xi=1$”表示事件

“产品为次品”；“$\xi=2$”表示事件“产品为废品”.

则抽检结果可用 ξ 来表示，ξ 是一个随机变量，它可能取值为 0，1，2.

如果随机变量所有可能取值为有限个或无限个，但能一一列举出来，那么该随机变量叫做**离散型随机变量**，如前面例 1、例 2、例 4 中的随机变量.

如果随机变量所有可能取值为某一区间上的一切值，那么该随机变量叫做**非离散型随机变量**，如前面例 3 中的随机变量.

二、离散型随机变量的概率分布

研究离散型随机变量，既要知道它所有的可能取值，又要知道它取这些值的概率.

定义 1　如果离散型随机变量 ξ 的所有可能取值为 $x_1,x_2,\cdots,x_k,\cdots$，那么它取这些值的概率

$$P(\xi=x_k)=p_k(k=1,2,\cdots)$$

叫做 ξ 的**概率分布**，简称**分布列**.

概率分布还可以写成如下表格形式：

ξ	x_1	x_2	$\cdots$	x_k	$\cdots$
P	p_1	p_2	$\cdots$	p_k	$\cdots$

例 5　现有 10 件产品（7 件正品，3 件次品），若无放回地抽两次（一次一件），求次品数 ξ 的概率分布.

解　次品数 ξ 的可能取值为 0，1，2. 因为是无放回的抽两次，就相当于一次抽两个，所以 ξ 的概率分布为

$$P(\xi=0)=\frac{C_3^0C_7^2}{C_{10}^2}=\frac{7}{15},\ P(\xi=1)=\frac{C_3^1C_7^1}{C_{10}^2}=\frac{7}{15},\ P(\xi=2)=\frac{C_3^2C_7^0}{C_{10}^2}=\frac{1}{15}.$$

例 6　某人打靶，命中环数 ξ 的分布列如下表：

ξ	0	1	2	3	4	5	6	7	8	9	10
P	0	0	0.01	0.01	0.01	0.02	0.10	0.30	0.35	0.15	0.05

分别求(1)此人命中 7 至 9 环的概率. (2)命中环数小于或等于 4 的概率.

解　(1)因为 $\{7\leqslant\xi\leqslant 9\}=\{\xi=7\}+\{\xi=8\}+\{\xi=9\}$，并且事件“$\xi=7$”，“$\xi=8$”，“$\xi=9$”两两互斥，所以

$$\begin{aligned}P\{7\leqslant\xi\leqslant 9\}&=P\{\xi=7\}+P\{\xi=8\}+P\{\xi=9\}\\&=0.30+0.35+0.15=0.80.\end{aligned}$$

(2)同理　$P\{\xi\leqslant 4\}=P\{\xi=0\}+P\{\xi=1\}+P\{\xi=2\}+P\{\xi=3\}+P\{\xi=4\}$

$$=0+0+0.01+0.01+0.01=0.03.$$

从以上两个例子可以看出，概率分布有以下两个重要性质：

性质 1　非负性：$p_k\geqslant 0(k=1,2,\cdots)$.

性质 2　归一性：$\sum\limits_{k=1}^{\infty}p_k=1$.

这两个性质是检验一组数是否为概率分布的充分必要条件.

对于任意一个实数 x，我们可由 ξ 的概率分布计算事件"$\xi\leqslant x$"的概率，例如上面例 6 中的

(2). 设 ξ 是离散型随机变量，则有

$$P(\xi \leqslant x) = \sum_{x_k \leqslant x} P(\xi = x_k) = \sum_{x_k \leqslant x} p_k.$$

上式中的 $\sum\limits_{x_k \leqslant x} p_k$ 表明对所有小于或等于 x 的那些 x_k 的 p_k 求和. $p(\xi \leqslant x)$ 显然是 x 的函数，叫做随机变量 ξ 的分布函数，通常用 $F(x)$ 表示，即 $F(x) = P(\xi \leqslant x) = \sum\limits_{x_k \leqslant x} p_k$.

三、常见的离散型随机变量的分布列

1. 两点分布(0—1 分布)

现有产品 $a+b$ 件，其中正品 a 件，次品 b 件，从中任抽一件，可能的结果有两个："取得正品"，"取得次品"，如果令"$\xi=0$"表示"取得正品"，"$\xi=1$"表示"取得次品"，则 ξ 是一个随机变量. 并且 $P(\xi=0)=\dfrac{a}{a+b}$，$P(\xi=1)=\dfrac{b}{a+b}$，故 ξ 的概率分布为

ξ	0	1
P	$\dfrac{a}{a+b}$	$\dfrac{b}{a+b}$

定义 2　如果随机变量 ξ 的概率分布为 $P(\xi=0)=q$，$P(\xi=1)=p$，其中 $0<p<1$，$q=1-p$，那么 ξ 叫做服从**两点分布**(0—1 分布)，记作 $\xi\sim 0-1$ 分布.

只有两个基本事件的试验，都能用 0—1 分布描述，如：抛一枚均匀硬币出现正面、反面问题，射击打靶的"中""不中"问题，商业经营中赢利、亏损问题，新生儿性别(男、女)登记问题，等等.

2. 二项分布

由 n 次独立重复试验知道：设在一次试验中事件 A 发生的概率为 $p(0<p<1)$，那么在 n 次独立重复试验中事件 A 恰好发生 k 次的概率为 $P_n(k)=C_n^k p^k q^{n-k}(k=0,1,2,\cdots,n)$，其中 $q=1-p$.

如果把 n 次独立重复试验中事件 A 发生的次数用 ξ 表示，那么它是一个随机变量，它的可能取值为 $0,1,2,\cdots,n$.

定义 3　如果随机变量 ξ 的概率分布为 $P(\xi=k)=P_n(k)=C_n^k p^k q^{n-k}(k=0,1,2,\cdots,n)$，其中 $0<p<1$，$q=1-p$，那么 ξ 叫做服从参数 n，p 的二项分布，记作 $\xi\sim B(n,p)$.

我们看到 $C_n^k p^k q^{n-k}$ 恰是二项式 $(q+p)^n$ 的展开式的通项，这正是它叫做二项分布的原因.

二项分布是一种相当重要的分布，因为服从二项分布的随机变量，在工农业生产和管理中广泛存在，其实际背景为 n 次独立重复试验.

例 7　某工厂每天用水量保持正常的概率为 $\dfrac{3}{4}$，求最近六天内用水量正常的天数的概率分布.

解　设最近六天内用水量正常的天数为 ξ，则 $\xi\sim B\left(6,\dfrac{3}{4}\right)$，其概率分布为

$$P(\xi = k) = P_6(k) = C_6^k \left(\frac{3}{4}\right)^k \left(\frac{1}{4}\right)^{6-k} (k = 0,1,2,\cdots,6).$$

即

ξ	0	1	2	3	4	5	6
P	0.000 2	0.004 4	0.033 0	0.131 8	0.296 6	0.356 0	0.178 0

3. 泊松(Poisson)分布

定义 4 如果随机变量ξ的概率分布为$P(\xi=k)=\frac{\lambda^k}{k!}e^{-\lambda}(k=0,1,2,\cdots)$，其中$\lambda>0$，那么$\xi$叫做服从参数为$\lambda$的**泊松分布**，记作$\xi\sim\pi(\lambda)$.

泊松分布的应用很广泛，例如在某段时间内电话交换台接到的呼唤次数；汽车站的候车人数；纺织机断头次数；一定面积内布匹上的疵点数；铸件表面上的砂眼数；显微镜下某区域中的白血球数，等等，一般都服从泊松分布.

例 8 电话交换台每分钟接到的呼唤次数ξ为随机变量，设$\xi\sim\pi(3)$，求一分钟呼唤次数不超过 2 的概率.

解 因为$\xi\sim\pi(3)$，所以$\lambda=3$，并且

$$P(\xi=k)=\frac{3^k}{k!}e^{-3}(k=0,1,2,\cdots),$$

于是
$$\begin{aligned}P(\xi\leqslant2)&=P(\xi=0)+P(\xi=1)+P(\xi=2)\\&=\frac{3^0}{0!}e^{-3}+\frac{3^1}{1!}e^{-3}+\frac{3^2}{2!}e^{-3}\\&=8.5e^{-3}=0.423.\end{aligned}$$

可以证明，当n比较大，p比较小，$np=\lambda<5$时，二项分布可以用下面的近似公式计算

$$C_n^k p^k q^{n-k}\approx\frac{\lambda^k}{k!}e^{-\lambda}.$$

在实际计算中，当$n\geqslant10$，$p\leqslant0.1$时就可以用上述近似公式.

例 9 某人进行射击，每次命中的概率为 0.02，现独立射击 400 次，求击中次数不小于 2 的概率.

解 设击中次数为ξ，则$\xi\sim B(400,0.02)$，故

$$\begin{aligned}P(\xi\geqslant2)&=1-[P(\xi=0)+P(\xi=1)]\\&=1-C_{400}^0\times0.02^0\times0.98^{400}-C_{400}^1\times0.02^1\times0.98^{399}.\end{aligned}$$

上式计算量较大，因为$n=400>10$，$p=0.02<0.1$，所以改用$\lambda=400\times0.02=8$的泊松分布近似计算，故

$$P(\xi\geqslant2)=1-\frac{8^0}{0!}e^{-8}-\frac{8^1}{1!}e^{-8}=1-9e^{-8}=0.997.$$

习题 8—1

1. 盒中装有 10 个螺钉，其中有 3 个次品. 现每次取 1 个，直到取到正品为止，若次品取出后不放回，试求取到正品前次品数ξ的概率分布，并求$p(\xi\leqslant1)$，$p(\xi\geqslant1)$.

2. 一批产品共 100 件，其中有 5 件次品，现在从中任取 10 件检查，求取到次品件数ξ的概率分布.

3. 某人投篮，每次命中率为 0.7，现独立投篮 5 次，求恰好命中 4 次的概率.

4. 已知某厂生产大量的软盘，其次品率为 1%，现任取 200 片软盘，求其中至少有 2 片次品的概率.

5. 纺织厂在某种稳定的生产条件下生产布匹，根据经验已知每米布上出现疵点数是服从泊松分布的，其中$\lambda=2$，

求：(1)随机取一米布检查，其上有 1 个疵点的概率.

(2)随机取一米布检查,其上有 2 个疵点的概率.

6. 某工厂有同类设备 400 台,每台发生故障的概率为 0.02,用泊松分布计算,同时发生故障的设备超过 1 台的概率.

第二节　连续型随机变量的分布密度

由于非离散型随机变量的所有可能取值为某一区间上的一切值,无法一一列出,因此它的概率分布不能像离散型随机变量那样,以取各点的概率的形式表示.在非离散型随机变量中有一部分变量是我们经常遇到的——连续型随机变量,我们通过一个实例的频率分布直方图引出有关概念.

一、引例

某食品厂用自动打包机包装食盐,为了解机器的生产状况,每隔一定时间抽取几袋食盐,测量它们的重量.设随机变量 ξ 表示任抽一袋食盐的重量,显然 ξ 可以取某一区间上的一切值,为了研究 ξ 的概率分布规律,画出频率分布直方图.由于直方图每一矩形面积表示随机变量 ξ 落在相应那个区间内的频率,则可用此频率估计 ξ 在此区间内取值的概率.一般地,抽取的数据个数越多(见图 8—1),则图中各个矩形面积表示的频率就越接近随机变量 ξ 在各个小组取值的概率.如果抽取的数据个数无限增大,分组的组距无限缩小,那么频率分布直方图就会无限接近于一条确定的光滑曲线 $f(x)$(见图 8—1),$f(x)$ 精确地表示了随机变量 ξ 在各个取值范围内的概率的分布情况.即 ξ 在任意给定区间 $[a,b)$ 内取值的概率等于在这个区间上,曲线 $f(x)$ 下面的曲边梯形的面积(见图 8—1):

$$P(a \leqslant \xi < b) = \int_a^b f(x)\mathrm{d}x.$$

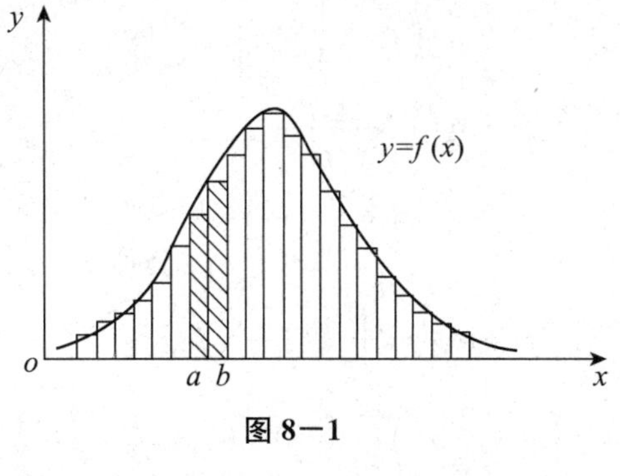

图 8—1

二、连续型随机变量的概率分布密度函数

定义 1　对于随机变量 ξ,如果存在一个非负可积函数 $f(x)$,使 ξ 在任意区间 $[a,b)$ 内取值的概率为

$$P(a \leqslant \xi < b) = \int_a^b f(x)\mathrm{d}x,$$

那么 ξ 叫做**连续型随机变量**,$f(x)$ 叫做 ξ 的**概率分布密度函数**(**简称分布密度或密度函数**),

$f(x)$的图形叫**概率密度曲线**.

密度函数有以下两个性质：

性质 1 非负性：$f(x)\geqslant 0$.

性质 2 归一性：$\int_{-\infty}^{+\infty} f(x)\mathrm{d}x = 1$.

由上面的讨论可知，连续型随机变量的概率的分布规律可以用密度函数 $f(x)$全面的描述. 但应注意：

(1)由定积分性质可知，连续型随机变量 ξ 取任一定值 x_0 的概率 $P(\xi=x_0)=0$，这一点是连续型随机变量与离散型随机变量的原则区别.

(2)连续型随机变量 ξ 落入某区间的概率与区间是否包括端点无关，即

$$P(a\leqslant\xi<b)=P(a\leqslant\xi\leqslant b)=P(a<\xi\leqslant b)=P(a<\xi<b)$$
$$=\int_a^b f(x)\mathrm{d}x.$$

(3)虽然 $f(x)$不是 ξ 取值 x 的概率，但是 $f(x)$的大小能反映出 ξ 在 x 附近取值的概率的大小，如图 8－1，$f(x)$的数值大，则 ξ 在 x 附近取值的概率也大，$f(x)$的数值小，则 ξ 在 x 附近取值的概率也小.

例 1 设连续型随机变量 ξ 的概率分布密度函数为

$$f(x)=\begin{cases} A(1-x), & 0\leqslant x\leqslant 1, \\ 0, & \text{其他}. \end{cases}$$

试求：(1)常数 A；(2)$P\left(\frac{1}{4}\leqslant x<1\right)$；(3)$P\left(-4<x<\frac{1}{2}\right)$.

解 (1) 因为$\int_{-\infty}^{+\infty} f(x)\mathrm{d}x=1$，所以$\int_{-\infty}^{0} f(x)\mathrm{d}x+\int_0^1 f(x)\mathrm{d}x+\int_1^{+\infty} f(x)\mathrm{d}x=1$.

于是
$$\int_{-\infty}^{0} 0\mathrm{d}x+\int_0^1 A(1-x)\mathrm{d}x+\int_1^{+\infty} 0\mathrm{d}x=1,$$

就是
$$A\left(x-\frac{1}{2}x^2\right)\Big|_0^1=1,$$
$$A\left(1-\frac{1}{2}\right)=1, A=2,$$

所以
$$f(x)=\begin{cases} 2(1-x), & 0\leqslant x\leqslant 1, \\ 0, & \text{其他}. \end{cases}$$

$$(2)P\left(\frac{1}{4}\leqslant x<1\right)=\int_{\frac{1}{4}}^1 f(x)\mathrm{d}x=\int_{\frac{1}{4}}^1 2(1-x)\mathrm{d}x$$
$$=2\left(x-\frac{1}{2}x^2\right)\Big|_{\frac{1}{4}}^1=0.562\,5.$$

$$(3)P\left(-4<x<\frac{1}{2}\right)=\int_{-4}^{\frac{1}{2}} f(x)\mathrm{d}x=\int_{-4}^{0} f(x)\mathrm{d}x+\int_0^{\frac{1}{2}} f(x)\mathrm{d}x$$
$$=\int_0^{\frac{1}{2}} 2(1-x)\mathrm{d}x=0.75.$$

对连续型随机变量 ξ，事件“$\xi\leqslant x$”的概率 $P(\xi\leqslant x)=\int_{-\infty}^{x} f(t)\mathrm{d}t$ 叫做连续型随机变量的**分布函数**，记作 $F(x)$，即

$$F(x)=P(\xi\leqslant x)=\int_{-\infty}^{x}f(t)\mathrm{d}t.$$

如果点 x 是 $f(x)$ 的连续点，那么 $F(x)$ 关于 x 的导数 $F'(x)=f(x)$.

一般地，对随机变量 ξ，$P(\xi\leqslant x)$ 就是随机变量 ξ 的分布函数，记作

$$F(x)=P(\xi\leqslant x).$$

三、常见的连续型随机变量的分布

1. 均匀分布

定义 2　如果随机变量 ξ 的密度函数为

$$f(x)=\begin{cases}A, & a<x<b,\\ 0, & \text{其他},\end{cases}$$

其中 $A=\dfrac{1}{b-a}$，那么 ξ 叫做服从区间 (a,b) 内的**均匀分布**，记作 $\xi\sim U(a,b)$.

设随机变量 $\xi\sim U(a,b)$，又设 $a\leqslant c<d\leqslant b$，则有

$$P(c<\xi<d)=\int_{c}^{d}\frac{1}{b-a}\mathrm{d}x=\frac{d-c}{b-a}.$$

可见在区间 (a,b) 内服从均匀分布的随机变量 ξ，取值在 (a,b) 内任一子区间的概率与该子区间的长度成正比，而与子区间所在具体位置无关，这就是均匀分布的特点.

均匀分布常用来描述在区间 (a,b) 内取值的可能性大小相等的一类随机现象.

例 2　某公共汽车候车站，每隔五分钟有一辆公共汽车通过，假设一位乘客对于汽车通过该站的时间完全不知道(他在任一时刻到达车站都是等可能的)，求该乘客候车时间不超过 2 分钟的概率.

解　按题意，该乘客候车时间 ξ 的取值范围是 $(0,5)$，且 ξ 服从区间 $(0,5)$ 内的均匀分布，其密度函数为

$$f(x)=\begin{cases}\dfrac{1}{5}, & 0<x<5,\\ 0, & \text{其他},\end{cases}$$

则乘客候车时间不超过 2 分钟的概率 $P(0<\xi\leqslant 2)=\int_{0}^{2}f(x)\mathrm{d}x=\int_{0}^{2}\frac{1}{5}\mathrm{d}x=\frac{2}{5}.$

2. 指数分布

定义 3　如果随机变量 ξ 的密度函数为

$$f(x)=\begin{cases}\lambda\mathrm{e}^{-\lambda x}, & x\geqslant 0,\\ 0, & x<0,\end{cases}$$

其中 $\lambda>0$ 为常数，那么 ξ 叫做服从参数为 λ 的**指数分布**，记作 $\xi\sim e(\lambda)$.

指数分布的应用是多方面的，如电子元件的“寿命”、电路中的保险丝的“寿命”、轴承的“寿命”、随机服务系统中的服务时间等都是服从指数分布的随机变量.

例 3　设某电子元件使用寿命(单位：h)$\xi\sim e\left(\dfrac{1}{2\,000}\right)$，试求下列概率：

(1)任取一支，使用寿命达 1 000 h 以上.

(2) 任取一支已使用 1 000 h 以后，继续使用 1 000 h 以上.

解　由题设可知，密度函数为

$$f(x)=\begin{cases}\dfrac{1}{2\ 000}\mathrm{e}^{-\frac{x}{2\ 000}}, & x\geqslant 0,\\ 0, & x<0,\end{cases}$$

故(1)
$$P(\xi>1\ 000)=\int_{1\ 000}^{+\infty}f(x)\mathrm{d}x=\int_{1\ 000}^{+\infty}\frac{1}{2\ 000}\mathrm{e}^{-\frac{x}{2\ 000}}\mathrm{d}x$$
$$=-\mathrm{e}^{-\frac{x}{2\ 000}}\Big|_{1\ 000}^{+\infty}=\mathrm{e}^{-\frac{1}{2}}=0.606\ 5.$$

(2)
$$P(\xi>2\ 000\,|\,\xi>1\ 000)=\frac{P(\{\xi>2\ 000\}\cap\{\xi>1\ 000\})}{P(\xi>1\ 000)}$$
$$=\frac{P(\xi>2\ 000)}{P(\xi>1\ 000)}=\frac{\mathrm{e}^{-1}}{\mathrm{e}^{-\frac{1}{2}}}=0.606\ 5.$$

上述两小问中的概率相等绝非巧合，说明了指数分布具有无记忆性的特点. 对这一特点的一般叙述是：对于某些“寿命”相当长的考察对象，已经有了较长时间 t 的经历后，能再持续 Δt 的概率与前面的时间 t 无关. 这相当于前面时间 t 中的经历被“忘记”了.

3. 正态分布

正态分布是最常见的也是最重要的一种分布. 它广泛存在于客观世界的自然现象及社会现象中. 例如，调查一大批人的身高，其高度 ξ 是一个随机变量. ξ 取值的特点是高度在某一范围(平均值临近)内的人数最多，较高和较低的人数较少，即 ξ 的分布具有“中间大”、“两头小”的特点. 再例如：人的体重；测量误差；产品的长度、宽度、高度；产品的质量指标，等等. 这些随机变量，取值的特点也是“中间大”“两头小”. 凡是具有这种特点的随机变量，一般都可以认为服从正态分布.

定义 4 如果连续型随机变量 ξ 的密度函数为 $f(x)=\dfrac{1}{\sqrt{2\pi}\sigma}\mathrm{e}^{-\frac{(x-\mu)^2}{2\sigma^2}}$ $(-\infty<x<+\infty)$，其中 μ,σ 为常数 $(-\infty<\mu<+\infty,\sigma>0)$，那么 ξ 叫做服从参数为 μ,σ^2 的**正态分布**，记作 $\xi\sim N(\mu,\sigma^2)$.

正态分布的密度函数 $f(x)$ 的图形叫做正态曲线，图 8—2 中给出了三条正态曲线，它们的 μ 都等于 0，σ 分别为 0.5，1，2. 图 8—3 中给出了三条正态曲线，它们的 μ 都等于 1，σ 分别为 0.5，1，2. 从图 8—2 和图 8—3 可以看出，正态曲线具有如下特点：

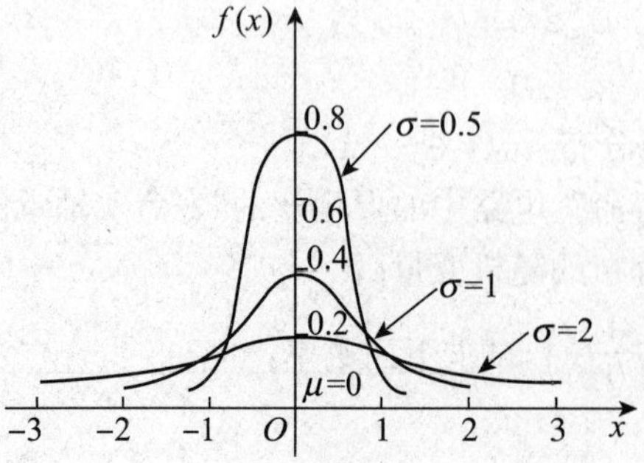

图 8—2

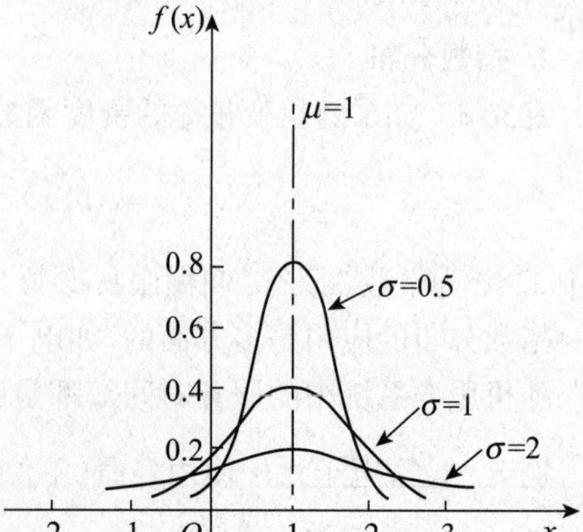

图 8—3

(1)曲线位于 x 轴的上方呈钟形:中间高,两头低.关于直线 $x=\mu$ 对称,并且以 x 轴为渐近线.

(2)当 $x=\mu$ 时,曲线处于最高点,此时 $f(x)$ 达到最大值,当 x 向左、向右远离 μ 时,曲线逐渐降低.

(3)参数 μ 决定了正态曲线的位置,当 $\mu=0$ 时,曲线关于 y 轴对称.当 μ 取正数越来越大时,曲线沿 x 轴正向向右平移;当 μ 取负数越来越小时,曲线沿 x 轴负向向左平移,μ 叫做位置参数.

(4)参数 σ 决定了正态曲线的形状,σ 越小,曲线越"高瘦",即 ξ 的取值密集于 μ 的附近.σ 越大,曲线越"矮胖",即 ξ 的取值越分散,σ 叫做形状参数.

特别地,当 $\mu=0,\sigma=1$ 时,正态分布 $N(\mu,\sigma^2)$ 变为 $N(0,1)$,$N(0,1)$ 叫做标准正态分布,它的密度函数通常记作 $\varphi(x)$,即

$$\varphi(x)=\frac{1}{\sqrt{2\pi}}\mathrm{e}^{-\frac{x^2}{2}}(-\infty<x<+\infty).$$

它的图形叫做**标准正态曲线**(如图 8－2,中间的一条),它的分布函数记作 $\Phi(x)$,且

$$\Phi(x)=\int_{-\infty}^{x}\frac{1}{\sqrt{2\pi}}\mathrm{e}^{-\frac{t^2}{2}}\mathrm{d}t.$$

$\Phi(x)$ 叫做标准正态分布函数.它是一个无穷区间上的广义积分.它表示的就是标准正态曲线下小于 x 的区域面积,如图 8－4 所示的阴影部分.

$\Phi(x)$ 的计算是困难的,为此编制了它的近似值表(附表 1:标准正态分布函数值表),供我们使用.当 $x\geqslant0$ 时,可直接查表求出 $\Phi(x)$ 的值.

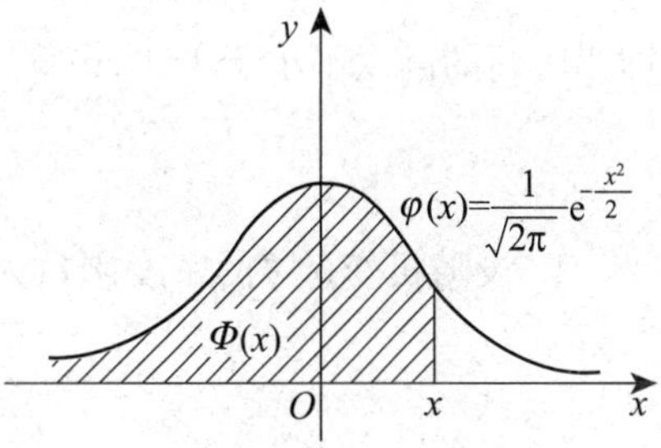

图 8－4

例 4　若 $\xi\sim N(0,1)$,查标准正态分布函数值表,求 $P(\xi\leqslant1.65)$.

解　$P(\xi\leqslant1.65)=\Phi(1.65)$,在标准正态分布函数值表中第一列找到"1.6"的行,再从表顶行找到"0.05"的列,它们的交叉处的数"0.950 5"即为所求,所以

$$P(\xi\leqslant1.65)=0.9505.$$

当 $x<0$ 时,$\Phi(x)$ 的值可通过下列公式计算:$\Phi(x)=1-\Phi(-x)$(其中 $x<0$).

另外,如果 $\xi\sim N(0,1)$,我们还经常用到下面三个公式计算有关概率:

$$P(x_1\leqslant\xi<x_2)=\Phi(x_2)-\Phi(x_1),$$
$$P(\xi\geqslant x)=1-\Phi(x),$$
$$P(|\xi|\leqslant x)=2\Phi(x)-1(\text{其中 }x>0).$$

例 5　设 $\xi\sim N(0,1)$,求

(1)$P(\xi\leqslant-1.24)$;(2)$P(0.5\leqslant\xi<1.5)$;(3)$P(\xi\geqslant1.5)$;(4)$P(|\xi|<1.54)$.

解　(1)$P(\xi\leqslant-1.24)=\Phi(-1.24)=1-\Phi(1.24)=1-0.8925=0.1075$.

(2)$P(0.5\leqslant\xi<1.5)=\Phi(1.5)-\Phi(0.5)=0.9332-0.6915=0.2417$.

(3)$P(\xi\geqslant1.5)=1-\Phi(1.5)=1-0.9332=0.0668$.

(4)$P(|\xi|<1.54)=2\Phi(1.54)-1=2\times0.9382-1=0.8764$.

定理 1　如果 $\xi\sim N(\mu,\sigma^2)$,$\eta\sim N(0,1)$,其分布函数分别记作 $F(x)$ 和 $\Phi(x)$,则 $F(x)=$

$\Phi\left(\frac{x-\mu}{\sigma}\right)$.

由此定理知:一般正态分布的分布函数值的计算可以转化为标准正态分布的分布函数值的计算.

定理 2 如果 $\xi \sim N(\mu,\sigma^2)$,而 $\eta=\frac{\xi-\mu}{\sigma}$,则 $\eta \sim N(0,1)$.

定理中的 $\eta=\frac{\xi-\mu}{\sigma}$ 叫做正态分布的标准化,其目的是将一般正态分布化为标准正态分布,以便使用附表 1 进行计算.

例 6 设 $\xi \sim N(349.2,4^2)$,求 $P(\xi<340)$.

解 $P(\xi<340)=F(340)=\Phi\left(\frac{340-349.2}{4}\right)=\Phi(-2.3)$

$=1-\Phi(2.3)=0.010\ 7$.

例 7 某城市公交系统推出 TC 模式,现需要设计一批新的公交车.假设该城市成年男子的身高 $X \sim N(170,36)$(单位:cm),则应如何选择公交车门的高度呢?

解 不妨假设车门的高度为 x cm,该高度使得男子与车门的碰头机会小于 0.01,即

$$P(X \leqslant x)=\Phi\left(\frac{x-170}{6}\right)=0.99.$$

查表,得 $\Phi(2.33)=0.99$,即 $\frac{x-170}{6}=2.33$,解得 $x=170+6\times 2.33=183.98\approx 184$.

即当车门的高度不小于 184 cm 时,男子与车门的碰头机会小于 0.01.

习题 8-2

1. 设随机变量 ξ 的密度函数为

$$f(x)=\begin{cases} a\cos x, -\frac{\pi}{2}\leqslant x\leqslant\frac{\pi}{2}, \\ 0, x<-\frac{\pi}{2} \text{ 或 } x>\frac{\pi}{2}. \end{cases}$$

求:(1)系数 a;(2)$P\left(0\leqslant x<\frac{\pi}{4}\right)$.

2. 已知随机变量 ξ 的密度函数为

$$f(x)=\begin{cases} x+1, x\in[-1,0), \\ 1-x, x\in[0,1], \\ 0, x<-1 \text{ 或 } x>1. \end{cases}$$

求 ξ 在区间 $(-0.5,0.5)$ 内取值的概率.

3. 设电子管的使用寿命的密度函数为

$$f(x)=\begin{cases} \frac{100}{x^2}, x>100, \\ 0, x\leqslant 100. \end{cases}$$

问在 150 小时内,

(1)三只管子中没有一只损坏的概率是多少?

(2)三只管子全损坏的概率是多少?

4. 某公共汽车站从上午 7 时起每隔 15 分钟有一班车通过，即在 7:00，7:15，7:30，7:45 等时刻有车通过. 如果某乘客到达此站的时间是 7:00 到 7:30 之间的均匀随机变量，试求该乘客候车时间

(1)不到 5 分钟的概率；(2)超过 10 分钟的概率.

5. 已知随机变量 ξ 的密度函数为 $f(x)=\begin{cases}0.015e^{-0.015x}, & x\geqslant 0,\\ 0, & x<0.\end{cases}$ 计算：(1) $P(\xi>100)$；(2)如果要 $P(\xi>x)<0.1$，那么 x 要在哪个范围内.

6. 设 $\xi\sim N(0,1)$，查标准正态分布函数值表，求下列各式的值.

(1) $P(\xi<2.2)$；　(2) $P(\xi>1.76)$；　(3) $P(\xi<-0.78)$；

(4) $P(|\xi|<1.55)$；　(5) $P(|\xi|>2.5)$.

7. 某地区通过统计调查，了解到所有人的商业贷款有 68% 是购房贷款. 而年龄在 35 岁以下的购房贷款人的平均贷款数额是 18 万元. 假设这一年龄组的贷款额度服从正态分布，其中标准差(即正态分布的参数 σ)为 4 万元. 求：

(1)贷款数额超过 20 万元的人所占百分比；

(2)10% 的最少债务人有多少债务；

(3)5% 的最高债务人超过多少数额.

第三节　随机变量的数字特征

一、随机变量的数学期望

1. 离散型随机变量的数学期望

先看个例子.

例 1　某射手射击所得环数 ξ 的分布列如下：

ξ	4	5	6	7	8	9	10
P	0.02	0.04	0.06	0.09	0.28	0.29	0.22

在 n 次射击之前，虽然不能确定各次射击所得的环数，但可以根据已知的分布列预计 n 次射击的平均环数，具体来讲，他在 n 次射击中，预计有

$$P(\xi=4)\times n=0.02n \text{ 次得 4 环},$$

$$P(\xi=5)\times n=0.04n \text{ 次得 5 环},$$

$$\cdots$$

$$P(\xi=10)\times n=0.22n. \text{ 次得 10 环}.$$

于是，n 次射击的总环数等于

$$\begin{aligned}&4\times 0.02n+5\times 0.04n+\cdots+10\times 0.22n\\ &=(4\times 0.02+5\times 0.04+\cdots+10\times 0.22)\times n,\end{aligned}$$

从而，n 次射击的平均环数为

$$4\times 0.02+5\times 0.04+\cdots+10\times 0.22=8.3.$$

上式左端是 ξ 的可取值与其相应概率的乘积之和.

定义 1　如果离散型随机变量 ξ 的概率分布为

ξ	x_1	x_2	…	x_k	…
P	p_1	p_2	…	p_k	…

且级数 $\sum_{k=1}^{\infty} x_k p_k$ 绝对收敛，那么级数 $\sum_{k=1}^{\infty} x_k p_k$ 叫做离散型随机变量 ξ 的**数学期望**（**简称期望**）**或均值**、**平均数**，记作 $E(\xi)$，即

$$E(\xi) = \sum_{k=1}^{\infty} x_k p_k. \tag{8-1}$$

它反映了离散型随机变量 ξ 取值的平均水平.

显然如果 ξ 的取值为有限个，那么 $E(\xi) = \sum_{k=1}^{n} x_k p_k$.

由上述定义可知，ξ 的数学期望，不是 ξ 可取值的算术平均值，而是与 ξ 的可取值与其相应概率密切相关的.

例如，前面例 1 中 ξ 的数学期望 $E(\xi)=8.3$，它反映了该射手所得环数 ξ 的平均值，从一个方面反映了射手的射击水平.

例 2　A、B 两个工人生产同一种产品，日产量相同，在一天中出现的不合格件数分别为 ξ 和 η，其分布列为

ξ	0	1	2	3	4
P	0.4	0.3	0.2	0.1	0

η	0	1	2	3	4
P	0.5	0.1	0.2	0.1	0.1

试比较这两个工人生产该种产品的技术水平.

解　先求他们各自出现不合格品的平均数：

$$E(\xi) = 0\times 0.4 + 1\times 0.3 + 2\times 0.2 + 3\times 0.1 + 4\times 0 = 1.$$

$$E(\eta) = 0\times 0.5 + 1\times 0.1 + 2\times 0.2 + 3\times 0.1 + 4\times 0.1 = 1.2.$$

这表明：工人 B 平均每天出的废品数要比工人 A 多，从这个意义上说，A 的技术比 B 好.

2. 连续型随机变量的数学期望

定义 2　如果连续型随机变量 ξ 的密度函数是 $f(x)$，且 $\int_{-\infty}^{+\infty} xf(x)\mathrm{d}x$ 绝对收敛，那么积分 $\int_{-\infty}^{+\infty} xf(x)\mathrm{d}x$ 叫做连续型随机变量 ξ 的**数学期望或均值**，记作 $E(\xi)$，即

$$E(\xi) = \int_{-\infty}^{+\infty} xf(x)\mathrm{d}x. \tag{8-2}$$

$E(\xi)$ 同样也反映了连续型随机变量 ξ 取值的平均水平.

例 3　已知连续型随机变量 ξ 服从均匀分布，求 $E(\xi)$.

解　随机变量 ξ 的密度函数为

$$f(x) = \begin{cases} \dfrac{1}{b-a}, & a < x < b, \\ 0, & \text{其他}. \end{cases}$$

所以 $$E(\xi)=\int_{-\infty}^{+\infty}xf(x)\mathrm{d}x=\int_a^b\frac{x}{b-a}\mathrm{d}x=\frac{1}{b-a}\frac{x^2}{2}\bigg|_a^b=\frac{a+b}{2}.$$

$E(\xi)$恰好是区间(a,b)的中点，这与$E(\xi)$表示随机变量ξ取值的平均水平相符.

3. 数学期望的性质与随机变量函数的期望

数学期望具有下列性质：

性质 1　$E(k\xi+c)=kE(\xi)+c$（其中k,c为常数）.

特别当$k=0$时，有$E(c)=c$.

性质 2　$E(\xi+\eta)=E(\xi)+E(\eta)$

性质 2 可以推广到n个随机变量的情形，即对任意n个随机变量$\xi_1,\xi_2,\cdots,\xi_n$，都有

$$E(\xi_1+\xi_2+\cdots+\xi_n)=E\xi_1+E\xi_2+\cdots+E\xi_n.$$

性质 3　如果是相互独立的随机变量，则

$$E(\xi\eta)=E(\xi)E(\eta).$$

性质 3 中提到的ξ,η相互独立指的是如果随机变量ξ,η表示的事件都相互独立. 那么ξ,η叫做**相互独立**. 一般地，如果n个随机变量$\xi_1,\xi_2,\cdots,\xi_n$表示的事件都相互独立，那么$\xi_1,\xi_2,\cdots,\xi_n$叫做**相互独立**.

例 4　设随机变量ξ,η的数学期望分别为$E(\xi)=1,E(\eta)=10$，求$E(3\xi-2),E(3\xi+4\eta)$.

解　$E(3\xi-2)=3E(\xi)-2=3\times1-2=1$.

$E(3\xi+4\eta)=3E(\xi)+4E(\eta)=3\times1+4\times10=43$.

设$g(x)$是一个连续函数，它对于随机变量ξ的一切可取值都有意义，如果存在另一个随机变量η，其可能取值y由$g(x)$确定，即$y=g(x)$，那么η就是随机变量ξ的函数，并记作$\eta=g(\xi)$.

定义 3　如果ξ是离散型随机变量且其概率分布为

ξ	x_1	x_2	$\cdots$	x_k	$\cdots$
P	p_1	p_2	$\cdots$	p_k	$\cdots$

那么随机变量函数$\eta=g(\xi)$也是离散型随机变量，且其数学期望为

$$E(\eta)=E[g(\xi)]=\sum_{k=1}^{\infty}g(x_k)p_k. \tag{8-3}$$

定义 4　如果ξ是连续型随机变量且其密度函数为$f(x)$，那么随机变量函数$\eta=g(\xi)$也是连续型随机变量，且其数学期望为

$$E(\eta)=E[g(\xi)]=\int_{-\infty}^{+\infty}g(x)f(x)\mathrm{d}x. \tag{8-4}$$

例 5　已知随机变量ξ的分布列为

ξ	-2	-1	0	1	3
P	$\frac{1}{5}$	$\frac{1}{6}$	$\frac{1}{5}$	$\frac{1}{15}$	$\frac{11}{30}$

$\eta=\xi^2$，求$E(\eta)$.

解　$E(\eta)=E(\xi^2)=(-2)^2\times\frac{1}{5}+(-1)^2\times\frac{1}{6}+0^2\times\frac{1}{5}+1^2\times\frac{1}{15}+3^2\times\frac{11}{30}=\frac{13}{3}$.

例 6 已知随机变量 ξ 的密度函数为

$$f(x)=\begin{cases}e^{-x}, x\geqslant 0,\\ 0, x<0,\end{cases}$$

$\eta=e^{\frac{2\xi}{3}}$，求 $E(\eta)$.

解 $E(\eta)=E(e^{\frac{2\xi}{3}})=\int_{-\infty}^{+\infty}e^{\frac{2x}{3}}f(x)\mathrm{d}x=\int_{0}^{+\infty}e^{\frac{2x}{3}}e^{-x}\mathrm{d}x$

$$=\int_{0}^{+\infty}e^{-\frac{x}{3}}\mathrm{d}x=-3e^{-\frac{1}{3}x}\Big|_{0}^{+\infty}=3.$$

二、随机变量的方差

数学期望从一个方面反映了随机变量的重要特征，但在很多情况下，仅知道均值是不够的. 例如，用某种方法生产一批 10 瓦的小日光灯管，现在从灯管的长度来评定这种加工方法是否较好. 规定灯管长度在 29.9 厘米和 30.1 厘米之间的为合格品，如果仅知道生产的灯管的平均长度为 30 厘米，这并不能说明生产的灯管都合格，而如果又知道生产的灯管长度与平均长度的差都很小，绝大部分不超过 ± 0.1 厘米，那么生产灯管的合格品率就高，这种加工方法也就较好. 如果把生产的灯管的长度作为随机变量 ξ，那么任意灯管的长度与平均长度的偏差 $\xi-E(\xi)$ 也是一个随机变量，很自然地想到利用 $\xi-E(\xi)$ 的均值来度量偏离程度的大小，但这是行不通的，因为偏差 $\xi-E(\xi)$ 可正也可负. 为防止正，负偏差相互抵消，我们想到用 $[\xi-E(\xi)]^2$ 来度量随机变量与其均值的偏离程度.

1. 方差的概念

定义 5 设 ξ 是一个随机变量，$E[\xi-E(\xi)]^2$ 叫做随机变量 ξ 的方差，记作 $D(\xi)$，即 $D(\xi)=E[\xi-E(\xi)]^2$.

$D(\xi)$ 的算术平方根 $\sqrt{D(\xi)}$ 叫做**均方差**或**标准差**.

2. 方差的计算及其意义

从定义上看，方差实质上是随机变量函数的数学期望，因而有关方差的计算只需纳入(8－3)式或(8－4)式统一处理即可，于是

如果 ξ 是离散型随机变量，运用(8－3)式可得

$$D(\xi)=E[\xi-E(\xi)]^2=\sum_{k=1}^{\infty}[x_k-E(\xi)]^2p_k. \tag{8-5}$$

如果 ξ 是连续型随机变量，运用(8－4)式可得

$$D(\xi)=E[\xi-E(\xi)]^2=\int_{-\infty}^{+\infty}[x-E(\xi)]^2f(x)\mathrm{d}x. \tag{8-6}$$

可见方差 $D(\xi)\geqslant 0$. 较大方差说明随机变量取值与它的期望有较大偏差，即随机变量取值比较分散，反之，则表示随机变量取值比较集中. 因此，方差是衡量随机变量取值集中(或分散)程度的数字特征.

3. 方差计算的简化公式

运用 (8－5) 式或(8－6)式计算方差有时是很不方便的. 因此，引入简化计算公式

$$D(\xi)=E(\xi^2)-[E(\xi)]^2. \tag{8-7}$$

事实上

$$D(\xi)=E[\xi-E(\xi)]^2=E\{\xi^2-2\xi E(\xi)+[E(\xi)]^2\}$$

$$= E(\xi^2) - 2E(\xi) \cdot E(\xi) + [E(\xi)]^2$$
$$= E(\xi^2) - [E(\xi)]^2.$$

例 7 设 ξ 服从 0—1 分布,求 $D(\xi)$.

解 因为 ξ 的分布列为

ξ	0	1
P	q	p

所以
$$E(\xi)=0\times q+1\times p=p.$$
又因为
$$E(\xi^2)=0^2\times q+1^2\times p=p,$$
所以
$$D(\xi)=E(\xi^2)-[E(\xi)]^2=p-p^2$$
$$=p(1-p)=pq.$$

例 8 在相同的条件下,用两种方法测量某零件的长度(单位:mm),由大量测量结果得到它们的分布列如下:

长度 l	48	49	50	51	52
方法 1 的概率	0.1	0.1	0.6	0.1	0.1
方法 2 的概率	0.2	0.2	0.2	0.2	0.2

试比较哪一种方法的精确度较好.

解 设用方法 1 与方法 2 测得的结果分别记为 ξ 和 η,显然
$$E(\xi)=48\times0.1+49\times0.1+50\times0.6+51\times0.1+52\times0.1=50.$$
$$E(\eta)=48\times0.2+49\times0.2+50\times0.2+51\times0.2+52\times0.2=50.$$
为了比较这两种方法的精确度,现在计算它们的方差:
$$D(\xi)=(48-50)^2\times0.1+(49-50)^2\times0.1$$
$$+(50-50)^2\times0.6+(51-50)^2\times0.1+(52-50)^2\times0.1=1.$$
$$D(\eta)=(48-50)^2\times0.2+(49-50)^2\times0.2$$
$$+(50-50)^2\times0.2+(51-50)^2\times0.2+(52-50)^2\times0.2=2.$$
因为 $D(\xi)<D(\eta)$,所以方法 1 较精确.

例 9 已知 ξ 服从均匀分布,求 $D(\xi)$.

解 ξ 的密度函数为 $f(x)=\begin{cases}\dfrac{1}{b-a}, & a<x<b,\\ 0, & \text{其他}.\end{cases}$

由例 3 知 $E(\xi)=\dfrac{a+b}{2}$,因为
$$E(\xi^2)=\int_{-\infty}^{+\infty}x^2f(x)\mathrm{d}x=\int_a^b x^2\cdot\frac{1}{b-a}\mathrm{d}x=\frac{1}{3}(b^2+ab+a^2),$$
所以
$$D(\xi)=E(\xi^2)-[E(\xi)]^2=\frac{1}{3}(b^2+ab+a^2)-\left(\frac{a+b}{2}\right)^2=\frac{1}{12}(b-a)^2.$$

4. 方差的性质

性质 1 $D(k\xi+c)=k^2D(\xi)$ (其中 k,c 为常数).

特别当 $k=0$ 时，有 $D(c)=0$.

性质 2 如果 ξ、η 是相互独立的随机变量，则 $D(\xi+\eta)=D(\xi)+D(\eta)$.

对任意 n 个相互独立的随机变量 $\xi_1,\xi_2,\cdots\xi_n$，则有

$$D(\xi_1+\xi_2+\cdots+\xi_n)=D(\xi_1)+D(\xi_2)+\cdots+D(\xi_n).$$

例 10 已知随机变量 ξ 服从均匀分布，$\eta=2\xi+7$，求方差 $D(\eta)$.

解 由例 9 知 $D(\xi)=\frac{1}{12}(b-a)^2$，故

$$D(\eta)=D(2\xi+7)=2^2D(\xi)=4\cdot\frac{1}{12}(b-a)^2=\frac{1}{3}(b-a)^2.$$

常用分布的数学期望和方差

分布名称	简略记号	概率分布	数学期望	方差
两点分布	$B(1,p)$	$P(\xi=0)=q,P(\xi=1)=p$	p	pq
二项分布	$B(n,p)$	$P_n(k)=C_n^kp^kq^{n-k}(k=0,1,2,\cdots)$	np	npq
泊松分布	$\pi(\lambda)$	$P(\xi=k)=\frac{\lambda^k}{k!}e^{-\lambda}(k=0,1,2,\cdots)$	λ	λ
均匀分布	$U(a,b)$	$f(x)=\begin{cases}A,a<x<b,\\0,\text{其他}\end{cases}$	$\frac{a+b}{2}$	$\frac{(b-a)^2}{12}$
指数分布	$e(\lambda)$	$f(x)=\begin{cases}\lambda e^{-\lambda x}, & x\geqslant0,\\0, & x<0\end{cases}\quad(\lambda>0)$	$\frac{1}{\lambda}$	$\frac{1}{\lambda^2}$
正态分布	$N(\mu,\sigma^2)$	$f(x)=\frac{1}{\sqrt{2\pi}\sigma}e^{-\frac{(x-\mu)^2}{2\sigma^2}}(-\infty<x<+\infty)$	μ	σ^2

由以上可知，随机变量的数学期望和方差，都是由各自的分布列或密度函数唯一确定，其值与分布的参数有关.

习题 8－3

1. 已知随机变量 $\xi\sim N(\mu,\sigma^2)$，求 $E\left(\frac{\xi-\mu}{\sigma}\right)$.

2. 设随机变量 $\xi_1,\xi_2,\cdots,\xi_n$ 相互独立且每个都服从 0－1 分布

ξ_i	0	1
P	q	p

求 $E(\xi_1+\xi_2+\cdots+\xi_n)$.

3. 设 ξ 的概率分布为

ξ	-1	0	2	3
P	$\frac{1}{8}$	$\frac{1}{4}$	$\frac{3}{8}$	$\frac{1}{4}$

求 $E\xi,E\xi^2,E(-2\xi+1)$.

4. 已知 ξ 服从 $(0,2\pi)$ 内的均匀分布，求 $E(\sin\xi)$.

5. 已知相互独立的随机变量 ξ、η 的分布列如下：

ξ	0	1	2	3
P	0.3	0.1	0.2	0.4

η	0	1	2	3	4
P	0.5	0.1	0.2	0.1	0.1

求 $D(\xi)$，$D(\eta)$，$D(3\xi-5\eta)$.

6. 已知随机变量 ξ 的密度函数是

$$f(x)=\begin{cases}x+1,x\in[-1,0),\\1-x,x\in[0,1],\\0,\quad x<-1\text{或}x>1.\end{cases}$$

求 $D(\xi)$.

7. 设随机变量 $\xi_1,\xi_2,\cdots,\xi_n$ 相互独立且每个都服从同一个 $0-1$ 分布，求 $D(\xi_1+\xi_2+\cdots+\xi_n)$.

8. 求指数分布的标准差.

9. 设 $\xi\sim N(\mu,\sigma^2)$，求 $D\left(\dfrac{\xi-\mu}{\sigma}\right)$.

第四节　统计量及其分布

一、总体、样本和统计量

1. 总体与个体

研究现象的全体叫做**总体**. 组成总体的每一个对象叫做**个体**.

在实际中，我们关心的往往只是研究对象的某一数量指标. 例如，对于某厂生产的一批显像管，如果我们关心的是它们的使用寿命，则这批显像管的使用寿命的全体就是总体，而每个显像管的使用寿命就是个体. 同时，我们还应看到，即使是同一个工厂生产的显像管，由于某些偶然因素的影响，它们的使用寿命也不完全相同，这表明显像管的使用寿命 ξ 是个随机变量，由此看来，总体实际上就是某个随机变量 ξ 取值的全体.

2. 样本与样本值

为了研究总体的情况，对其个体逐一考察往往是不必要、不可能或者不允许的. 一个可行的办法是从总体中抽取部分个体进行逐个测试.

从总体 ξ 中随机抽取 n 个个体 $\xi_1,\xi_2,\cdots,\xi_n$，它们都是随机变量. $(\xi_1,\xi_2,\cdots,\xi_n)$ 叫做总体 ξ 的一个**容量为 n 的样本**. 对样本的一次观测，所得到一组数据 $(x_1,x_2,\cdots,x_n)$ 叫做**样本的观测值或样本值**，其中 x_i 叫做**第 i 个分量**.

要使样本与样本值能很好地反映总体的特征，必须合理地抽取样本，不能有偏向地选取某些个体，而必须从总体中随机地抽取.

如果从总体中随机抽取容量为 n 的一个样本 $(\xi_1,\xi_2,\cdots,\xi_n)$ 满足下列两个性质：

(1)代表性：样本中每个 $\xi_i(i=1,2,\cdots,n)$ 和总体 ξ 具有相同的分布.

(2)独立性：样本中 $\xi_1,\xi_2,\cdots,\xi_n$ 是互相独立的随机变量.

满足上述性质的样本叫做简单随机样本. 今后所指的样本均为简单随机样本.

3. 统计量

(1)样本均值和样本方差

为了估计和推断总体的某些性质，往往从样本的两个数字特征——样本均值和样本方差入手.

定义 1 设$(\xi_1,\xi_2,\cdots,\xi_n)$是总体$\xi$的一个容量为$n$的样本，那么

$$\bar{\xi}=\frac{1}{n}\sum_{i=1}^{n}\xi_i$$

叫做**样本均值**.

$$s^2=\frac{1}{n-1}\sum_{i=1}^{n}(\xi_i-\bar{\xi})^2$$

叫做**样本方差**.

$$s=\sqrt{\frac{1}{n-1}\sum_{i=1}^{n}(\xi_i-\bar{\xi})^2}$$

叫做**样本标准差**.

由于$\xi_1,\xi_2,\cdots,\xi_n$是n个随机变量，从而样本均值$\bar{\xi}$和样本方差s^2也都是随机变量. 当样本$(\xi_1,\xi_2,\cdots,\xi_n)$的样本值为$(x_1,x_2,\cdots,x_n)$时，样本均值的观测值$\bar{x}$与样本方差的观测值$s^2$分别为实数：

$$\bar{x}=\frac{1}{n}\sum_{i=1}^{n}x_i \text{ 与 } s^2=\frac{1}{n-1}\sum_{i=1}^{n}(x_i-\bar{x})^2.$$

对于不同次的抽取，样本值可能不同，因此，$\bar{x}$与s^2亦可能变化. 但对于一组确定的样本值来说，$\bar{x}$与s^2的值只有一个. $\bar{x}$反映了样本取值的平均水平，而s^2(或s)反映了样本取值的集中(或分散)程度. $\bar{x}$和s^2可在计算器上直接计算，如下例.

例 1 从某总体中抽取一个容量为 5 的样本，测得样本值为

$$417.3,\ 418.1,\ 419.4,\ 420.1,\ 421.5,$$

求$\bar{x}$和s^2.

解 使用计算器得到：$\bar{x}=419.28$，$s^2=2.732$.

(2)统计量

设$(\xi_1,\xi_2,\cdots,\xi_n)$是总体$\xi$的一个样本，那么样本的不包含任何未知参数的函数

$f(\xi_1,\xi_2,\cdots,\xi_n)$叫做**统计量**.

显然样本均值$\bar{\xi}$和样本方差s^2都是统计量. 又如，设$\xi\sim N(\mu,\sigma^2)$，其中μ已知，σ^2未知，$(\xi_1,\xi_2,\cdots,\xi_n)$为$\xi$的一个样本，则$\sum_{i=1}^{n}(\xi_i-\mu)^2$为统计量，而$\frac{1}{\sigma}\sum_{i=1}^{n}\xi_i$不是统计量.

二、常见统计量的分布

1. 样本均值$\bar{\xi}$的分布和 u 变量及其分布

定义 2 设$(\xi_1,\xi_2,\cdots,\xi_n)$是正态总体$\xi\sim N(\mu,\sigma^2)$的一个样本，$\mu,\sigma^2$为已知参数，那么统计量$u=\frac{\sqrt{n}}{\sigma}(\bar{\xi}-\mu)$叫做 u **变量**.

因为u变量是样本均值$\bar{\xi}\sim\left(\mu,\frac{\sigma^2}{n}\right)$标准化后得到的，即$u=\frac{\bar{\xi}-\mu}{\sqrt{\frac{\sigma^2}{n}}}=\frac{\sqrt{n}}{\sigma}(\bar{\xi}-\mu)$，所以由§8-2中的定理 2 知$u\sim N(0,1)$.

由于 u 服从标准正态分布，因此 $P(|u|<2)$ 的值可查附表 1 得到：

$$P(|u|<2)=0.9544.$$

反之，如果先给出概率值 0.95，即

$$P(|u|<\lambda)=0.95,$$

那么如何通过附表 1 来求 λ 的值呢？

因为标准正态曲线关于 y 轴对称（如图 8－5 所示），如果设 $1-\alpha=0.95$，那么 $\alpha=0.05$，则 $\frac{\alpha}{2}=0.025$，即图 8－5 右边阴影部分的面积为 0.025. 有

$$\Phi(\lambda)=\int_{-\infty}^{\lambda}\varphi(x)\mathrm{d}x=1-\frac{\alpha}{2}=0.975.$$

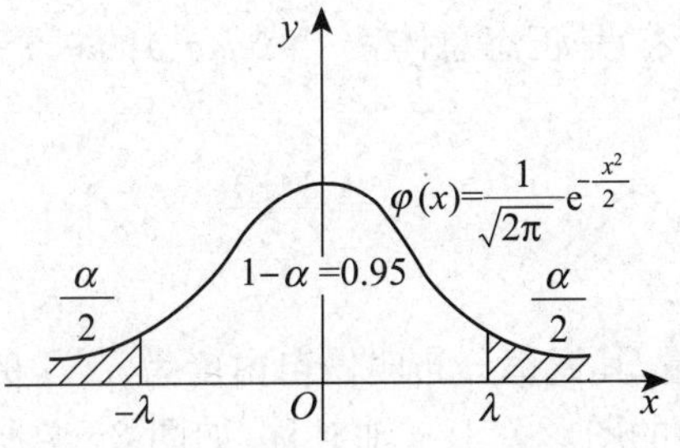

图 8－5

在附表 1 中，我们找到 $\Phi(x)=0.975$，再看横行竖列所对的 x 值为 1.96. 这种方法叫做反查标准正态分布函数值表法，所得到的数常用 $u_{\frac{\alpha}{2}}$ 表示. 即

$$\lambda=u_{\frac{\alpha}{2}}=1.96.$$

一般地，我们有 $P(|u|<u_{\frac{\alpha}{2}})=1-\alpha,\lambda=u_{\frac{\alpha}{2}}$.

2. χ^2 变量及其分布

定义 3　设 $(\xi_1,\xi_2,\cdots,\xi_n)$ 是正态总体 $\xi\sim N(\mu,\sigma^2)$ 的一个样本，σ^2 已知，S^2 为样本方差，则统计量

$$\chi^2=\frac{(n-1)S^2}{\sigma^2}$$

叫做**自由度为 $n-1$ 的 χ^2 变量**，其概率分布叫做自由度为 $n-1$ 的 χ^2 分布，记作 $\chi^2\sim\chi^2(n-1)$.

χ^2 变量的密度函数 $f(x)$ 的图形如图 8－6 所示，当自由度大于 30 时，χ^2 分布就可用正态分布去近似.

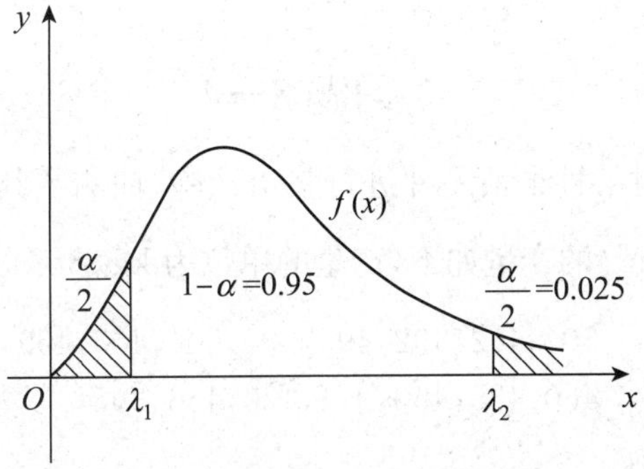

图 8－6

如果选取 $\lambda_1,\lambda_2(0<\lambda_1<\lambda_2)$，如图 8－6，使得 $p(\lambda_1<\chi^2<\lambda_2)=1-\alpha=0.95$.

如何由给出的 $1-\alpha=0.95$（即 $\alpha=0.05$）及 $n-1$，求出 λ_1,λ_2 呢？可查 χ^2 分布临界值表（见附表 2）.

例如当给定 $1-\alpha=0.95$，$n-1=15$ 时，由附表 8－2 按自由度 $n-1$ 为 15 的行和表中 $\alpha=0.975$ 与 0.025 所对的两列，其交点位置上的值，分别为

$$\lambda_1=\chi^2_{1-\frac{\alpha}{2}}(n-1)=\chi^2_{0.975}(15)=6.26,$$

$$\lambda_2=\chi^2_{\frac{\alpha}{2}}(n-1)=\chi^2_{0.025}(15)=27.5,$$

于是有
$$P(\lambda_1<\chi^2<\lambda_2)=P(6.26<\chi^2<27.5)=0.95.$$

一般有
$$P(\chi^2_{1-\frac{\alpha}{2}}(n-1)<\chi^2<\chi^2_{\frac{\alpha}{2}}(n-1))=1-\alpha.$$

3. t 变量及其分布

定义 4 设 $(\xi_1,\xi_2,\cdots,\xi_n)$ 是正态总体 $\xi\sim N(\mu,\sigma^2)$ 的一个样本，μ 已知，$\bar{\xi}$ 和 S 分别为样本均值和标准差，则统计量

$$t=\frac{\bar{\xi}-\mu}{\frac{S}{\sqrt{n}}}$$

叫做自由度为 $n-1$ 的 **t 变量**，其概率分布叫做**自由度为 $n-1$ 的 t 分布**，记作 $t\sim t(n-1)$.

t 分布的密度函数 $f(x)$ 的图形关于 y 轴对称. 如图 8－7 所示，当自由度大于 30 时，t 分布可用正态分布去近似.

由给定 $1-\alpha=0.95$，$n-1=4$ 以及 $P(|t|<\lambda)=0.95$，由 t 分布临界值表（附表 3），查出相应的值 $t_{\frac{\alpha}{2}}(n-1)=t_{0.025}(4)=\lambda=2.776$，所以 $P(|t|<2.776)=0.95$.

一般地，有
$$p(|t|<t_{\frac{\alpha}{2}}(n-1))=p(|t|<\lambda)=1-\alpha.$$

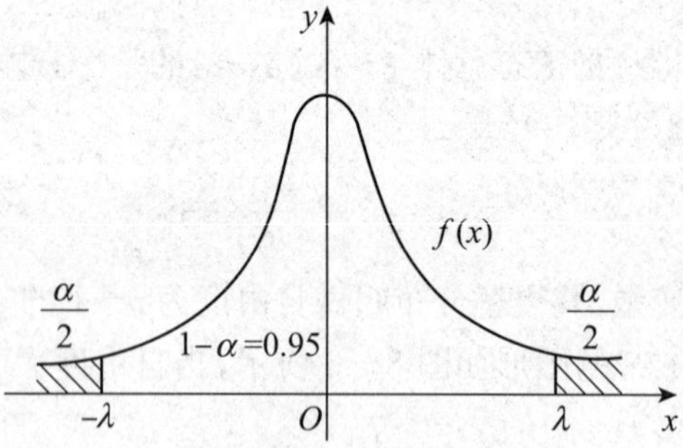

图 8－7

习题 8－4

1. 在一批试验田里对某种早稻品种进行栽培试验，抽测了其中 15 块试验田的单位面积（单位面积的大小为 $\frac{1}{15}$ hm^2）的产量如下（产量的单位为 kg）：

504，402，492，495，500，501，405，409，
460，486，460，371，420，456，395，

求 $\bar{x}$ 和 S^2.

2. 已知 $\boldsymbol{u} \sim N(0,1)$，且 $P(|u|<\lambda)=1-\alpha$.

(1)当 $\alpha=0.05$ 时，求 λ.

(2)当 $\alpha=0.01$ 时，求 λ.

(3)当 $\alpha=0.10$ 时，求 λ.

3. 已知 $\chi^2 \sim \chi^2(n-1)$ 且 $P(\lambda_1<\chi^2<\lambda_2)=1-\alpha$，

(1)当 $\alpha=0.05, n=8$ 时，求 λ_1, λ_2.

(2)当 $\alpha=0.05, n=16$ 时，求 λ_1, λ_2.

4. 已知 $t \sim t(n-1)$，且 $P(|t| \leqslant \lambda)=1-\alpha$.

(1)当 $\alpha=0.05, n=5$ 时，求 λ.

(2)当 $\alpha=0.10, n=5$ 时，求 λ.

第五节　参数估计

数理统计的一个基本问题，就是要根据样本 $(\xi_1,\xi_2,\cdots,\xi_n)$ 所提供的信息，对总体 ξ 的分布及其分布的数字特征作出判断. 而在实际问题中，所遇到的又往往是已知分布类型，却未知总体参数的总体，这就产生了由样本 $(\xi_1,\xi_2,\cdots,\xi_n)$ 所构成的统计量去估计总体的参数的问题，解决这类问题的办法叫做参数估计. 参数估计分为点估计和区间估计两种.

一、点估计

1. 估计量的评价标准

设 θ 是总体 ξ 的一个未知参数，$(\xi_1,\xi_2,\cdots,\xi_n)$ 是 ξ 的一个样本，我们希望获得参数 θ 的一个估计值. 如果我们用统计量 $\hat{\theta}=\hat{\theta}(\xi_1,\xi_2,\cdots,\xi_n)$ 去估计参数 θ，则统计量 $\hat{\theta}$ 叫做 θ **的一个估计值**.

由于参数 θ 的真值未知，人们自然希望估计量 $\hat{\theta}$ 的值与 θ 的真值越接近越好. 为此提出估计量的两个评价标准，无偏性和有效性.

无偏性： 设 $\hat{\theta}$ 为未知参数 θ 的估计值，如果 $E(\hat{\theta})=\theta$，那么 $\hat{\theta}$ 叫做 θ 的**无偏统计量**.

设 $(\xi_1,\xi_2,\cdots,\xi_n)$ 是总体 ξ 的一个样本，且 $E(\xi)=\mu, D(\xi)=\sigma^2$，可以证明：

(1) 样本均值 $\bar{\xi}=\dfrac{1}{n}\sum\limits_{i=1}^{n}\xi_i$ 是总体均值 μ 的无偏估计量，即 $E(\bar{\xi})=\mu$；

(2) 样本方差 $s^2=\dfrac{1}{n-1}\sum\limits_{i=1}^{n}(\xi_i-\bar{\xi})^2$ 是总体方差 σ^2 的无偏估计量，即 $E(s^2)=\sigma^2$.

有效性： 设 $\hat{\theta}_1$ 和 $\hat{\theta}_2$ 都是参数 θ 的无偏估计量，如果 $D(\hat{\theta}_1)<D(\hat{\theta}_2)$，那么叫做 $\hat{\theta}_1$ 比 $\hat{\theta}_2$ 有效.

例 1　试评价数学期望的两个估计量

$$\bar{\xi}=\frac{1}{n}\sum_{i=1}^{n}\xi_i\,(n>2) \text{ 与 } \frac{\xi_1+\xi_2}{2}$$

哪一个好一些.

解　因为 $E(\bar{\xi})=E\left(\dfrac{1}{n}\sum\limits_{i=1}^{n}\xi_i\right)=\dfrac{1}{n}\sum\limits_{i=1}^{n}E(\xi_i)=\dfrac{1}{n}\cdot nE(\xi)=E(\xi)$，

$$E\left(\frac{\xi_1+\xi_2}{2}\right)=\frac{1}{2}\left[E(\xi_1)+E(\xi_2)\right]=E(\xi),$$

所以$\bar{\xi}$与$\frac{\xi_1+\xi_2}{2}$都是$E(\xi)$的无偏估计量.

又因为
$$D(\bar{\xi})=D\left(\frac{1}{n}\sum_{i=1}^{n}\xi_i\right)=\frac{1}{n^2}D\left(\sum_{i=1}^{n}\xi_i\right)$$
$$=\frac{1}{n^2}\sum_{i=1}^{n}D(\xi_i)=\frac{1}{n^2}\sum_{i=1}^{n}D(\xi)=\frac{1}{n^2}\cdot n\cdot D(\xi)$$
$$=\frac{1}{n}D(\xi)\quad(n>2),$$
$$D\left(\frac{\xi_1+\xi_2}{2}\right)=\frac{1}{2^2}\left[D(\xi_1)+D(\xi_2)\right]=\frac{1}{2^2}\left[D(\xi)+D(\xi)\right]=\frac{1}{2}D(\xi),$$

所以
$$D(\bar{\xi})<D\left(\frac{\xi_1+\xi_2}{2}\right)（当 n>2 时）.$$

于是$\bar{\xi}$比$\frac{\xi_1+\xi_2}{2}$有效.故$\bar{\xi}=\frac{1}{n}\sum_{i=1}^{n}\xi_i\ (n>2)$比$\frac{\xi_1+\xi_2}{2}$好些.

2. 点估计

由于样本均值$\bar{\xi}=\frac{1}{n}\sum_{i=1}^{n}\xi_i$与样本方差$s^2=\frac{1}{n-1}\sum_{i=1}^{n}(\xi_i-\bar{\xi})^2$分别为总体$\xi$的均值$\mu$与方差$\sigma^2$的无偏估计量，因此，人们常用样本均值的观测值去作总体均值的估计值，而用样本方差的观测值去作总体方差的估计值，这就是对总体均值和总体方差的**点估计**.

例 2 某厂生产螺母，从某日的产品中随机抽取 8 件，量得内径的数值如下（单位：mm）：

15. 3，14. 9，15. 2，15. 1，14. 8，14. 6，15. 1，14. 7，

试估计该日生产的这些螺母内径的均值和标准差.

解 利用计算器得 $\bar{x}=14.9625$，$s=0.2504$.

即螺母内径的均值估计为 14. 962 5，标准差估计为 0. 250 4.

二、区间估计

在用点估计来估计总体参数θ时，由于样本的随机性，从一个样本算得的估计值$\hat{\theta}$往往都不会恰好等于待估参数的真值θ，也就是说估计值$\hat{\theta}$与真值θ之间往往都存在一定的偏差. 因此还需要研究这些估计值的精确程度和可靠程度. 这类问题，就是参数的区间估计问题.

1. 置信区间

设θ为总体ξ的一个未知参数，如果对任意预先给$\alpha(0<\alpha<1)$，能找到两个值θ_1和θ_2，使

$$P(\theta_1<\theta<\theta_2)=1-\alpha \tag{8-8}$$

成立，那么区间(θ_1,θ_2)叫做θ的 $1-\alpha$ **置信区间**，θ_1和θ_2分别叫做**置信下限**和**置信上限**，$1-\alpha$ 叫做**置信水平（或置信度）**. 参见图 8－8.

（8－8）式的意义为置信区间(θ_1,θ_2)包含真值的可能性为 $1-\alpha$，也就是说，如果反复抽取容量为n的样本m个，对每一样本可求得一个具体的区间，在这些区间中平均有$m(1-\alpha)$个区间包含θ的真值.

2. 正态总体的数学期望 μ 的区间估计

（1）已知方差σ^2，对μ的区间估计.

设正态总体 $\xi \sim N(\mu,\sigma^2)$，且 σ^2 已知，μ 未知，$(\xi_1,\xi_2,\cdots,\xi_n)$ 是总体 ξ 的一个样本，其观测值为 $(x_1,x_2,\cdots,x_n)$，则 μ 的置信水平为 $1-\alpha$ 的置信区间是

$$\left(\bar{x}-u_{\frac{\alpha}{2}}\frac{\sigma}{\sqrt{n}},\bar{x}+u_{\frac{\alpha}{2}}\frac{\sigma}{\sqrt{n}}\right), \tag{8-9}$$

其中 $u_{\frac{\alpha}{2}}$ 可查附表 1 得到.

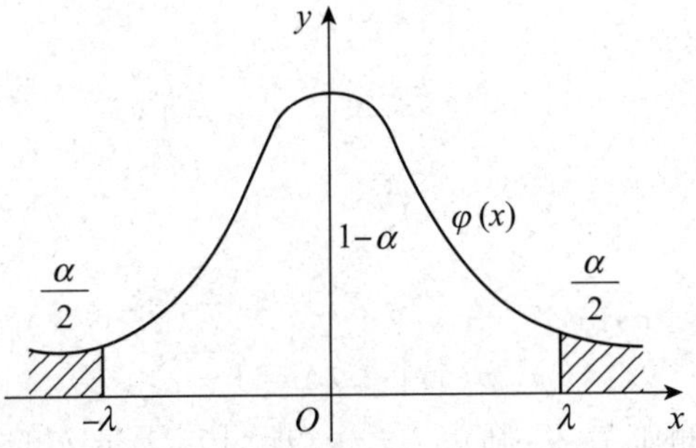

图 8-8

例 3 已知某灯泡厂生产的一批灯泡的使用寿命 $\xi \sim N(\mu,7\ 578.9)$，测得其中 10 只灯泡的使用寿命如下：

1 050，1 100，1 080，1 120，1 200，1 250，1 040，1 130，1 300，1 200，

试求 μ 的置信水平为 95%的置信区间.

解 因为 $\bar{\chi}=\frac{1}{n}\sum_{i=1}^{n}\chi_i=\frac{1}{10}(1\ 050+1\ 100+\cdots+1\ 300+1\ 200)=1\ 147$，

又查附表 1 知

$$u_{\frac{\alpha}{2}}=1.96,\text{且}\ \sigma=\sqrt{7\ 578.9}=87.1, n=10,$$

所以

$$\bar{\chi}-u_{\frac{\alpha}{2}}\frac{\sigma}{\sqrt{n}}=1\ 147-1.96\times\frac{87.1}{\sqrt{10}}=1\ 093.01,$$

$$\bar{\chi}+u_{\frac{\alpha}{2}}\frac{\sigma}{\sqrt{n}}=1\ 147+1.96\times\frac{87.1}{\sqrt{10}}=1\ 200.98.$$

故所求区间为(1 093.01，1 200.98)，即有 95%的把握认为这批灯泡的使用寿命在 1 093.01 小时至 1 200.98 小时之间.

由以上分析，可得区间估计的基本方法：

① 找到(或构造)一个统计量 $\hat{\theta}$，$\hat{\theta}$ 包含被估计参数 θ（θ 看做已知），但不包含其他未知参数，且 $\hat{\theta}$ 的分布为已知.

② 对于给定的置信水平 $1-\alpha$，由

$$P(\lambda_1<\hat{\theta}<\lambda_2)=1-\alpha,$$

且 $p(\hat{\theta}\leqslant\lambda_1)=p(\hat{\theta}\geqslant\lambda_2)=\frac{\alpha}{2}$，查 $\hat{\theta}$ 相应的分布表可得 λ_1,λ_2.

③ 由 $\lambda_1<\hat{\theta}<\lambda_2$ 解出被估计参数 θ，得到不等式 $\theta_1<\theta<\theta_2$，于是得到 θ 的置信水平为 $1-\alpha$ 的置信区间是 (θ_1,θ_2).

(2)未知方差 σ^2，对 μ 的区间估计.

在很多实际问题中，根本无法知道σ的值. 在此情况下，就不能直接应用公式对正态总体均值μ作区间估计，而应采取别的方法.

首先要选一个不含σ^2的统计量，将$u=\frac{\sqrt{n}}{\sigma}(\bar{\xi}-\mu)$中的$\sigma$用样本标准差$s$代替，于是得到$\frac{\sqrt{n}}{s}(\bar{\xi}-\mu)=\frac{\bar{\xi}-\mu}{\frac{s}{\sqrt{n}}}$服从$t$分布，所以用统计量

$$t=\frac{\bar{\xi}-\mu}{\frac{s}{\sqrt{n}}}\sim t(n-1)$$

来对μ进行区间估计.

对给定的置信水平$1-\alpha$，由

$$p(|t|<\lambda)=1-\alpha,$$

查自由度为$n-1$的t分布临界表，确定$\lambda=t_{\frac{\alpha}{2}}(n-1)$，于是$\mu$的置信水平为$1-\alpha$的置信区间为

$$\left(\bar{x}-t_{\frac{\alpha}{2}}(n-1)\frac{s}{\sqrt{n}},\bar{x}+t_{\frac{\alpha}{2}}(n-1)\frac{s}{\sqrt{n}}\right).$$

例 4 用仪器检测温度，重复测量 5 次，得数据如下：

$$1\ 250,1\ 265,1\ 245,1\ 260,1\ 275,$$

已知测量值$\xi\sim N(\mu,\sigma^2)$，试求温度的真值的置信水平为 95%的置信区间.

解 由已知数据得

$$\bar{x}=1\ 259.$$

因为

$$s=\sqrt{\frac{1}{n-1}\sum_{i=1}^{n}(x_i-\bar{x})^2},$$

所以

$$s=\sqrt{\frac{1}{4}\sum_{i=1}^{5}(x_i-1\ 259)^2}=11.938.$$

由$1-\alpha=0.95$，即$\alpha=0.05$，自由度$n-1=5-1=4$，查t分布临界值表知

$$p(|t|<\lambda)=1-\alpha=0.95$$

中的

$$\lambda=t_{\frac{\alpha}{2}}(n-1)=2.776,$$

于是

$$\bar{x}-t_{\frac{\alpha}{2}}(n-1)\frac{s}{\sqrt{n}}=1\ 259-2.776\times\frac{11.938}{\sqrt{5}}=1\ 244.2,$$

$$\bar{x}+t_{\frac{\alpha}{2}}(n-1)\frac{s}{\sqrt{n}}=1\ 259+2.776\times\frac{11.938}{\sqrt{5}}=1\ 273.8.$$

故所求的置信区间为(1 244.2,1 273.8)，即有 95%的把握认为温度的真值在 1 244.2℃至 1 273.8℃之间.

3. 正态总体的方差σ^2的区间估计

设$\xi\sim N(\mu,\sigma^2)$，且μ未知，现通过样本$(\xi_1,\xi_2,\cdots,\xi_n)$的观测值$(x_1,x_2,\cdots,x_n)$，求$\sigma^2$的置信水平为$1-\alpha$的置信区间.

解决此问题的方法与前面求μ的置信区间的方法基本相同.

首先找一个合适的统计量来估计σ^2，我们知道χ^2变量：

$$\chi^2=\frac{(n-1)s^2}{\sigma^2}\sim\chi^2(n-1)$$

只包含待估的参数 σ^2，而 s^2 可根据样本值求出，故可用 χ^2 变量对 σ^2 作区间估计，于是 σ^2 的置信水平为 $1-\alpha$ 的置信区间是

$$\left[\frac{(n-1)s^2}{\chi^2_{\frac{\alpha}{2}}(n-1)},\frac{(n-1)s^2}{\chi^2_{1-\frac{\alpha}{2}}(n-1)}\right].$$

例 5　求例 4 中所测温度的标准差 σ 的置信水平为 95%的置信区间.

解　由例 4 中的样本数据，计算得

$$\bar{x}=1\ 259,s^2=\frac{570}{4},(n-1)s^2=4\times\frac{570}{4}=570.$$

根据给定的 $1-\alpha=0.95$，$n-1=5-1=4$，查 χ^2 分布临界值表得

$$\chi^2_{1-\frac{\alpha}{2}}(n-1)=0.484,\quad \chi^2_{\frac{\alpha}{2}}(n-1)=11.1,$$

所以

$$\frac{(n-1)s^2}{\chi^2_{\frac{\alpha}{2}}(n-1)}=\frac{570}{11.1}=51.35,\sqrt{51.35}=7.17,$$

$$\frac{(n-1)s^2}{\chi^2_{1-\frac{\alpha}{2}}(n-1)}=\frac{570}{0.484}=1\ 177.7,\sqrt{1\ 177.7}=34.32.$$

故所测温度的标准差 σ 的置信水平为 95%的置信区间(单位:℃)为(7.17,34.32).

习题 8-5

1. 设($\xi_1,\xi_2,\cdots,\xi_n$)为总体 ξ 的容量为 $n(n>3)$ 的一个样本，试判断下列统计量是否为 $E(\xi)$ 的无偏估计量.

(1)$\frac{1}{3}\xi_1+\frac{1}{3}\xi_2$；　　(2)$\frac{1}{2}\xi_1+\frac{1}{3}\xi_3+\frac{1}{6}\xi_n$.

2. 若 $\xi_1,\frac{1}{2}(\xi_1+\xi_2)$ 是 $E(\xi)$ 的二个无偏估计量，试比较他们的有效性.

3. 灯泡厂从某天生产的一批 60 瓦灯泡中抽取 10 只进行使用寿命试验，得到数据如下(单位:h)：

1 050, 1 100, 1 080, 1 120, 1 200, 1 250, 1 040, 1 130, 1 300, 1 200,

试估计该批灯泡使用寿命的均值和标准差.

4. 某车间生产的一批滚珠，其直径 $\xi\sim N(\mu,0.05^2)$，现从某天的产品中随机抽取 6 个，测得直径(单位:mm)如下：

15.1, 14.8, 15.2, 14.9, 14.1, 15.9,

求直径数学期望 μ 的置信区间($\alpha=0.05$).

5. 某轮胎厂生产一批卡车轮胎，根据长期生产这种型号轮胎的统计数据知道，轮胎的使用寿命(达到报废的界限)服从正态分布 $N(\mu,\sigma^2)$. 已知总体方差 $\sigma^2=4\ 827^2$，现从生产的轮胎中随机抽取 100 只进行试验，得到 100 个使用寿命的数据，计算出平均使用寿命 $\bar{x}=36\ 203$(单位:km). 求这批轮胎总体的平均使用寿命(即总体的数学期望)的置信区间($\alpha=0.05$).

6. 测得自动车床加工的 10 个零件的尺寸与规定尺寸的偏差如下(单位:μm)：

序号 n	1	2	3	4	5	6	7	8	9	10
偏差 x_i	2	1	-2	3	2	4	-2	5	3	4

又已知零件尺寸的偏差服从 $N(\mu,\sigma^2)$，求偏差的数学期望 μ 的置信区间($\alpha=0.01$).

第六节 假设检验

一、假设检验的原理

1. 假设检验问题

先看两个引例.

例 1 按国家标准，某种产品的次品率不超过 1%，今从批量为 200 的一批这种产品中任取 5 件，发现 5 件中含有次品. 问这批产品的次品率 p 是否符合国家标准.

在此例中，我们关心的问题为 $p\leqslant 0.01$ 是否成立?

例 2 某牙膏厂用自动包装机装牙膏，正常情况下每个牙膏内的牙膏质量(俗称净重，单位:g)服从正态分布 $N(50,1.2^2)$，某日从生产中随机抽取 16 支牙膏，测得平均每支牙膏的净重 $\bar{x}=50.72(\mathrm{g})$，问这天包装机工作是否正常?

设这天包装机所包装的每袋牙膏的净重为 ξ，则 $\xi\sim N(\mu,\sigma^2)$，且 $\sigma=1.2$.

在此例中，我们关心的问题为

$$\mu=\mu_0=50(\mathrm{g})$$

是否成立? μ 为这天包装的每袋牙膏净重 ξ 的数学期望.

这两个问题都要求用样本推断总体.

2. 假设检验的基本原理

从例 1 入手说明假设检验的基本原理.

首先假设这批产品的次品率 p 符合国家标准，即提出假设(用 H_0 表示)

$$H_0:p\leqslant 0.01,$$

然后判断如果 H_0 成立，将会发生什么情况.

在 $p\leqslant 0.01$ 的条件下，200 件产品中最多有 2 件次品，记 $A=\{$从 200 件产品中任取 5 件，5 件中含有次品$\}$，下面按 200 件产品中恰有 2 件次品来处理问题，则

$$P(\overline{A})=\frac{C_{198}^5}{C_{200}^5}=0.950\,5,$$

$$P(A)=1-P(\overline{A})=1-0.950\,5=0.049\,5<0.05.$$

一般地，把概率小于 0.05 的事件认为是小概率事件. 人们将“小概率事件在一次试验中，几乎不会发生”这一基本原理叫**小概率原理**. 有时也认为概率不超过 0.01 或 0.10 的事件为小概率事件，要根据具体情况而定.

因此，如果假设 $H_0:p\leqslant 0.01$ 成立，则通过上面的计算可知 A 是小概率事件. 但却在一次试验中发生了，这显然与小概率原理矛盾，其原因是原假设 $H_0:p\leqslant 0.01$ 不合理，所以应当作出否定判断. 即这批产品的次品率 p 超过 0.01，不符合国家标准.

在假设检验中小概率叫做**检验水平或显著水平**，也可叫做**信度**，记作 α，通常 α 的取值采

用 0.1，0.05，0.01，0.001 等数值.

二、假设检验的基本方法

1. u 检验法

利用统计量 $u=\frac{\sqrt{n}}{\sigma}(\bar{\xi}-\mu_0)$ 的分布 $N(0,1)$，来检验已知方差 σ^2 的正态总体 $\xi\sim N(\mu,\sigma^2)$ 的数学期望 $\mu=\mu_0$（μ_0 是已知数）的方法叫做 u **检验法**.

首先，假设 $H_0:\mu=\mu_0$ 成立，于是统计量

$$u=\frac{\sqrt{n}}{\sigma}(\bar{\xi}-\mu_0)$$

对于给定的检验水平 α，由 $P(|u|\geqslant u_{\frac{\alpha}{2}})=\alpha$ 和附表 1－1 可得 $u_{\frac{\alpha}{2}}$.

显然，$|u|\geqslant u_{\frac{\alpha}{2}}$ 是一个小概率事件.

设样本 $(\xi_1,\xi_2,\cdots,\xi_n)$ 的一组观测值为 $(x_1,x_2,\cdots,x_n)$，由此观测值和 σ，n 的值，计算出统计量 u 的值 u_0. 如果 $|u_0|\geqslant u_{\frac{\alpha}{2}}$，这说明小概率事件在一次具体实验中出现了，因此应当拒绝假设 $H_0:\mu=\mu_0$；若当 $|u_0|<u_{\frac{\alpha}{2}}$ 时，则应当接受假设 $H_0:\mu=\mu_0$. 归纳以上分析，可得 u 检验的具体步骤如下：

(1)提出检验假设 $H_0:\mu=\mu_0$.

(2)选取统计量 $u=\frac{\sqrt{n}}{\sigma}(\bar{\xi}-\mu_0)\sim N(0,1)$.

(3)给定检验水平 α，由 $P(|u|\geqslant u_{\frac{\alpha}{2}})=\alpha$ 定值 $u_{\frac{\alpha}{2}}$.

(4)由所给条件计算出统计量 u 的观测值 u_0，并进行判断：

当 $|u_0|\geqslant u_{\frac{\alpha}{2}}$ 时，拒绝假设 H_0；当 $|u_0|<u_{\frac{\alpha}{2}}$ 时，接收假设 H_0.

例 3　利用 u 检验法判断例 2 中这天包装机工作是否正常($\alpha=0.05$).

解　(1)由例 2 知，总体 $\xi\sim N(\mu,\sigma^2)$，其中 $\sigma=1.2$ g，判断包装机工作是否正常即在检验水平 $\alpha=0.05$ 的情况下，检验假设 $H_0:\mu=\mu_0=50\text{g}$ 是否成立.

(2)选取统计量 $u=\frac{\sqrt{n}}{\sigma}(\bar{\xi}-\mu_0)\sim N(0,1)$.

(3)因为检验水平 $\alpha=0.05$，

所以由 $P(|u|\geqslant u_{\frac{\alpha}{2}})=0.05$，得 $u_{\frac{\alpha}{2}}=1.96$.

(4)因为 $\bar{x}=50.72$，$n=16$，$\sigma=1.2$，所以 $|u_0|=\left|\frac{\sqrt{16}}{1.2}(50.72-50)\right|=2.4>1.96$，

故应拒绝假设 H_0，也就是我们的判断为 $\mu\neq\mu_0=50$ g，或者说有 95％的把握认为包装机工作不正常.

2. t 检验法

在很多实际问题中，正态总体的方差 σ^2 往往是不知道的，这样 u 检验法就失效了.

利用统计量 $t=\frac{\sqrt{n}}{s}(\bar{\xi}-\mu_0)$ 的分布 $t(n-1)$ 来检验数学期望 $\mu=\mu_0$ 的方法叫做 t **检验法**.

其具体步骤如下：

(1)提出检验假设 $H_0:\mu=\mu_0$.

(2)选取统计量 $t=\frac{\sqrt{n}}{s}(\bar{\xi}-\mu_0)\sim t(n-1)$.

(3)给定检验水平 α，由 $P(|t|\geqslant t_{\frac{\alpha}{2}}(n-1))=\alpha$ 定值 $t_{\frac{\alpha}{2}}(n-1)$.

(4)由所给条件计算出统计量 t 的观测值 t_0，并进行判断：

当 $|t_0|\geqslant t_{\frac{\alpha}{2}}(n-1)$ 时，拒绝假设 H_0；当 $|t_0|<t_{\frac{\alpha}{2}}(n-1)$ 时，接收假设 H_0.

例4 某电器厂生产一种云母片，根据长期正常生产积累的资料知道，云母片的厚度服从正态分布，厚度的均值为 0.13 mm. 如果在某日的产品中随机抽取 10 片，算得样本均值为 0.146 mm，均方差为 0.015 mm. 问该日生产的云母片厚度的均值与往日是否有显著差异($\alpha=0.05$).

解 (1)假设 $H_0:\mu=\mu_0=0.13$.

(2)选取统计量 $t=\frac{\sqrt{n}}{s}(\bar{\xi}-\mu_0)\sim t(n-1)$.

(3)因为检验水平 $\alpha=0.05$，$n=10$，所以 $n-1=9$，由 $P(|t|\geqslant t_{\frac{\alpha}{2}}(n-1))=0.05$，得 $t_{\frac{\alpha}{2}}(n-1)=2.262$.

(4)因为 $\bar{x}=0.146$，$s=0.015$，$n=10$，所以

$$|t_0|=\left|\frac{\sqrt{10}}{0.015}(0.146-0.13)\right|=3.373>2.262.$$

故应拒绝 H_0，即有 95%的把握认为该日生产的云母片厚度的均值与往日有显著差异.

3. χ^2 检验法

检验正态总体的方差 σ^2，通常是在总体期望 μ 未知的情况下进行的.

利用统计量 $\chi^2=\frac{(n-1)s^2}{\sigma_0^2}$ 的分布 $x^2(n-1)$，来检验正态总体 $\xi\sim N(\mu,\sigma^2)$ 的方差 $\sigma^2=\sigma_0^2$ (σ_0^2 是已知数)的方法叫 χ^2 **检验法**.

其具体步骤如下：

(1)提出检验假设 $H_0:\sigma^2=\sigma_0^2$.

(2)选取统计量 $\chi^2=\frac{(n-1)s^2}{\sigma_0^2}\sim\chi^2(n-1)$.

(3)给定检验水平 α，由 $P(\chi^2\leqslant\chi^2_{1-\frac{\alpha}{2}}(n-1))=P(\chi^2\geqslant\chi^2_{\frac{\alpha}{2}}(n-1))=\frac{\alpha}{2}$ 定值 $\chi^2_{1-\frac{\alpha}{2}}(n-1)$ 和 $\chi^2_{\frac{\alpha}{2}}(n-1)$.

(4)由所给条件计算出统计量 χ^2 的值 χ_0^2 并进行判断：

当 $\chi_0^2\leqslant\chi^2_{1-\frac{\alpha}{2}}(n-1)$ 或 $\chi_0^2\geqslant\chi^2_{\frac{\alpha}{2}}(n-1)$ 时，就拒绝假设 H_0；当 $\chi^2_{1-\frac{\alpha}{2}}(n-1)<\chi_0^2<\chi^2_{\frac{\alpha}{2}}(n-1)$ 时，就接受假设 H_0.

例5 某工厂生产的仪表，已知其寿命服从正态分布，寿命方差经测定为 $\sigma_0^2=150$. 现在由于新工人增多，对生产的一批产品进行检验，抽取 10 个样品测得其寿命(单位:h)为：

$$1\,801, 1\,785, 1\,812, 1\,792, 1\,782,$$
$$1\,795, 1\,825, 1\,787, 1\,807, 1\,792,$$

问这批仪表的寿命方差差异是否显著($\alpha=0.05$)?

解 (1)假设 $H_0:\sigma^2=\sigma_0^2=150$.

(2)$\chi^2=\frac{(n-1)s^2}{\sigma_0^2}\sim\chi^2(n-1)$.

(3)给定检验水平 $\alpha=0.05$，由

$$P(\chi^2 \leqslant \chi^2_{1-\frac{\alpha}{2}}(n-1)) = P(\chi^2 \geqslant \chi^2_{\frac{\alpha}{2}}(n-1)) = \frac{0.05}{2} = 0.025,$$

得
$$\chi^2_{1-\frac{\alpha}{2}}(n-1)=2.7, \chi^2_{\frac{\alpha}{2}}(n-1)=19.0$$

(4)因为 $\bar{x}=1\,797.8, s^2=182.4$，所以

$$\chi_0^2 = \frac{(10-1)\times 182.4}{150} = 10.94,$$

并且 $\chi^2_{1-\frac{\alpha}{2}}(n-1)=2.7<\chi_0^2=10.94<\chi^2_{\frac{\alpha}{2}}(n-1)=19.0$.

故接受假设，即以 95%的把握认为虽然新工人增多，但该批仪表的寿命方差无显著差异.

习题 8－6

1. 自一工厂的产品中进行重复抽样检查，共取 200 件样品，检查结果发现其中有 4 件废品，问我们能否相信此工厂出废品的概率不超过 0.005.

2. 某车间生产铆钉，在正常情况下每个铆钉的直径 $\xi\sim N(2,0.1^2)$（直径单位：cm). 现从某日生产的铆钉中随机抽取 100 个，测得其平均直径为 $\bar{x}=2.022$. 由于 $\bar{x}$ 与 μ_0 之间有差异，试问这天铆钉生产是否正常？（$\alpha=0.05$).

3. 若 $\alpha=0.01$，那么上题中该天铆钉生产是否正常？

※ 第七节　应用与实践八

一、应用

例 1　已知一批零件的尺寸与标准尺寸的误差 ξ(单位：mm)服从正态分布 $N(0,2^2)$，如果误差不超过 2.5 mm，就算合格品，求：

(1)这批零件的合格品率；

(2)若要求零件的合格品率为 95%，应规定误差不超过多少毫米.

解　(1)
$$\begin{aligned}P(|\xi|<2.5)&=P(-2.5<\xi<2.5)\\&=P\left(\frac{-2.5-0}{2}<\frac{\xi-0}{2}<\frac{2.5-0}{2}\right)\\&=\Phi\left(\frac{2.5-0}{2}\right)-\Phi\left(\frac{-2.5-0}{2}\right)\\&=2\Phi(1.25)-1\\&=2\times 0.894\,4-1=0.788\,8,\end{aligned}$$

即零件的合格品率为 78.88%.

(2)设所求为 $a(a>0)$，于是

$$P(|\xi|<a)=0.95, P(-a<\xi<a)=0.95,$$

所以
$$P\left(\frac{-a-0}{2}<\frac{\xi-0}{2}<\frac{a-0}{2}\right)=0.95,$$

$$\Phi\left(\frac{a}{2}\right)-\Phi\left(-\frac{a}{2}\right)=0.95,$$

$$2\Phi\left(\frac{a}{2}\right)-1=0.95,$$

$$\Phi\left(\frac{a}{2}\right)=0.975.$$

查附表1得 $$\frac{a}{2}=1.96,$$

故 $$a=3.92\approx 4(\text{mm}).$$

即如果规定误差不超过4 mm的零件为合格品，那么这批零件的合格品率为0.95以上.

对于正态分布 $\xi\sim N(\mu,\sigma^2)$，通过查表可计算出：

$$P(|\xi-\mu|<\sigma)=2\Phi(1)-1=0.682\,6,$$
$$P(|\xi-\mu|<2\sigma)=2\Phi(2)-1=0.954\,4,$$
$$P(|\xi-\mu|<3\sigma)=2\Phi(3)-1=0.997\,4.$$

以上计算结果表明，ξ 以99.74%的概率落入 $(\mu-3\sigma,\mu+3\sigma)$ 内，也就是说，ξ 的可取值几乎全部在 $(\mu-3\sigma,\mu+3\sigma)$ 内，这就是统计和管理中常用的 3σ 原则.

例2 设在规定的时间段内，某电气设备用于最大负荷的时间 ξ（单位：min）是一个随机变量，其分布密度为

$$f(x)=\begin{cases}\dfrac{1}{1\,500^2}x, & 0\leqslant x\leqslant 1\,500,\\ -\dfrac{1}{1\,500^2}(x-3\,000), & 1\,500<x\leqslant 3\,000,\\ 0, & \text{其他}.\end{cases}$$

试求最大负荷的平均时间.

解 最大负荷的平均时间，即为 ξ 的数学期望，故

$$\begin{aligned}E(\xi)&=\int_{-\infty}^{+\infty}xf(x)\mathrm{d}x\\&=\int_0^{1\,500}x\frac{x}{1\,500^2}\mathrm{d}x+\int_{1\,500}^{3\,000}x\frac{-1}{1\,500^2}(x-3\,000)\mathrm{d}x\\&=1\,500(\text{min}).\end{aligned}$$

所以最大负荷的平均时间为1 500 min.

例3 某批矿砂的5个样品中镍含量（质量分数）经测定为（单位：%）：

3.25，3.27，3.24，3.26，3.24，

设测定值服从正态分布，问在 $\alpha=0.01$ 下能否认为这批矿砂的镍含量为3.25%？

解 设测定值为 $\xi\sim N(\mu,\sigma^2)$，且 σ^2 未知.

(1)假设 $H_0:\mu=\mu_0=3.25$.

(2)选取统计量 $t=\frac{\sqrt{n}}{s}(\bar{\xi}-\mu_0)\sim t(n-1)$

(3)因为检验水平 $\alpha=0.01$，$n=5$，$n-1=4P(|t|\geqslant t_{\frac{\alpha}{2}}(n-1))=0.01$ 得 $t_{\frac{\alpha}{2}}(n-1)=4.604$.

(4)因为 $\bar{x}=\frac{1}{5}(3.25+3.27+3.24+3.26+3.24)=3.252$.

$$s=\sqrt{\frac{1}{5-1}\sum_{i=1}^{5}(x_i-\bar{x})^2}=0.013.$$

所以 $$|t_0|=\left|\frac{\sqrt{5}}{0.013}(3.252-3.25)\right|=0.344<4.604.$$

故接受 H_0，即有99%的把握认为这批矿砂镍含量(质量分数)为3.25%.

例4　目前，社会上流行的彩票主要有“传统型”和“乐透型”两种类型.

“传统型”采用“10选6+1”方案：先从0～9号球中摇出6个基本号码，该6个基本号可以重复摇出；然后从0～4号球中摇出一个特别号码，构成这组中奖号码. 下面以中奖号码“123456+0”为例说明中奖等级，见下表.

奖级	中奖号码	特别号	说明
特等奖	123456	0	选7中6+1
一等奖	123456	×	选7中6
二等奖	12345× 或 ×23456	?	选7中5
三等奖	1234×× 或 ×2345× 或 ××3456	?	选7中4
四等奖	123××× 或 ×234×× 或 ××345× 或×××456	?	选7中3
五等奖	12×××× 或×23××× 或 ××34×× 或×××45× 或××××56	?	选7中2

注：×表示不中的号码，? 表示可中可不中的号码

“乐透型”采用“35选7+1”方案：从1～35号球中不重复摇出7个基本号码和一个特别号码，构成这组中奖号码. 中奖等级见下表.

奖级	中奖号码	特别号	说明
一等奖	●●●●●●●		选7中7
二等奖	●●●●●●○	★	选7中6+1
三等奖	●●●●●●○		选7中6
四等奖	●●●●●○○	★	选7中5+1
五等奖	●●●●●○○		选7中5
六等奖	●●●●○○○	★	选7中4+1
七等奖	●●●●○○○		选7中4

注：●为选中的基本号码，○为未选中的号码，★为选中的特别号码.

下面求两种类型彩票每注中各奖项的概率.

解　设每注彩票中各等奖的概率是可求的，分别用 $P_k(k=1,2,3,4,5,6,7)$ 表示，由古典概率问题求得传统型和乐透型概率.

1. 传统型. 单注总数为 5×10^6

特等奖：$p_0=\dfrac{1}{5\times10^6}=2\times10^{-7}$

一等奖：$p_1=\dfrac{C_4^1}{5\times10^6}=8\times10^{-7}$

二等奖：$p_2=\dfrac{2C_9^1C_5^1}{5\times10^6}=1.8\times10^{-5}$

三等奖：$p_3=\frac{2C_9^1C_5^1+C_9^1C_9^1C_5^1}{5\times10^6}=2.61\times10^{-4}$

四等奖：$p_4=\frac{2(C_9^1C_{10}^1C_{10}^1+C_9^1C_9^1C_{10}^1)C_5^1}{5\times10^6}=3.42\times10^{-3}$

五等奖：$p_5=\frac{[2C_9^1(C_{10}^1)^3+3(C_9^1)^2(C_{10}^1)^2]C_5^1}{5\times10^6}=4.23\times10^{-2}$

2. 乐透型. 单注总数为 C_{35}^7

一等奖：$p_1=\frac{C_7^7C_1^0C_{27}^0}{C_{35}^7}=0.149\times10^{-6}$

二等奖：$p_2=\frac{C_7^6C_1^1C_{27}^0}{C_{35}^7}=1.04\times10^{-6}$

三等奖：$p_3=\frac{C_7^6C_1^0C_{27}^1}{C_{35}^7}=2.8106\times10^{-5}$

四等奖：$p_4=\frac{C_7^5C_1^1C_{27}^1}{C_{35}^7}=8.4318\times10^{-5}$

五等奖：$p_5=\frac{C_7^5C_1^0C_{27}^2}{C_{35}^7}=1.096\times10^{-6}$

六等奖：$p_6=\frac{C_7^4C_1^1C_{27}^2}{C_{35}^7}=1.827\times10^{-3}$

七等奖：$p_7=\frac{C_7^4C_1^0C_{27}^3+C_7^3C_1^1C_{27}^3}{C_{35}^7}=3.0448\times10^{-2}$

二、实践

使用 MATLAB 进行概率统计计算.

1. 使用 MATLAB 计算正态分布

当随机变量 $X\sim N(\mu,\sigma^2)$时，在 MATLAB 中用命令函数 P＝normpdf(K，mu，sigma)计算服从参数为 μ,σ 的正态分布的随机变量的概率密度.

用命令函数 P＝normpdf(K，mu，sigma)计算服从参数为 μ,σ 的正态分布的随机变量的分布函数在 K 处的值.

例 1 某厂生产一种设备，其平均寿命为 10 年，标准差为 2 年，如该设备的寿命服从正态分布，求寿命不低于 9 年的设备占整批设备的比例.

解 设随机变量 ξ 为设备寿命，由题意 $\xi\sim N(\mu,\sigma^2)$，$P(\xi\geqslant9)=1-P(\xi<9)$.

在 MATLAB 命令窗口中输入：

```
>> clear
>> p1 = normcdf (9,10,2)
P1 =
    0.3085
>> 1 - p1
Ans =
    0.6915
```

2. 利用 MATLAB 进行区间估计

如果已知了一组数据来自正态分布总体，但是不知道正态分布总体的参数，我们可以利用

normfitO 命令来完成对总体参数的点估计和区间估计，格式为

```
[mu, sig, muci, sigci] = normfit(x, alpha).
```

x 为向量或者矩阵，当为矩阵时，针对矩阵的每一个列向量进行运算的. alpha 为给出的显著水平 α（即置信度为 $(1-\alpha)\%$，缺省时默认 $\alpha=0.05$，置信度 95%）. mu，sigf 分别为分布参数 μ,σ 的点估计值.

例 2　一批零件中，抽取 9 个零件，测得其直径(mm)为 21.1，21.3，21.4，21.5，21.3，21.7，21.4，21.3，21.6，设零件直径服从正态分布 $N(\mu,\sigma^2)$，分别求总体均值 μ 及方差 σ^2 的置信度为 0.95 的置信区间.

解　在 *MATLAB* 命令窗口输入：

```
>> clear
>> x = [21.1, 21.3, 21.4, 21.5, 21.3, 21.7, 21.4, 21.3, 21.6];
>> alpha = 0.05;
>> [mu, sig, muci, sigci] = normfit(x, alpha)
mu =
    21.4000
sig =
    0.1803
muci =
    21.2614
    21.5386
sigci =
     0.1218
    0.3454
```

所以得，总体均值 μ 的置信度为 0.95 的置信区间为(21.261 4，21.538 6)，总体方差 σ^2 的置信度为 0.95 的置信区间为 $(0.121\,8^2, 0.345\,4^2)=(0.014\,8, 0.119\,3)$.

应用与实践八　习题

1. 已知从某批材料中任取一件时，取得的这件材料的强度 $\xi \sim N(200,18^2)$.

(1)计算取得的这件材料的强度不低于 180 的概率；

(2)如果所用的材料要求以 99% 的概率保证强度不低于 150 这批材料是否符合这个要求.

2. 有两批钢筋，每批各 10 根，它们的抗拉强度($\mathrm{kg/cm^2}$)为

第一批：110，120，120，125，125，125，130，130，135，140，

第二批：90，100，120，125，130，130，135，140，145，145.

(1)试求这两批钢筋的平均抗拉强度.

(2)通过计算它们的方差，比较两批钢筋的质量.

3. 某厂生产的零件 $\xi \sim N(12.5,\sigma^2)$，从某天生产的零件中随机抽取 4 个，得样本观测值

12.6，13.4，12.8，13.2，

求 σ^2 的置信概率为 0.95 的置信区间.

4. 用热敏电阻测温仪间接测量地热勘探井底温度. 设测量值 $\xi \sim N(\mu,\sigma^2)$，今重复测量 7 次，测得温度如下：

112.0，113.4，111.2，112.0，114.5，112.9，113.6，

而用某种精确方法测量温度的真值 $\mu_0=112.6$，现问用热敏电阻测温仪间接测量温度有无系统偏差？设显著性水平 $\alpha=0.05$.

小　结

一、主要内容

离散型随机变量及其概率分布和性质，连续型随机变量及其密度函数和性质；两点分布、二项分布、泊松分布、均匀分布、指数分布、正态分布、离散型和连续型随机变量的数学期望，方差的计算方法和性质；总体、个体、样本、样本值；统计量、样本均值和样本方差；u 变量及其分布，χ^2 变量及其分布，t 变量及其分布；参数的点估计和区间估计；参数的假设检验.

1. 离散型随机变量及其概率分布

理解离散型随机变量及其概率分布和性质，掌握两点分布、二项分布和泊松分布.

2. 连续型随机变量的分布密度

理解连续型随机变量及其密度函数和性质；掌握均匀分布、指数分布和正态分布.

3. 随机变量的数字特征

掌握离散型和连续型随机变量的数学期望、方差的计算方法和性质.

4. 参数估计和假设检验

理解总体、个体、样本、样本值、统计量、样本均值和样本方差等概念；掌握 u 变量及其分布、χ^2 变量及其分布、t 变量及其分布的定义；掌握参数的点估计和区间估计及参数的假设检验的方法.

二、应注意的问题

1. 引入随机变量的概念，使得我们能够把随机事件数量化，把对事物的研究转化成对数量的研究. 有一些随机事件虽然表面上与数量无关，但为了研究的方便，我们可人为地取一些数来表示试验的结果.

2. 对应离散型随机变量 ξ，我们通过 ξ 的概率分布，清楚而且完整地表示了它的所有可能取值与其相应概率的分布情况. 求 ξ 的概率分布，应先求出 ξ 的所有可能取值，然后利用以前学过的概率知识求出相应的概率(有时可利用概率分布的性质减少计算量).

3. 对于连续型随机变量 ξ，我们通过其密度函数 $f(x)$研究 ξ 在各个取值范围内的概率的分布情况，即 ξ 在任意区间$[a,b]$内取值的概率等于在这个区间上，曲线 $f(x)$下面的曲边梯形的面积：

$$P(a \leqslant \xi \leqslant b)=\int_a^b f(x)\mathrm{d}x.$$

需要注意的是，虽然 $f(x)$不是 ξ 取值 x 的概率，但是 $f(x)$的大小能反映出 ξ 在 x 附近取值的概率的大小，$f(x)$的数值大，则 ξ 在 x 附近取值的概率也大.

4. 数理统计的基本任务是应用概率论的知识从局部推断总体，从而揭示随机现象的统计规律性，也就是在研究的总体中采用合理的方法采集样本，对所获得的样本进行“加工”和“提炼”，构造合适的统计量，讨论它们的概率分布，再通过参数估计和假设检验等统计推断的方法对总体作出推断.

在数理统计中，采集样本时要注意随机抽样，不能有主观倾向. 构造统计量时要注意统计量不能包含总体的未知参数，并且必须是由样本构成的函数.

参数估计中介绍了点估计和区间估计两种，其中点估计是用来估计总体中未知参数的值的方法；而区间估计是用随机区间来表示包含未知参数的范围和可靠程度的方法.

参数的假设检验是用来推断总体的数学期望或方差是否具有指定的特征，进行假设检验的基本依据是小概率原理，u 检验法和 t 检验法可用来检验数学期望，χ^2 检验法用来检验方差.

复习题八

1. 填空题.

(1)如果离散型随机变量 ξ 的可能取值为 $x_1,x_2,\cdots,x_k,\cdots$，则取这些值相应的概率 __________ $(k=1,2,\cdots)$ 称为 ξ 的概率分布. 概率分布满足________；________.

(2)如果 ξ 服从标准正态分布，那么记作________. 标准正态分布的密度函数为________ $(-\infty<x<+\infty)$.

(3)某射手击中目标的概率是 0.8，连续射击 30 次，则击中目标次数的概率分布为________.

(4)对于连续型随机变量 ξ，设其密度函数为 $f(x)$，如果 $\int_{-\infty}^{+\infty} xf(x)\mathrm{d}x$ 绝对收敛，则__________叫做连续型随机变量 ξ 的数学期望，记作________.

(5)随机变量 X 的密度函数 $f(x)=\begin{cases}A\mathrm{e}^{-5x}, & x>0,\\ 0, & x\leqslant 0,\end{cases}$ 则系数 $A=$________；$P(x>0.2)=$________；$E(x)=$________；$D(X)=$________.

(6)在测定列车速度的 6 次试验数据中，得到下列最大速度值(单位：m/min)：27，38，30，37，35，31，则列车最大速度数学期望的无偏估计为__________，其方差的无偏估计为__________.

(7)正态总体参数的假设检验，常用的检验方法有：__________检验法，__________检验法和__________检验法.

2. 选择题.

(1)一射手独立射击 5 次，每次中靶的概率是 0.2，那么恰好中靶 2 次的概率是(　　).

A. $\frac{2}{5}$　　B. $C_5^2\times 0.2^2\times 0.8^3$

C. $C_5^2\times 0.8^2\times 0.2^3$　　D. $0.2^3\times 0.8^2$

(2)一枚硬币连续抛掷 3 次，恰好有两次正面向上的概率是(　　).

A. $\frac{1}{2}$　　B. $\frac{2}{3}$　　C. $\frac{3}{8}$　　D. $\frac{3}{4}$

(3)设离散型随机变量 ξ 的概率分布为 $P(\xi=k)=\frac{k+1}{10}(k=0,1,2,3)$，则 $E(\xi)=$(　　).

A. 1.8　　B. 2　　C. 2.2　　D. 2.4

(4)在某居民区随机抽查 9 个煤气用户二月份的实际用量(单位：m^3)：42.5，38.6，36.0，45.2，32.4，35.1，40.5，34.4，37.3，则 9 户居民煤气用量的平均数，方差分别为(　　).

A. 38，15.102 2　　B. 42.75，15.102 2

C. 38，16.99　　D. 42.75，16.99

3. 判断题(对的打"√",错的打"×").

(1)$X\sim N(1,2)$,$Y\sim N(2,1)$,则 $D(X-Y)=D(X)-D(Y)=1$.(　　)

(2)$X\sim N(0,1)$,则 $X\sim E(X)=0$,$D(X)=1$.(　　)

(3)甲乙两个射击手,在同样条件下进行射击,他们击中目标的概率分别为 0.3 和 0.4,则击中目标的概率为 $0.3+0.4=0.7$.(　　)

4. 应用题

(1)设某机器生产的螺栓的长度 ξ 服从正态分布 $N(10.05,0.06^2)$,规定 ξ 在范围 10.05 ± 0.12(单位:cm)内为合格品,求螺栓不合格的概率.

(2)箱内装有 5 个零件,其中 2 个是次品.假设每次从箱中任意抽出一个检验,直到查出全部次品为止,则所需检验次数的数学期望为多少?

(3)由正态总体 $N(\mu,\sigma^2)$ 中抽取容量为 5 的样本值:

$$1.86,2.64,1.46,4.01,3.22,$$

那么方差 σ^2 的置信度为 0.95 的置信区间为多少?

阅读材料

许宝騄:中国概率论与数理统计的开拓者

许宝騄(1910 年 9 月—1970 年 12 月),字闲若,数学家,北京人.1933 年,许宝騄毕业于清华大学数学系,获理学士学位.1938 年获英国伦敦大学获哲学博士学位,1940 年获该校科学博士学位.同年任北京大学数学系教授,执教于昆明西南联合大学.之后许宝騄先后在美国加州大学伯克利分校、哥伦比亚大学、北卡罗莱纳大学任访问教授.1955 年当选为中国科学院学部委员.任中国数学会历届理事.

许宝騄在中国开创了概率论、数理统计的教学与研究工作,被公认为在数理统计和概率论方面第一个具有国际声望的中国数学家.一些外国学者称赞许宝騄是"20 世纪最深刻、最富有创造性的统计学家之一".在内曼—皮尔逊理论、参数估计理论、多元分析、极限理论等方面取得卓越成就,是多元统计分析学科的开拓者之一.发展了矩阵变换的技巧,推进了矩阵论在数理统计学中的应用;在高斯—马尔可夫模型中方差最优估计的研究中获重要成果.在概率论研究中获突出成果,并与他人首次引入全收敛概念,在极限理论研究方面开辟了一个新方向.在矩阵偶在某些变换下的分类、次序统计量的极限分布等方面获多项重要成果.

在概率论方面,1947 年许宝騄获得了独立随机变量之和的极限分布主要的结果:每行独立的无限小随机变量三角阵列的行和,依分布收敛到一给定的无穷可分律的充分必要条件.20 世纪 50 年代中期,对马尔可夫过程有相当的兴趣,他用纯分析的方法研究了跳过程转移概率函数的可微性,并曾做过一些马氏链的极限定理.

在数理统计方面,许宝騄在伦敦大学学院统计系读书期间,该系名家汇聚,因此得以很快接触到数理统计方面的科学前沿.1938 年,许宝騄导出了霍太林提出的 $T2$ 检验在一定意义下是局部最优的,主要的困难是在零假设不成立时,如何导出 $T2$ 的分布,通常称为非零分布.这一工作在内曼—皮尔逊理论和多元统计分析中都是占有重要地位的先驱性工作.1943 年,在讨论检验方法的优良性时,对于线性模型的线性假设,第一次证明了似然比检验的优良性,是对多参数假设检验第一个非局部优良性的工作,如用 λ 表示似然比检验非零分布中的非中心参数,许宝騄证明了:如果功效函数只依赖于 λ,那么似然比检验就是一致最强的.此项研究被后来的研究证明,并被给予非常高的评价.

在多元统计分析方面,1945—1946 年,他在哥伦比亚大学和北卡罗莱纳大学讲授多元分析期间,把矩阵演算融合于分析的积分计算之中,证明了正态总体样本协差阵的分布,得到了一个一般性的积分公式.在从事研究的同时,还培养了多元分析学术带头人,被公认为多元统计分析的奠基人之一.至今许宝騄的像片仍悬挂在斯坦福大学统计系的走廊上,与世界著名的统计学家并列.

许宝騄对论文的发表要求很严,他曾说过这样一句话:"我不希望自己的文章登在有名的杂志上而出名,我希望杂志因为登了我的文章而出名."尽管他自己是学部委员,可以推荐论文尽快在《科学记录》上刊登,然而他自己的论文大部分都刊登在北京大学的学报上.他的论文有的长达几十页,有的短到一页多一点,都是以解决问题为目的,朴实无华,简明扼要.他一生正式被刊出的论文在生前只有 30 多篇,然而其中绝大部分都是很有分量的工作.在教学上,他主张"良工示人以朴",应把原始的、真实的思想讲解给学生,而在形式和证明方法上要力求简明无冗言赘文.他的讲课是深刻的思想与完美的形式十分良好的结合,他的中外学生称赞说:"他的讲授是完美的."作为教师和科学家,他对于学生和同行都有强烈的影响.一些人回忆说:"许宝騄坚持深入浅出,毫不回避困难.特别是沉着、明确而又默默地献身于学术的最高目标和最高水平,这种精神吸引了我们."

许宝騄被公认为在数理统计和概率论方面第一个具有国际声望的中国数学家.他毕生从事数学的教学和研究,重视培养人才,自 20 世纪 50 年代以来,长期患病,仍以顽强的毅力坚持教学和科研工作,为祖国的科学事业工作到最后一息,为中国的科学事业和培养年轻一代数理统计工作者做出了很大的贡献.许宝騄对科学研究的态度和精神永远值得我们借鉴和学习.

模块九　线性规划

【学习目标】

☆ 能够熟练地建立实际线性规划问题模型.
☆ 熟练掌握线性规划问题的图解法.
☆ 准确、熟练地应用单纯形法计算四个以下决策变量的线性规划问题.
☆ 理解、掌握线性规划对偶问题的经济含义及对偶单纯形法.
☆ 熟练地应用数学软件计算线性规划问题.
☆ 从线性规划的应用入手，让学生建立统筹规划的数学理念，掌握解决问题最优化的数学思想，通过中国运筹学开拓者的介绍，培养学生为国家做贡献的人生观、价值观.

【引例】 某企业计划生产Ⅰ、Ⅱ两种产品. 这两种产品都要分别在 A、B、C、D 四个不同设备上加工. 按工艺资料规定，生产每件产品Ⅰ需占用各设备分别为 2、1、4、0 小时，生产每件产品Ⅱ需占用各设备分别为 2、2、0、4 小时. 已知各设备计划期内用于生产两种产品的能力分别为 12、8、16、12 小时，又知每生产一件产品Ⅰ企业能获得 2 元利润，每生产一件产品Ⅱ企业能获得 3 元利润. 问该企业应如何安排生产，才能使总的利润最大.

	A	B	C	D	利润/(元·件$^{-1}$)
Ⅰ	2	1	4	0	2
Ⅱ	2	2	0	4	3
生产能力(H)	12	8	16	12	

在经济决策中，经常会遇到诸如在有限的资源（如人、原材料、资金等）情况下，如何合理安排生产，使效益达到最大；或者对给定的任务，如何统筹安排现有资源，能够完成给定的任务，使花费最小这类问题. 这类现实中的问题，大都可以用线性规划的数学模型来描述.

第一节　线性规划问题的数学模型

一、规划问题的数学模型的组成要素

规划问题的数学模型包含三个要素：**决策变量**，指问题中要确定的未知量；**目标函数**，指问题所要达到的目标要求，表示为决策变量的函数；**约束条件**，指决策变量取值时应满足的一些限制条件，表示为含决策变量的等式或不等式.

如果在规划问题的模型中，决策变量为可控变量，取值是连续的，目标函数及约束条件都是线性的，这类模型叫做**线性规划模型**.

例 1　假定一个成年人每天需要从食物中获取 3 000 卡路里[①]热量，55 克蛋白质和 800 毫克钙. 如果市场上只有四种食品可供选择，它们每千克所含热量和营养成分以及市场价格如下表所示. 问如何选择才能在满足营养的前提下使购买食品的费用最小?

序号	食品名称	热量/卡路里	蛋白质/g	钙/mg	价格/元
1	猪肉	1 000	50	400	10
2	鸡蛋	800	60	200	6
3	大米	900	20	300	3
4	白菜	200	10	500	2

解　设 $x_j(j=1,2,3,4)$ 为第 j 种食品每天的购买量，则配餐问题数学模型为

$$\min z = 10x_1 + 6x_2 + 3x_3 + 2x_4,$$

$$s.t.\begin{cases} 10\,000x_1 + 800x_2 + 900x_3 + 200x_4 \geqslant 3\,000, \\ 50x_1 + 60x_2 + 20x_3 + 10x_4 \geqslant 55, \\ 400x_1 + 200x_2 + 300x_3 + 500x_4 \geqslant 800, \\ x_j \geqslant 0(j = 1,2,3,4). \end{cases}$$

二、线性规划问题数学模型的几种表达形式

上述例题所提出的问题，可归结为在变量满足线性约束条件下，求使线性目标函数值最大或最小的问题. 它们具有共同的特征.

1. 每个问题都可用一组决策变量 $(x_1, x_2, \cdots, x_n)$ 表示某一方案，其具体的值就代表一个具体方案. 通常可根据决策变量所代表的事物特点，对变量的取值加以约束，如非负约束.

2. 存在一组线性等式或不等式的约束条件.

3. 都有一个用决策变量的线性函数作为决策目标(即目标函数)，按问题的不同，要求目标函数实现最大化或最小化.

满足以上三个条件的数学模型称为**线性规划(LP)的数学模型**.

线性规划模型的一般表达形式有：

(1)一般形式

$$\max\text{或}(\min) z = c_1x_1 + c_2x_2 + \cdots + c_nx_n,$$

$$s.t.\begin{cases} a_{11}x_1 + a_{12}x_2 + \cdots + a_{1n}x_n \leqslant (=, \geqslant) b_1, \\ a_{21}x_1 + a_{22}x_2 + \cdots + a_{2n}x_n \leqslant (=, \geqslant) b_2, \\ \qquad\qquad\cdots \\ a_{m1}x_1 + a_{m2}x_2 + \cdots + a_{mn}x_n \leqslant (=, \geqslant) b_m, \\ x_1, x_2, \cdots, x_n \geqslant 0. \end{cases}$$

此模型的简写形式为

$$\max\text{或}(\min) z = \sum_{j=1}^{n} c_j x_j,$$

① 1 卡路里＝4.186 焦耳。

$$s.t.\begin{cases}\sum_{j=1}^{n}a_{ij}x_j \leqslant (=,\geqslant) b_i (i=1,\cdots,m),\\ x_j \geqslant 0 (j=1,\cdots,n).\end{cases}$$

(2)向量形式

$$\max 或(\min) z = \boldsymbol{CX},$$

$$s.t.\begin{cases}\sum_{j=1}^{n}\boldsymbol{P}_j\boldsymbol{x}_j \leqslant (=,\geqslant) \boldsymbol{b},\\ x_j \geqslant 0 (j=1,\cdots,n).\end{cases}$$

式中

$$\boldsymbol{C}=(c_1,c_2,\cdots,c_n);\ \boldsymbol{X}=\begin{pmatrix}x_1\\x_2\\\vdots\\x_n\end{pmatrix};\ \boldsymbol{P}_j=\begin{pmatrix}a_{1j}\\a_{2j}\\\vdots\\a_{mj}\end{pmatrix};\ \boldsymbol{b}=\begin{pmatrix}b_1\\b_2\\\vdots\\b_m\end{pmatrix}.$$

(3)矩阵形式

$$\max 或(\min) z = \boldsymbol{CX}$$

$$s.t.\begin{cases}\boldsymbol{AX} \leqslant (=,\geqslant) \boldsymbol{b}\\ \boldsymbol{X} \geqslant 0.\end{cases}$$

其中,$\boldsymbol{A}$ 称为约束方程组(约束条件)的系数矩阵,

$$\boldsymbol{A}=\begin{bmatrix}a_{11}&a_{12}&\cdots&a_{1n}\\a_{21}&a_{22}&\cdots&a_{2n}\\\vdots&\vdots&&\vdots\\a_{m1}&a_{m2}&\cdots&a_{mn}\end{bmatrix}.$$

三、线性规划(LP)问题的标准型

为了讨论 LP 问题解的概念和解的性质以及对 LP 问题解法方便,必须把 LP 问题的一般形式化为统一的标准型:

$$\max z = \sum_{j=1}^{n} c_j x_j,$$

$$s.t.\begin{cases}\sum_{j=1}^{n}a_{ij}x_j = b_i \quad (i=1,\cdots,m),\\ x_j \geqslant 0 \quad (j=1,\cdots,n).\end{cases}$$

1. 在标准形式的线性规划模型中要求.

(1)目标函数为求极大值(有些书上规定是求最小值);

(2)约束条件全为等式,约束条件右端常数项 b_i 全为非负值;

(3)变量 x_j 的取值全为非负值.

2. 对非标准形式的线性规划问题,化为标准形式的方法.

(1)目标函数为求极小值

$$\min z = \sum_{j=1}^{n} c_j x_j.$$

令 $z'=-z$,则目标函数化为

$$\max z' = -\sum_{j=1}^{n} c_j x_j.$$

(2) 约束条件为不等式

① 当约束条件为"$\leqslant$"时,例如,$2x_1+2x_2\leqslant 12$,
可令 $x_3=12-2x_1-2x_2$ 或者 $2x_1+2x_2+x_3=12$. 显然 $x_3\geqslant 0$. 称 x_3 为**松弛变量**.

② 当约束条件为"$\geqslant$"时,例如,$10x_1+12x_2\geqslant 18$
令 $x_4=10x_1+12x_2-18$ 或者 $10x_1+12x_2-x_4=18$. 显然 $x_4\geqslant 0$. 称 x_4 为**剩余变量**.

松弛变量和剩余变量的实际含义:

松弛变量和剩余变量在实际问题中分别表示未被利用的资源和短缺的资源数,均未转化为价值和利润. 因此,在目标函数中,松弛变量和剩余变量的系数均为零.

(3)无约束变量

设 x 为无约束变量,令 $x=x'-x''$,其中 $x'\geqslant 0, x''\geqslant 0$.

无约束变量的实际含义:

若变量 x 代表某产品当年计划数与上一年计划数之差,显然 x 的取值可正可负.

例 2 将下述线性规划模型化为标准形式.

$$\min z=-x_1+2x_2+3x_3,$$
$$s.t.\begin{cases}2x_1+x_2+x_3\leqslant 9,\\3x_1+x_2+2x_3\geqslant 4,\\3x_1-2x_2-3x_3=-6,\\x_1,x_2\geqslant 0, x_3\text{ 取值无约束}.\end{cases}$$

解

令 $z'=-z, x_3=x'_3-x''_3(x'\geqslant 0, x''_3\geqslant 0), x_4=9-2x_1-x_2-x'_3+x''_3$,
$x_5=3x_1+x_2+2x'_3-2x''_3-4, -3x_1+2x_2+3x'_3-3x''_3=6$.

按上述规则将问题转化为:

$$\max z'=x_1-2x_2-3x'_3+3x''_3+0x_4+0x_5,$$
$$s.t.\begin{cases}2x_1+x_2+x'_3-x''_3+x_4=9,\\3x_1+x_2+2x'_3-2x''_3-x_5=4,\\-3x_1+2x_2+3x'_3-3x''_3=6,\\x_1,x_2,x'_3,x''_3,x_4,x_5\geqslant 0.\end{cases}$$

习题 9—1

1. 工厂每月生产 A、B、C 三种产品 ,单件产品的原材料消耗量、设备台时的消耗量、资源限量及单件产品利润如表 9—1 所示.

表 9—1

资源 \ 产品	A	B	C	资源限量
材料/kg	1.5	1.2	4	2 500
设备/台时	3	1.6	1.2	1 400
利润/(元·件$^{-1}$)	10	14	12	

根据市场需求,预测三种产品最低月需求量分别是 150、260 和 120,最高月需求是 250、310 和 130. 试建立该问题的数学模型,使每月利润最大.

2. A、B 两种产品，都需要经过前后两道工序加工，每一个单位产品 A 需要前道工序 1 小时和后道工序 2 小时，每一个单位产品 B 需要前道工序 2 小时和后道工序 3 小时. 可供利用的前道工序有 11 小时，后道工序有 17 小时. 每加工一个单位产品 B 的同时，会产生两个单位的副产品 C，且不需要任何费用，产品 C 一部分可出售赢利，其余的只能加以销毁. 出售单位产品 A、B、C 的利润分别为 3、7、2 元，每单位产品 C 的销毁费为 1 元. 预测表明，产品 C 最多只能售出 13 个单位. 试建立总利润最大的生产计划数学模型.

3. 将下列线性规划化为标准形式.

(1) $\max z=x_1+4x_2-x_3$，
$$\begin{cases}2x_1+x_2+3x_3\leqslant 20,\\ 5x_1-7x_2+4x_3\geqslant 3,\\ 10x_1+3x_2+6x_3\geqslant -5,\\ x_1\geqslant 0, x_2\geqslant 0, x_3\text{无限制}.\end{cases}$$

(2) $\min z=9x_1-3x_2+5x_3$，
$$\begin{cases}|6x_1+7x_2-4x_3|\leqslant 20,\\ x_1\geqslant 5,\\ x_1+8x_2=-8,\\ x_1\geqslant 0, x_2\geqslant 0, x_3\geqslant 0.\end{cases}$$

第二节　线性规划模型的解法

一、图解法

图解法步骤：

第一步　画出由约束条件所确定的区域；

第二步　对任意确定的 z，画出目标函数所代表的直线；

第三步　平移目标函数直线，确定最优解.

例 1　用图解法求下列线性规划问题的最优解：

$$\max z = 2x_1 + 3x_2,$$
$$s.t.\begin{cases}2x_1+2x_2\leqslant 12,\\ x_1+2x_2\leqslant 8,\\ 4x_1\leqslant 16,\\ 4x_2\leqslant 12,\\ x_1, x_2\geqslant 0.\end{cases}$$

解　由约束条件 $2x_1+2x_2\leqslant 12$ 所确定的区域为图 9−1 的阴影部分，由四个约束条件所确定的区域为图 9−2 的阴影部分区域.

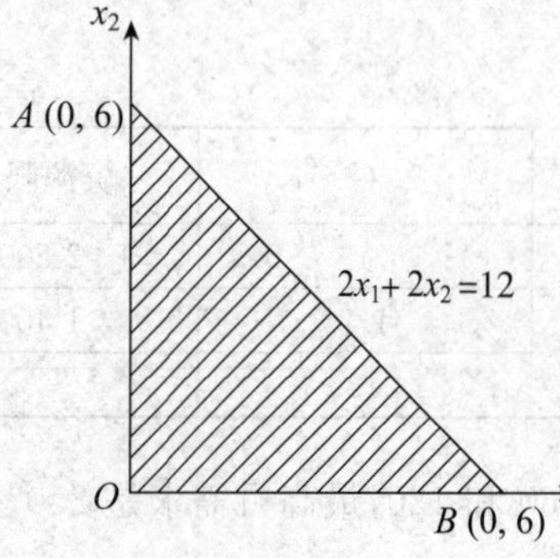

图 9−1

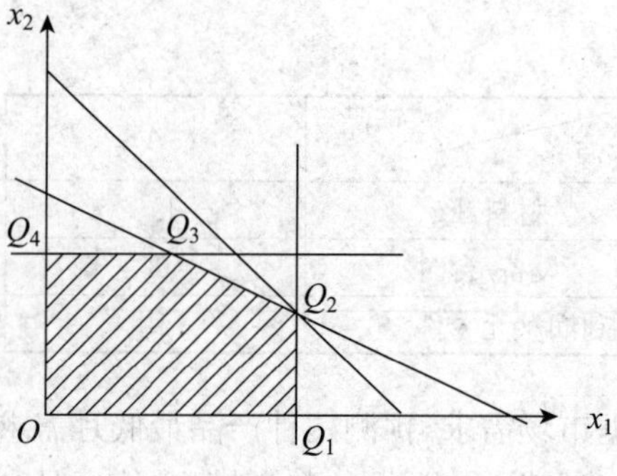

图 9−2

图 9－3 为目标函数 $z=2x_1+3x_2$ 所表示的一族直线. 图 9－4 中的点 Q_2 即为最优值点. 此问题有唯一最优解.

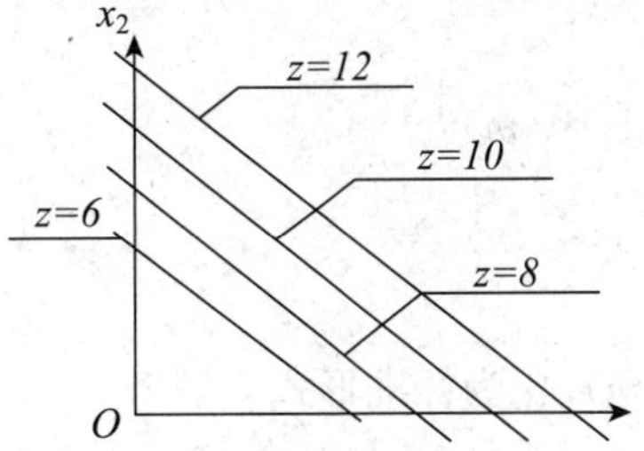

图 9－3

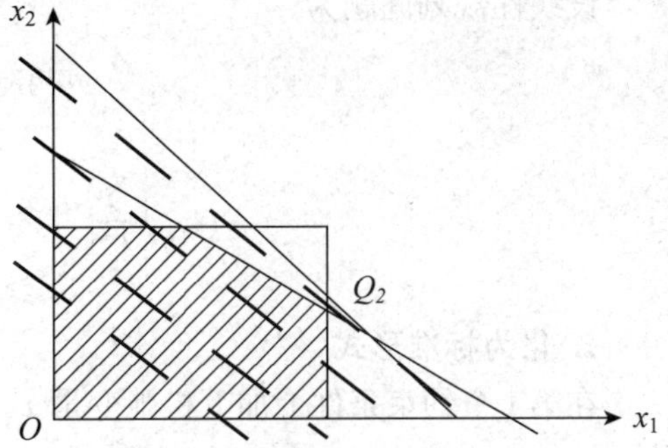

图 9－4

例 2 将例 1 中的目标函数 $\max z=2x_1+3x_2$ 改为 $\max z=2x_1+4x_2$，则线性规划问题的最优解为图 9－5 中线段 Q_3Q_2 上的所有点. 此问题有无穷多个最优解.

$$\max z=2x_1+4x_2,$$

$$s.t.\begin{cases}2x_1+2x_2\leqslant 12,\\ x_1+2x_2\leqslant 8,\\ 4x_1\leqslant 16,\\ 4x_2\leqslant 12,\\ x_1,x_2\geqslant 0.\end{cases}$$

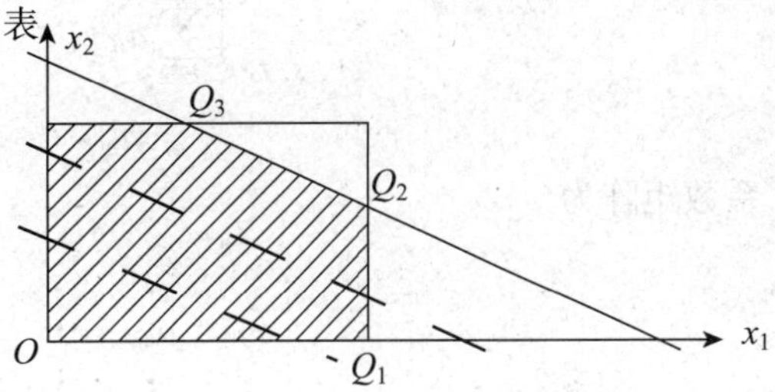

图 9－5

例 3 用图解法求下列线性规划问题的最优解.

$$\max z=2x_1+3x_2,$$

$$s.t.\begin{cases}4x_1\leqslant 16\\ x_1,x_2\geqslant 0\end{cases}$$

解 用图解法求解如图 9－6 所示，此问题无最优解(或称为无界解).

例 4 用图解法求下列线性规划问题的最优解.

$$\max z=2x_1+3x_2,$$

$$s.t.\begin{cases}2x_1+2x_2\leqslant 12,\\ x_1+2x_2\geqslant 14,\\ x_1,x_2\geqslant 0.\end{cases}$$

解 用图解法求解如图 9－7 所示，此问题无可行解.

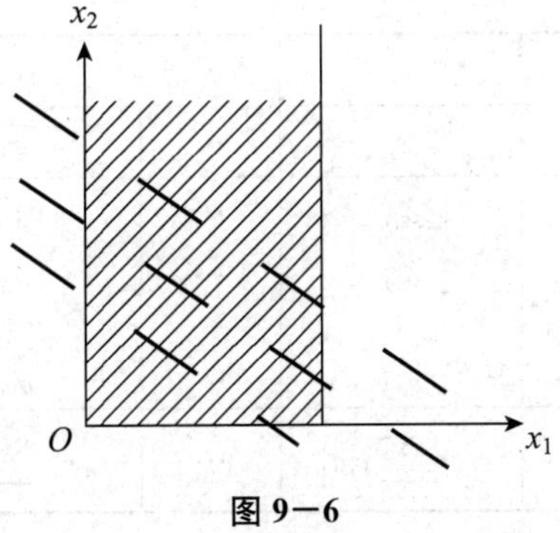

图 9－6

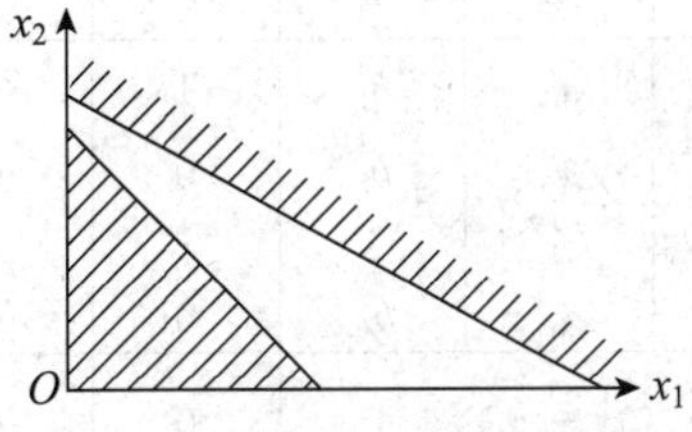

图 9－7

二、单纯形法

设线性规划问题为

$$\max z=\sum_{j=1}^{n}c_jx_j,$$

$$s.t.\begin{cases}\sum_{j=1}^{n}a_{ij}x_j\leqslant b_i & (i=1,\cdots,m),\\ x_j\geqslant 0 & (j=1,\cdots,n).\end{cases}$$

1. 化为标准形式

在第 i 个约束条件上加上松弛变量 $x_{si}(i=1,2,\cdots,m)$，化为标准形式

$$\max z=\sum_{j=1}^{n}c_jx_j+0\sum_{i=1}^{m}x_{si},$$

$$s.t.\begin{cases}\sum_{j=1}^{n}a_{ij}x_j+x_{si}=b_i & (i=1,\cdots,m),\\ x_{si},x_j\geqslant 0 & (j=1,\cdots,n).\end{cases}$$

系数矩阵为

$$\begin{pmatrix}a_{11} & a_{12} & \cdots & a_{1n} & 1 & 0 & \cdots & 0\\ a_{21} & a_{22} & \cdots & a_{2n} & 0 & 1 & \cdots & 0\\ \vdots & \vdots & \vdots & \vdots & \vdots & \vdots & \vdots & \vdots\\ a_{m1} & a_{m2} & \cdots & a_{mn} & 0 & 0 & \cdots & 1\end{pmatrix}.$$

2. 单纯形法的计算步骤

第一步：求出线性规划问题的初始基本可行解，列出初始单纯形表.

首先将线性规划问题化成标准形式.

由于总可以设法使约束方程的系数矩阵中包含一个单位矩阵，不妨设这个单位矩阵是$(\boldsymbol{P}_1,\cdots,\boldsymbol{P}_m)$，以此作为基即可求得问题的一个初始基本可行解 $\boldsymbol{X}=(b_1,\cdots,b_m,0,\cdots,0)$.

要检验这个初始基本可行解是否最优，需要将其目标函数值与可行域中其他顶点的目标函数值比较.

为了计算上的方便和规范化，对单纯形法的计算设计了一种专门表格，称为单纯形表(见表 9—2). 迭代计算中每找出一个新的基本可行解，就要重新画一张单纯形表. 含初始基本可行解的单纯形表称为**初始单纯形表**，含最优解的单纯形表称为**最终单纯形表**.

表 9—2

$c_j\to$			c_1	$\cdots$	c_m	$\cdots$	c_j	$\cdots$	c_n
C_B	基	b	x_1	$\cdots$	x_m	$\cdots$	x_j	$\cdots$	x_n
c_1	x_1	b_1	1	$\cdots$	0	$\cdots$	a_{1j}	$\cdots$	a_{1n}
c_2	x_2	b_2	0	$\cdots$	0	$\cdots$	a_{2j}	$\cdots$	a_{2n}
$\vdots$	$\vdots$	$\vdots$	$\vdots$		$\vdots$		$\vdots$		$\vdots$
c_m	x_m	b_m	0	$\cdots$	1	$\cdots$	a_{mj}	$\cdots$	a_{mn}
c_j-z_j			0	$\cdots$	0	$\cdots$	$c_j-\sum_{i=1}^{m}c_ia_{ij}$	$\cdots$	$c_n-\sum_{i=1}^{m}c_ja_{in}$

说明：

① 在单纯形表的第 2～3 列，列出了某个基本可行解中的基变量及它们的取值；

② 第二行列出问题中的所有变量，在基变量下面各列数字分别是对应的基向量数字，表9－2中变量 $x_1,\cdots,x_m$ 下面各列组成的单位矩阵就是初始基本可行解对应的基；

③ 每个非基变量 x_j 下面的数字，是该变量在约束方程的系数向量 P_j 表达为基向量线性组合时的系数；

④ 最上端的一行数字是各变量在目标函数中的系数值，最左端一列数是与各基变量对应的目标函数中的系数值 C_B；

⑤ $c_j-z_j=c_j-(c_1a_{1j}+c_2a_{2j}+\cdots+c_ma_{mj})=c_j-\sum\limits_{i=1}^{m}c_ia_{ij}=\sigma_j$

为对应变量 x_j 的检验数 σ_j. 对 $j=1,\cdots,n$，将分别求得的检验数记入表 9－2 的最下面一行.

第二步：进行最优性检验.

如果表 9－2 中所有检验数 $\sigma_j\leqslant0$，则表 9－2 中的基本可行解就是问题的最优解，计算到此结束. 否则转入第三步.

第三步：从一个基本可行解转换到另一个目标函数值更大的基本可行解，列出新的单纯形表.

① 确定入基变量

只要有检验数 $\sigma_j>0$，对应的变量 x_j 就可以作为换入基的变量，当有一个以上检验数大于 0 时，从中找出最大一个 σ_k，

$$\sigma_k=\max_j\{\sigma_j\mid\sigma_j>0\},$$

其对应的变量 x_k 作为换入基的变量(简称入基变量).

② 确定出基变量

对 $\boldsymbol{P}_k$ 列，计算

$$\theta=\min_i\left\{\frac{b_i}{a_{ik}}\mid a_{ik}>0\right\}=\frac{b_l}{a_{lk}},$$

确定 x_l 是换出基的变量(简称出基变量).

元素 a_{lk} 决定了从一个基本可行解到另一个基本可行解的转移去向，称为**主元素**.

③ 用入基变量 x_k 替换基变量中的出基变量 x_l，得到一个新的基

$$(\boldsymbol{P}_1,\cdots,\boldsymbol{P}_{l-1},\boldsymbol{P}_k,\boldsymbol{P}_{l+1},\cdots\boldsymbol{P}_m).$$

对应这个基可以找出一个新的基本可行解，并相应地画出一个新的单纯形表(表 9－3).

表 9－3

$c_j\rightarrow$			c_1	…	c_l	…	c_m	…	c_j	…	c_k	…	c_n
C_B	基	b	x_1	…	x_l	…	x_m	…	x_j	…	x_k	…	x_n
c_1	x_1	b'_1	1	…	$-a_{1k}/a_{lk}$	…	0	…	a'_{1j}	…	0	…	a'_{1n}
⋮	⋮	⋮	⋮		⋮		⋮		⋮		⋮		⋮
c_{l-1}	x_{l-2}	b'_{l-1}	0	…	$-a_{l-1,k}/a_{lk}$	…	0	…	$a'_{l-1,j}$	…	0	…	$a'_{l-1,n}$
c_k	x_k	b'_l	0	…	$1/a_{lk}$	…	0	…	a'_{lj}	…	1	…	a'_{ln}

续表

	$c_j \to$		c_1	…	c_l	…	c_m	…	c_j	…	c_k	…	c_n
C_B	基	b	x_1	…	x_l	…	x_m	…	x_j	…	x_k	…	x_n
c_{l+1}	x_{l+1}	b'_{l+1}	0	…	$-a_{l+1,k}/a_{lk}$	…	0	…	$a'_{l+1,j}$	…	0	…	$a'_{l+1,n}$
⋮	⋮	⋮	⋮		⋮		⋮		⋮		⋮		⋮
c_m	x_m	b'_m	0	…	$-a_{mk}/a_{lk}$	…	1	…	$a'mj$	…	0	…	a'_{mn}
$c_j - z_j$			0	…	$c_i - \sum_{j=1}^{m} c_i a'_l$	…	0	…	$c_j - \sum_{i=1}^{m} c_i a'_{ij}$	…	0	…	$c_n - \sum_{i=1}^{m} c_j a'_{im}$

在这个新的表中，基仍然是单位矩阵，即 $\boldsymbol{P}_k$ 应变换成单位向量. 为此对表 9—2 进行下列运算，并将运算结果填入表 9—3 相应格中.

(a)将主元素所在 l 行数字除以主元素 a_{lk}，即有

$$b'_l = \frac{b_l}{a_{lk}},\ a'_{lj} = \frac{a_{lj}}{a_{lk}};$$

(b)将表 9—3 中刚计算得到第 l 行数字乘上$(-a_{lk})$，加到表 9—2 的第 i 行数字上，记入表 9—3 的相应行，即有

$$b'_i = b_i - \frac{b_l}{a_{lk}} \cdot a_{ik}\,(i \neq l),$$

$$a'_{ij} = a_{ij} - \frac{a_{lj}}{a_{lk}} \cdot a_{ik}\,(i \neq l).$$

(c)表 9—3 中与各变量对应的检验数求法与前相同.

第四步：重复第二、三步一直到计算结束为止.

例 5 用单纯形法求解线性规划问题.

$$\max z = 2x_1 + 3x_2,$$

$$\begin{cases} 2x_1 + 2x_2 \leqslant 12, \\ x_1 + 2x_2 \leqslant 8, \\ 4x_1 \leqslant 16, \\ 4x_2 \leqslant 12, \\ x_1, x_1 \geqslant 0. \end{cases}$$

解 首先在各约束条件上添加松弛变量，将上述问题化为标准形式.

$$\max z = 2x_1 + 3x_2 + 0x_3 + 0x_4 + 0x_5 + 0x_6,$$

$$\begin{cases} 2x_1 + 2x_2 + x_3 = 12, \\ x_1 + 2x_2 + x_4 = 8, \\ 4x_1 + x_5 = 16, \\ 4x_2 + x_6 = 12, \\ x \geqslant 0\,(j = 1, \cdots, 6). \end{cases}$$

$X=(0,0,12,8,16,12)$为一个基本可行解，列出初始单纯形表，见表 9—4. 表中存在大于零的检验数，故初始基本可行解不是最优解. 由于 $\sigma_2 > \sigma_1$，故确定 x_2 为入基变量. 将 b 列数字除以 x_2 列的同行大于零数字，得

$$\theta=\min\left(\frac{12}{2},\frac{8}{2},\frac{12}{4}\right)=\frac{12}{4}=3.$$

表 9－4

	$C_j\to$		2	3	0	0	0	0
C_B	基	b	x_1	x_2	x_3	x_4	x_5	x_6
0	x_3	12	2	2	1	0	0	0
0	x_4	8	1	2	0	1	0	0
0	x_5	16	4	0	0	0	1	0
0	x_6	12	0	[4]	0	0	0	1
	$c_j\to z_j$		2	3	0	0	0	0

因此确定 x_6 为出基变量，4 为主元素. 作为标志对主元素 4 加上“[ ]”.

用 x_2 替换基变量中的 x_6 后得到新的基变量是 x_3，x_4，x_5，x_2，画出新的单纯形表 9－5.

表 9－5

	$C_j\to$		2	3	0	0	0	0
C_B	基	b	x_1	x_2	x_3	x_4	x_5	x_6
0	x_3	6	2	0	1	0	0	－0.5
0	x_4	2	[1]	0	0	1	0	－0.5
0	x_5	16	4	0	0	0	1	0
0	x_2	3	0	1	0	0	0	0.25
	$c_j\to z_j$		2	0	0	0	0	－0.75

检验数 $\sigma_1>0$，说明目标函数值还能进一步增大. 重复上述计算步骤得表 9－6.

表 9－6

	$C_j\to$		2	3	0	0	0	0
C_B	基	b	x_1	x_2	x_3	x_4	x_5	x_6
0	x_3	2	0	0	1	－2	0	0.5
2	x_1	2	1	0	0	1	0	－0.5
0	x_5	8	0	0	0	－4	1	[2]
3	x_2	3	0	1	0	0	0	0.25
	$c_j\to z_j$		0	0	0	－2	0	0.25
0	x_3	0	0	1	－1	－1	－0.25	0
2	x_1	4	1	0	0	0	－0.25	0
0	x_6	4	0	0	0	－2	0.5	1
3	x_2	2	0	1	0	0.5	－0.125	0
	$c_j\to z_j$		0	0	0	－1.5	－0.125	0

表 9－6 中由于所有 $\sigma_j \leqslant 0$,表明已经求得问题的最优解,

$$x_1 = 4, x_2 = 2, x_3 = 0, x_4 = 0, x_5 = 0, x_6 = 4, z = 14.$$

说明:在表 9－6 上半部分的计算中碰到一个问题:当确定 x_6 为入基变量计算 θ 值时,有两个相同的最小值 $\frac{2}{0.5}=4$ 和 $\frac{8}{2}=4$. 当任选其中一个基变量作为出基变量时,则接下的表中另一基变量的值将等于 0,这种现象称为**退化**.

出现退化时,可以随意决定哪一个变量作为出基变量.

习题 9－2

1. 图解下列线性规划并指出解的形式.

(1) $\max z=-2x_1+x_2$, $\begin{cases} x_1+x_2 \geqslant 1, \\ x_1-3x_2 \geqslant -1, \\ x_1, x_2 \geqslant 0; \end{cases}$

(2) $\min z=-x_1-3x_2$, $\begin{cases} 2x_1-x_2 \geqslant -2, \\ 2x_1+3x_2 \leqslant 12, \\ x_1 \geqslant 0, x_2 \geqslant 0. \end{cases}$

2. 用单纯形法求解下列线性规划.

(1) $\max z=3x_1+4x_2+x_3$, $\begin{cases} 2x_1+3x_2+x_3 \leqslant 1, \\ x_1+2x_2+2x_3 \leqslant 3, \\ x_j \geqslant 0, j=1,2,3; \end{cases}$

(2) $\max z=2x_1+x_2-3x_3+5x_4$, $\begin{cases} x_1+5x_2+3x_3-7x_4 \leqslant 30, \\ 3x_1-x_2+x_3+x_4 \leqslant 10, \\ 2x_1-6x_2-x_3+4x_4 \leqslant 20, \\ x_j \geqslant 0, j=1,\cdots,4. \end{cases}$

第三节　线性规划的对偶理论

一、问题的提出

【引例】 某工厂生产甲乙两种产品,每件产品的利润、耗材工时及每天的材料限额和工时限额见表 9－7. 问如何安排生产,使每天所获得的利润最大?

解　设生产甲 x_1 件,乙 x_2 件,则此问题的线性规划模型为:

$$\max z = 4x_1 + 3x_2,$$
$$s.t. \begin{cases} 2x_1 + 3x_2 \leqslant 24, \\ 3x_1 + 2x_2 \leqslant 26, \\ x_1, x_2 \geqslant 0. \end{cases}$$

表 9－7

	甲	乙	限额
材料	2	3	24
工时	3	2	26
利润(元·件$^{-1}$)	4	3	

现在从另一个角度来考虑问题. 假设工厂不安排生产,而是出售材料,出租工时. 问如何定价可使工厂获利不低于安排生产所获得的收益,而且又能使这些定价具有竞争力?

设出售材料的定价为每单位 y_1 元,出售工时的定价为每工时 y_2 元. 从工厂考虑,在这些定价下的获利不应低于安排生产所获得的收益,否则工厂宁可生产,而不出售材料和出租工时. 因此有:

$$\min w = 24y_1 + 26y_2,$$
$$s.t.\begin{cases}2y_1 + 3y_2 \geqslant 4,\\3y_1 + 2y_2 \geqslant 3,\\y_1, y_2 \geqslant 0.\end{cases}$$

对偶问题:内容一致但从相反的角度提出的一对问题称为**对偶问题**.

原问题的一般描述为:设某企业有 m 种资源用于生产 n 种不同的产品,各种资源的拥有量为 $b_i(i=1,\cdots,m)$. 生产单位第 j 种产品($j=1,\cdots,m$)需要消费第 i 种资源 a_{ij} 单位,产值为 c_j元. 若用 x_j代表第 j 种产品的生产数量,为使该企业产值最大,可建立如下线性规划模型.

$$\max z = c_1x_1 + c_2x_2 + \cdots + c_nx_n,$$
$$\begin{cases}a_{11}x_1 + a_{12}x_2 + \cdots a_{1n}x_n \leqslant b_1,\\a_{21}x_1 + a_{22}x_2 + \cdots + a_{2n}x_n \leqslant b_2,\\\cdots\\a_{m1}x_1 + a_{m2}x_2 + \cdots + a_{mn}x_n \leqslant b_m,\\x_i \geqslant 0(j = 1,2,\cdots,n).\end{cases}$$

现在从相反角度提出问题,则对偶问题的一般描述为:假定有另一企业欲将上述企业拥有的资源收买过来,至少应付出多少代价,才能使前一企业放弃生产活动,出让资源. 显然前企业放弃自己组织生产活动的条件是:对同等资源出让的代价不应当低于该企业自己组织生产时的产值.

如果该企业生产一个单位第 i 种产品时,消耗各种资源的数量分别为 $a_{11},a_{21},\cdots,a_{m1}$,用 y_i代表收买该企业一个单位第 i 种资源时付给的代价,则应有

$$a_{11}y_1 + a_{21}y_2 + \cdots + a_{m1}y_m \geqslant c_1.$$

由于出让相当于生产一个单位 j 种产品资源消耗的价值应不低于单位 j 种产品的价值 c_j 元,因此又有

$$a_{1j}y_1 + a_{2j}y_2 + \cdots + a_{mj}y_m \geqslant c_j$$

对后一企业来说,希望用最小代价把前一企业所有资源收买过来,因此有

$$\min \omega = b_1y_1 + b_2y_2 + \cdots + b_my_m,$$
$$\begin{cases}a_{11}y_1 + a_{21}y_2 + \cdots a_{m1}y_m \leqslant c_1,\\a_{12}y_1 + a_{22}y_2 + \cdots + a_{m2}y_m \leqslant c_2,\\\cdots\\a_{1n}y_1 + a_{2n}y_2 + \cdots + a_{mn}y_n \leqslant c_n,\\y_i \geqslant 0(i = 1,2,\cdots,m).\end{cases}$$

后一个线性规划问题是前一个问题从相反角度做的阐述. 如果前者称为线性规划问题,则后者称为它的对偶问题.

二、对偶问题的数学模型

1. 数学模型

若将上述线性规划的原问题用矩阵形式表达,可写为

$$\max z = \boldsymbol{CX}$$
$$\begin{cases}\boldsymbol{AX} \leqslant \boldsymbol{b},\\\boldsymbol{X} \geqslant 0.\end{cases}$$

由此可以得出与前面内容一样的对偶问题

$$\min w = \boldsymbol{C},$$
$$\begin{cases} \boldsymbol{YA} \geqslant \boldsymbol{C}, \\ \boldsymbol{Y} \geqslant 0. \end{cases}$$

将上述线性规划的原问题与对偶问题进行比较可以看出:

(1)一个问题中的约束条件个数等于另一个问题中的变量数;

(2)一个问题中目标函数的系数是另一个问题中约束条件的右端项;

(3)目标函数在一个问题中是求最大值,在另一问题中则为求最小值.

这些关系可用表 9－8 表示.

表 9—8

			原问题(求极大)				
			c_1 x_1	c_2 x_2	… …	c_n x_n	右侧
对偶问题 (求极小)	b_1	y_1	a_{11}	a_{12}	…	a_{1n}	$\leqslant b_1$
	b_2	y_2	a_{21}	a_{22}	…	a_{2n}	$\leqslant b_2$
	⋮	⋮	⋮	⋮		⋮	⋮
	b_m	y_m	a_{m1}	a_{m2}	…	a_{mn}	$\leqslant b_n$
	右侧		$\geqslant c_1$	$\geqslant c_2$	…	$\geqslant c_n$	

说明:表 9－8 中右上角是原问题,左下角部分旋转 90°就是对偶问题.

例 1 写出下述线性规划的对偶问题.

$$\min z = 7x_1 + 4x_2 - 3x_3,$$
$$\begin{cases} -4x_1 + 2x_2 - 6x_3 \leqslant 24, \\ -3x_1 - 6x_2 - 4x_3 \geqslant 15, \\ 5x_2 + 3x_3 = 30, \\ x_1 \leqslant 0, x_2 \text{ 取值无约束}, x_3 \geqslant 0. \end{cases}$$

解 第一步:令 $x'_1 = -x_1$, $x_2 = x'_2 - x''_2$,并将所有约束写成"$\geqslant$"的形式,有

$$\min z = -7x'_1 + 4x'_2 - 4''_2 - 3x_3,$$
$$\begin{cases} -4x'_1 - 2x'_2 + 2''_2 + 6x_3 \geqslant -24, \\ 3x'_{-} 6x'_2 + 6x''_2 - 4x_3 \geqslant 15, \\ 5x'_2 - 5x''_2 + 3x_3 \geqslant 30, \\ -5x'_2 + 5x''_2 - 3x_3 \geqslant -30, \\ x'_1, x'_2, x''_2, x_3 \geqslant 0. \end{cases}$$

第二步:令与上式四个约束条件对应的对偶变量分别为 y'_1, y_2, y'_3, y''_3,其对偶问题为:

$$\max w = -24y'_1 + 15y_2 + 30y'_3 - 30y''_3,$$

$$\begin{cases}-4y'_1+3y_2\leqslant -7,\\ -2y'_1-6y_2+5y'_3-5y''_3\leqslant 4,\\ 2y'_1+6y_2-5y'_3+5y''_3\leqslant -4,\\ 6y'_1-4y_2+3y'_3-3y''_3\leqslant -3,\\ y'_1+y_2,y'_3,y''_3\geqslant 0.\end{cases}$$

第三步：再令 $y_1=-y'_1$，$y_3=y'_3-y''_3$，并将第 2、3 两个约束条件合并成等式约束，有

$$\max w=24y_1+15y_2+30y_3,$$

$$\begin{cases}-4y_1-3y_2\geqslant 7,\\ 2y_1-6y_2+5y_3=4,\\ -6y_1-4y_2+3y_3\leqslant -3,\\ y_1\leqslant 0,y_2\geqslant 0,y_3\ \text{无约束}.\end{cases}$$

根据此例可归纳出如表 9－9 给出的对应关系，由此表可以直接由原问题写出对偶问题.

表 9－9

原问题(对偶问题)	对偶问题(原问题)
目标函数 max	目标函数 min
变量：n 个 $\geqslant 0$ $\leqslant 0$ 无约束	约束条件：n 个 $\geqslant$ $\leqslant$ $=$
目标函数中变量的系数	约束条件右端项
约束条件：m 个 $\leqslant$ $\geqslant$ $=$	变量：m 个 $\geqslant 0$ $\leqslant 0$ 无约束
约束条件右端项	目标函数中变量的系数

经济学解释：

① **影子价格**：对偶变量 y_i 代表对一个单位第 i 种资源的估价. 这种估价不是资源的市场价格，而是根据资源在生产中的贡献而作的估价，称其为**影子价格**.

② 在生产过程中，如果某种资源 b_i 未得到充分利用，则该种资源的影子价格为零；当某种资源的影子价格不为零时，表明该种资源在生产中已消耗完毕.

习题 9－3

1. 某人根据医嘱，每天需补充 A、B、C 三种营养，A 不少于 80 单位，B 不少于 150 单位，C 不少于 180 单位. 此人准备每天从六种食物中摄取这三种营养成分. 已知六种食物每百克的营养成分含量及食物价格如表 9－10 所示. (1)试建立此人在满足健康需要的基础上花费最少的数学模型；(2)假定有一个厂商计划生产一种药丸，售给此人服用，药丸中包含有 A、B、C 三种营养成分. 试为厂商制定一个药丸的合理价格，既使此人愿意购买，又使厂商能获得最大利益，建立数学模型.

表 9—10

含量 食物 / 营养成分	一	二	三	四	五	六	需要量
A	13	25	14	40	8	11	$\geqslant 80$
B	24	9	30	25	12	15	$\geqslant 150$
C	18	7	21	34	10	0	$\geqslant 180$
食物单价(元/100g)	0.5	0.4	0.8	0.9	0.3	0.2	

2. 写出下列线性规划的对偶问题.

(1) $\max z=-2x_1+4x_2$,
$$\begin{cases}-x_1+3x_2\leqslant -1,\\ x_1+5x_2\leqslant 4,\\ x_1,x_2\geqslant 0;\end{cases}$$

(2) $\min z=2x_1-x_2+3x_3$,
$$\begin{cases}x_1+2x_2=10,\\ -x_1-3x_2+x_3\geqslant 8,\\ x_1,x_2\text{无约束},x_3\geqslant 0.\end{cases}$$

第四节　灵敏度分析

一、问题的提出

前面所讲的线性规划问题中，都假定 a_{ij}、b_i、c_j 为已知常数. 但是实际上这些数值往往是估计和预测的，例如市场条件变化，c_j 值就会变化；a_{ij} 随生产工艺、技术条件的改变而变化；b_i 则是根据资源投入后能产生多大经济效果来决定的一种决策选择. 因此就会提出以下问题：当这些数值中的一个或几个发生变化时，问题的最优解如何变化，这就是灵敏度分析所研究的问题.

当然，当线性规划问题中的一个或几个参数变化时，可以用单纯形法从头计算，看最优解有无变化. 但是这样做既麻烦又没有必要. 前面已经介绍了单纯形法的迭代计算是从一组基向量变换为另一组基向量，表中每步迭代得到的数值只随基向量的不同选择而改变. 这时可以把个别数值的变化直接在最终单纯形表上反映出来. 因此就不需要从头计算，而直接对计算得到最优解的单纯形表进行检查，看一些数值变化后，是否仍满足最优解的条件. 如果不满足，再从这个表开始进行迭代计算，求出最优解.

二、灵敏度分析的步骤

1. 将参数的改变计算反映到最终单纯形表中，具体方法是按下列公式计算出由参数 a_{ij}、b_i、c_j 的变化而引起的最终单纯形表上有关数值的变化，

$$\Delta \boldsymbol{b}^* = \boldsymbol{B}^{-1}\Delta \boldsymbol{b}, \tag{9-1}$$

$$\Delta \boldsymbol{P}_j^* = \boldsymbol{B}^{-1}\Delta \boldsymbol{P}_j, \tag{9-2}$$

$$\Delta(c_j - z_j)^* = \Delta(c_j - z_j) - \sum_{i=1}^{m} a_{ij} y_i \tag{9-3}$$

2. 检验原问题是否仍为可行解.

3. 检验对偶问题是否仍为可行解.

4. 按照表 9—11 所列情况得出结论或确定继续计算的步骤.

表 9—11

原问题	对偶问题	结论或继续计算的步骤
可行解	可行解	仍为问题最优解
可行解	非可行解	用单纯形法继续迭代求最优解
可行解	可行解	用对偶单纯形法继续迭代求最优解
非可行解	非可行解	引进人工变量,对新的单纯形表重新计算

三、灵敏度分析

1. 约束条件右端项 b_i 变化的影响

b_i 的变化在实际问题中表明可用资源的数量发生变化. 由公式(9—1)～公式(9—3)看出 b_i 变化反映到最终单纯形表上只引起基变量列数值的变化. 因此灵敏度分析的步骤为:

(1)按照公式(9—1)算出 Δb^*,将其加到基变量解的数值上;

(2)由于其对偶问题仍为可行解,故只需检验原问题是否仍为可行解,再按照表 9—11 所列结论进行.

例 1　对于前面讨论过的线性规划问题

$$\max z = 2x_1 + x_2,$$

$$\begin{cases} 5x_2 \leqslant 15, \\ 6x_1 + 2x_2 \leqslant 24, \\ x_1 + x_2 \leqslant 5, \\ x_1, x_2 \geqslant 0. \end{cases}$$

若将第二个约束条件的右端项增大到 32,试分析最优解的变化.

解　此问题的最终单纯形表如表 9—12 所示.

表 9—12

		x_1	x_2	x_3	x_4	x_5
x_3	15/2	0	0	1	5/4	−15/2
x_1	7/2	1	0	0	1/4	−1/2
x_2	3/2	0	1	0	−1/4	3/2
$z_j - c_j$		0	0	0	1/4	1/2

因为

$$\Delta \boldsymbol{b} = \begin{pmatrix} 0 \\ 32-24 \\ 0 \end{pmatrix} = \begin{pmatrix} 0 \\ 8 \\ 0 \end{pmatrix}$$

由公式(9—1),有

$$\Delta \boldsymbol{b}^* = \begin{pmatrix} 1 & 5/4 & -15/2 \\ 0 & 1/4 & -1/2 \\ 0 & -1/4 & 3/2 \end{pmatrix} \begin{pmatrix} 0 \\ 8 \\ 0 \end{pmatrix} = \begin{pmatrix} 10 \\ 2 \\ -2 \end{pmatrix}.$$

将其加到表 1—27 最终单纯形表的基变量解这一列数值上，得表 9—13.

表 9—13

		x_1	x_2	x_3	x_4	x_5
x_3	35/2	0	0	1	5/4	−15/2
x_1	11/2	1	0	0	1/4	−1/2
x_2	−1/2	0	1	0	[−1/4]	3/2
z_j-c_j		0	0	0	1/4	1/2

因表 9—14 中原问题为非可行解，故用对偶单纯形法继续计算，得表 9—14.

表 9—14

		x_1	x_2	x_3	x_4	x_5
x_3	15	0	5	1	0	0
x_1	5	1	1	0	0	1
x_4	2	0	−4	0	1	−6
z_j-c_j		0	−1	0	0	−2

即新的最优解为

$$x_1 = 5,\ z^* = 2 \times 5 = 10.$$

习题 9—4

1. 某工厂利用原材料甲、乙、丙生产产品 A、B、C，有关资料见表 9—15.

(1)怎样安排生产，使利润最大.

(2)若增加 1 kg 原材料甲，总利润增加多少.

(3)设原材料乙的市场价格为 1.2 元/kg，若要转卖原材料乙，工厂应至少叫价多少，为什么.

(4)单位产品利润分别在什么范围内变化时，原生产计划不变.

(5)原材料分别单独在什么范围内波动时，仍只生产 A 和 C 两种产品.

(6)由于市场的变化，产品 B、C 的单件利润变为 3 元和 2 元，这时应如何调整生产计划.

(7)工厂计划生产新产品 D，每件产品 D 消耗原材料甲、乙、丙分别为 2 kg，2 kg 及 1 kg，每件产品 D 应获利多少时有利投产.

表 9—15

材料消耗 \ 产品 / 原材料	A	B	C	每月可供原材料 (kg)
甲	2	1	1	200
乙	1	2	3	500
丙	2	2	1	600
每件产品利润	4	1	3	

※第五节　应用与实践九

一、应用

线性规划(Linear Programming，简记 LP)是数学规划的一个重要组成部分. 自从 1947 年 G. B. Dantzig 提出求解线性规划的单纯形法以来，线性规划在理论上日趋成熟，在应用上日趋广泛，已成为现代管理中经常采用的基本方法之一.

例 1　某企业计划生产Ⅰ、Ⅱ两种产品. 这两种产品都要分别在 A、B、C、D 四个不同设备上加工. 按工艺资料规定，生产每件产品Ⅰ需占用各设备分别为 2、1、4、0 小时，生产每件产品Ⅱ需占用各设备分别为 2、2、0、4 小时. 已知各设备计划期内用于生产两种产品的能力分别为 12、8、16、12 小时，又知每生产一件产品Ⅰ企业能获得 2 元利润，每生产一件产品Ⅱ企业能获得 3 元利润. 如表 9－16 所示，问该企业应如何安排生产，才能使总的利润最大.

表 9－16

	A	B	C	D	利润(元/件)
Ⅰ	2	1	4	0	2
Ⅱ	2	2	0	4	3
生产能力(H)	12	8	16	12	

解　设 x_1 和 x_2 分别表示Ⅰ、Ⅱ两种产品在计划期内的产量. 因设备 A 在计划期内的有效时间为 12 小时，不允许超过，因此有

$$2x_1+2x_2\leqslant 12.$$

对设备 B、C、D 也可列出类似的不等式

$$x_1+2x_2\leqslant 8,\ 4x_1\leqslant 16,\ 4x_2\leqslant 12.$$

企业的目标是在各种设备允许的情况下，使总的利润收入 $z=2x_1+3x_2$ 为最大. 因此，该问题的研究可归结为下面的数学模型：

$$\max z=2x_1+3x_2,$$

$$s.t.\begin{cases}2x_1+2x_2\leqslant 12,\\ x_1+2x_2\leqslant 8,\\ 4x_1\leqslant 16,\\ 4x_2\leqslant 12,\\ x_1,x_2\geqslant 0.\end{cases}$$

例 2　某投资人现有下列四种投资机会，三年内每年年初都有 3 万元(不计利息)可供投资：

方案一：在三年内投资人应在每年年初投资，一年结算一次，年收益率是 20%，下一年可继续将本息投入获利；

方案二：在三年内投资人应在第一年年初投资，两年结算一次，收益率是 50%，下一年可继续将本息投入获利，这种投资最多不超过 2 万元；

方案三：在三年内投资人应在第二年年初投资，两年结算一次，收益率是 60%，这种投资最多不超过 1.5 万元；

方案四：在三年内投资人应在第三年年初投资，一年结算一次，年收益率是 30%，这种投资最多不超过 1 万元.

投资人应采用怎样的投资决策使三年的总收益最大，建立数学模型.

解 设 x_{ij} 为第 i 年投入第 j 项目的资金数，变量表如下

	项目一	项目二	项目三	项目四
第 1 年	x_{11}	x_{12}		
第 2 年	x_{21}		x_{23}	
第 3 年	x_{31}			x_{34}

数学模型为

$$\max z = 0.2x_{11} + 0.2x_{21} + 0.2x_{31} + 0.5x_{12} + 0.6x_{23} + 0.3x_{34},$$

$$\begin{cases} x_{11} + x_{12} \leqslant 30\,000, \\ -1.2x_{11} + x_{21} + x_{23} \leqslant 30\,000, \\ -1.5x_{12} - 1.2x_{21} + x_{31} + x_{34} \leqslant 30\,000, \\ x_{12} \leqslant 20\,000, \\ x_{23} \leqslant 15\,000, \\ x_{34} \leqslant 10\,000, \\ x_{ij} \geqslant 0, i = 1, \cdots, 3; j = 1, \cdots, 4. \end{cases}$$

最优解 $X=(30\,000, 0, 66\,000, 0, 109\,200, 0)$，$z=84\,720$.

二、实践——用 MATLAB 解线性规划问题

实验目的

1. 学习、使用数学系统软件解线性规划问题.
2. 掌握线性规划模型在实际问题中的应用.

利用 MATLAB 解线性规划问题

线性规划问题即目标函数和约束条件均为线性函数的问题.

其标准形式为：

min

$$\text{s.t.}\begin{cases} \boldsymbol{C}^{\mathrm{T}}\boldsymbol{X}, \\ \boldsymbol{A}\boldsymbol{X}=\boldsymbol{b}, \\ \boldsymbol{X}\geqslant 0. \end{cases}$$

其中 $\boldsymbol{C}$，$\boldsymbol{b}$，$0\in\boldsymbol{R}^n$，$\boldsymbol{A}\in\boldsymbol{R}^{m\times n}$，均为数值矩阵，$\boldsymbol{X}\in\boldsymbol{R}^n$.

若目标函数为：$\max \boldsymbol{C}^{\mathrm{T}}\boldsymbol{X}$，则转换成：$\min -\boldsymbol{C}^{\mathrm{T}}\boldsymbol{X}$.

标准形式的线性规划问题简称为 LP(Linear Programming)问题. 其他形式的线性规划问题经过适当的变换均可以化为此种标准形. 线性规划问题虽然简单，但在工农业及其他生产部门中应用十分广泛.

在 MATLAB 中，线性规划问题由 linprog 函数求解.

函数:linprog　　%求解如下形式的线性规划问题:

$$\min \boldsymbol{f}^{\mathrm{T}}\boldsymbol{x},$$

$$\text{s.t.}\begin{cases}\boldsymbol{A}\cdot\boldsymbol{x}\leqslant\boldsymbol{b},\\ \boldsymbol{Aeq}\cdot\boldsymbol{x}=\boldsymbol{beq},\\ \boldsymbol{lb}\leqslant\boldsymbol{x}\leqslant\boldsymbol{ub}.\end{cases}$$

其中 $\boldsymbol{f},\boldsymbol{x},\boldsymbol{b},\boldsymbol{beq},\boldsymbol{lb},\boldsymbol{ub}$ 为向量,$\boldsymbol{A},\boldsymbol{Aeq}$ 为矩阵.

格式:
```
x = linprog(f,A,b)
x = linprog(f,A,b,Aeq,beq)
x = linprog(f,A,b,Aeq,beq,lb,ub)
x = linprog(f,A,b,Aeq,beq,lb,ub,x0)
x = linprog(f,A,b,Aeq,beq,lb,ub,x0,options)
[x,fval] = linprog(...)
[x,fval,exitflag] = linprog(...)
[x,fval,exitflag,output] = linprog(...)
[x,fval,exitflag,output,lambda] = linprog(...)
```

说明:

x = linprog(f,A,b) 求解问题 min f^T * x,约束条件为 A * x<=b.

x = linprog(f,A,b,Aeq,beq) 求解上面的问题,但增加等式约束,即 Aeq * x = beq. 若没有不等式存在,则令 A = [ ],b = [ ].

x = linprog(f,A,b,Aeq,beq,lb,ub) 定义设计变量 x 的下界 lb 和上界 ub,使得 x 始终在该范围内. 若没有等式约束,令 Aeq = [ ],beq = [ ].

x = linprog(f,A,b,Aeq,beq,lb,ub,x0) 设置初值为 x0. 该选项只适用于中型问题,默认时大型算法将忽略初值.

x = linprog(f,A,b,Aeq,beq,lb,ub,x0,options) 用 options 指定的优化参数进行最小化.

[x,fval] = linprog(...) 返回解 x 处的目标函数值 fval.

[x,fval,exitflag] = linprog(...) 返回 exitflag 值,描述函数计算的退出条件.

[x,fval,exitflag,output] = linprog(...) 返回包含优化信息的输出变量 output.

[x,fval,exitflag,output,lambda] = linprog(...) 将解 x 处的 Lagrange 乘子返回到 lambda 参数中.

exitflag 参数

描述退出条件:

- >0　表示目标函数收敛于解 x 处;
- =0　表示已经达到函数评价或迭代的最大次数;
- <0　表示目标函数不收敛.

output 参数

该参数包含下列优化信息:

- output . iterations　　迭代次数;
- output . cgiterations　　PCG 迭代次数(只适用于大型规划问题);
- output . algorithm　　所采用的算法.

lambda 参数

该参数是解 x 处的 Lagrange 乘子. 它有以下一些属性：

- lambda. lower—lambda 的下界；
- lambda. upper—lambda 的上界；
- lambda. ineqlin—lambda 的线性不等式；
- lambda. eqlin—lambda 的线性等式.

例 【生产决策问题】

某厂生产甲乙两种产品，已知制成一吨产品甲需资源 A 3 吨，资源 B 4 m^3；制成一吨产品乙需资源 A 2 吨，资源 B 6 m^3，资源 C 7 个单位. 若一吨产品甲和乙的经济价值分别为 7 万元和 5 万元，三种资源的限制量分别为 90 吨、200 m^3 和 210 个单位，试决定应生产这两种产品各多少吨才能使创造的总经济价值最高？

解 令生产产品甲的数量为 x_1，生产产品甲的数量为 x_2. 由题意可以建立下面的数学模型：

$$\max \quad z = 7x_1 + 5x_2,$$
$$\text{s. t.}\begin{cases}3x_1 + 2x_2 \leqslant 90,\\ 4x_1 + 6x_2 \leqslant 200,\\ 7x_2 \leqslant 210,\\ x_1 \geqslant 0, x_2 \geqslant 0.\end{cases}$$

该模型中要求目标函数最大化，需要按照 MATLAB 的要求进行转换，即目标函数为

$$\min z = -7x_1 - 5x_2.$$

在 MATLAB 中实现：

```
>> f = [-7;-5];
>> A = [3 2;4 6;0 7];
>> b = [90;200;210];
>> lb = [0;0];
>> [x,fval,exitflag,output,lambda] = linprog(f,A,b,[],[],lb)
Optimization terminated successfully.
x =
    14.0000
    24.0000
fval =
-218.0000
exitflag =
      1
output =
      iterations: 5
      cgiterations: 0
        algorithm: 'lipsol'
lambda =
    ineqlin: [3x1 double]
      eqlin: [0x1 double]
      upper: [2x1 double]
      lower: [2x1 double]
```

由上可知，生产甲种产品 14 吨、乙种产品 24 吨可使创造的总经济价值最高为 218 万元.

exitflag = 1 表示过程正常收敛于解 x 处.

应用与实践九　习题

1. 建筑公司需要用 6 m 长的塑钢材料制作 A、B 两种型号的窗架. 两种窗架所需材料规格及数量如表 9－17 所示：

表 9－17　窗架所需材料规格及数量

	型号 A		型号 B	
	长度(m)	数量(根)	长度(m)	数量(根)
每套窗架需要材料	A_1:1.7	2	B_1:2.7	2
	A_2:1.3	3	B_1:2.0	3
需要量(套)	200		150	

问怎样下料使得(1)用料最少；(2)余料最少.

2. 某发展公司是商务房地产开发项目的投资商. 公司有机会在三个建设项目中投资：高层办公楼、宾馆及购物中心，各项目不同年份所需资金和净现值见表 9－18. 三个项目的投资方案是：投资公司现在预付项目所需资金的百分比数，那么以后三年每年必须按此比例追加项目所需资金，也获得同样比例的净现值. 例如，公司按 10％投资项目 1，现在必须支付 400 万元，今后三年分别投入 600 万元、900 万元和 100 万元，获得净现值 450 万元. 公司目前和预计今后三年可用于三个项目的投资金额是：现有 2 500 万元，一年后 2 000 万元，两年后 2 000 万元，三年后 1 500 万元. 当年没有用完的资金可以转入下一年继续使用.

该公司管理层希望设计一个组合投资方案，在每个项目中投资多少百分比，使其投资获得的净现值最大.

表 9－18

年份	10％项目所需资金(万元)		
	项目 1	项目 2	项目 3
0	400	800	900
1	600	800	500
2	900	800	200
3	100	700	600
净现值	450	700	500

小　结

一、主要内容

1. 线性规划问题的数学模型.

2. 数学模型化为标准型.

3. 线性规划的解.

4. 图解法.
5. 单纯形法.
6. 对偶问题间的关系.
7. 灵敏度分析.

二、应注意的问题

1. 关于建立若干实例的线性规划模型

(1)找出待定的未知变量(决策变量)，并用代数符号表示它们.

(2)找出问题中所有的限制或约束，写出未知变量的线性方程或线性不等式.

(3)找到模型的目标或者判据，写成决策变量的线性函数，以便求其最大值或最小值.

2. 用图解法求解二变量的线性规划问题

(1)在平面上画出可行域(凸多边形).

(2)计算目标函数在各极点(多边形顶点)处的值.

(3)比较后取最值点为最优解.

3. 关于对偶理论

影子价格不是资源的实际价格，而是资源配置结构的反映，是在其他数据相对稳定的条件下某种资源增加一个单位导致的目标函数值的增量变化.

复习题九

1. 选择题.

(1)若 x、y 满足约束条件 $\begin{cases} x\leqslant 2 \\ y\leqslant 2 \\ x+y\geqslant 2 \end{cases}$，则 $z=x+2y$ 的取值范围是(　　).

A. $[2,6]$　　B. $[2,5]$　　C. $[3,6]$　　D. $(3,5]$

(2)不等式组 $\begin{cases} 2x+y-6\geqslant 0 \\ x+y-3\leqslant 0 \\ y\leqslant 2 \end{cases}$ 表示的平面区域的面积为(　　).

A. 4　　B. 1　　C. 5　　D. 无穷大

2. 某木器厂生产圆桌和衣柜两种产品，现有两种木料，第一种有 72 m^3，第二种有 56 m^3，假设生产每种产品都需要用两种木料，生产一只圆桌和一个衣柜分别所需木料如下表所示. 每生产一只圆桌可获利 6 元，生产一个衣柜可获利 10 元. 木器厂在现有木料条件下，圆桌和衣柜各生产多少，才使获得利润最多?

表 9—19

产　品	木料/m^3	
	第 一 种	第 二 种
圆　桌	0.18	0.08
衣　柜	0.09	0.28

3. 某人承揽一项业务，需做文字标牌 2 个、绘画标牌 3 个. 现有两种规格的原料，甲种规格每张 3 m^2，可做文字标牌 1 个、绘画标牌 2 个，乙种规格每张 2 m^2，可做文字标牌 2 个、绘画标牌 1 个，求两种规格的原料各用多少张，才能使总的用料面积最小.

阅读材料

越民义：中国运筹学的开拓者和带头人

越民义，1921 年出生于贵阳花溪镇，数学家. 我国运筹学研究的先驱之一和学术带头人. 在排队论、非线性最优化和组合优化方面取得了多项国际领先水平的重要研究成果. 1945 年毕业于浙江大学数学系. 中华人民共和国成立后，历任中国科学院数学研究所研究员、应用数字研究所研究员，主要从事数论、排队论、排序理论、数学规划等方面的研究工作. 在数论方面，解决了美国格罗斯·沃尔德提出的新问题，对三维除数问题作了较显著的改进. 在排队论方面，首次给出了多台排队系统 M/M/s 的瞬时性态的解析表达式，并研究了此系统平稳分布的存在性质. 在排序理论方面，对 Flow-Shop 排序问题得出了差别先后顺序的最优条件，并设计出寻求最优顺序的高效新算法. 在数学规划方面，解决了非线性最优化问题、Wolfe 既约梯度算法的不收敛问题，设计出解非凸规划的具有全局收敛性的新的既约梯度法.

1940 年，越民义考入浙江大学数学系，在浙江大学的 4 年里，在陈建功、苏步青两位大师的言传身教下研读了大量数学著作，为他日后的工作打下了坚实的基础.

1951 年春，越民义到北京中国科学院数学研究所，跟随华罗庚教授从事数论研究，并成为其主要助手. 在这期间，越民义对解析数论的一些问题，特别是三维除数等问题，提出了新的解决方法，并取得了重要进展.

1959 年年初在华罗庚的支持下，数学所成立了运筹学研究室，分成排队论、图论与线性规划、博弈论三个研究组. 越民义遵从组织安排，毅然离开已经研究多年的数论，转入运筹学领域，他负责排队论研究组. 排队论又称为“随机服务理论”，是研究各种排队系统的一类特殊的随机过程，在通信、交通、计算机等网络中有广泛应用. 他带领组里年轻人对这个国内空白分支边学习边探索. 一段时间之后，运筹学研究室里的其他高级研究人员陆续离开，回到了原来的研究室. 唯有越民义坚持了下来，他经过几十年钻研和探索，研究工作也扩展到运筹学的排序理论、非线性优化、组合优化等多个方向. 越民义领导的研究组获 1978 年全国科学大会成果奖和中国科学院重大成果奖、1981 年中科院科技成果一等奖，“最优化理论与算法”获 1987 年中科院自然科学一等奖和国家自然科学三等奖. 2008 年他又获得中国运筹学会首届科学技术奖一等奖.

20 世纪 80 年代，华罗庚主持组建中国科学院应用数学所，越民义是 3 位副所长之一. 当时国内对运筹学有迫切需求，在华罗庚支持下，1980 年他在中国数学会下成立了中国运筹学会（1991 年被批准为国家一级学会）并被选为第一任副理事长之一，1984 年被选为第二任理事长. 1982 年他创办国内第一个运筹学期刊《运筹学杂志》（1997 年更名为《运筹学学报》），并任主编多年. 他同时还担任《应用数学学报》主编多年. 他积极与高校合作，多次举办运筹学讲习班和学术会议，在国内传播运筹学，极大地促进了我国运筹学的教学和科研发展. 越民义是我国运筹学的开拓者和带头人.

越民义深知运筹学的发展对于整个社会经济和生产的重要意义，于是他走出书斋，如同

20 世纪 80 年代前期在北京和许多地方举办运筹学研讨会和讲习班那样，与一些高校合作办班培养这方面的青年后继人才. 他诙谐地说："有的人办班为赚钱，我办班为赚人，哪怕每次办班只有少数人真正对运筹学产生兴趣并投入研究，就是很了不起的人才资源啊！"他的求学之路和学术生涯与国家的命运紧密相连. 他传承了陈建功、苏步青、华罗庚三位大师矢志不渝的爱国精神、自强不息的人生信念和不断探索的科学态度，为年轻的学子树立了学习的榜样.

模块十　数学建模概述

【学习目标】

☆ 能够了解数学模型的基本构成和现实意义.
☆ 掌握常见的数学模型及构建方法.
☆ 准确、熟练地应用数学模型解决实际问题.
☆ 理解、掌握数学建模的一般步骤.
☆ 熟练地应用数学软件对数学模型进行计算、求解.
☆ 通过数学建模的案例,提高学生有效解决问题的能力,增强学生对客观规律不断探索和把握的能力,更好地服务社会.

第一节　数学模型简介

一、数学模型产生的背景

自人类萌发了认识自然之念、幻想着改造自然之时,数学便一直成为人们手中的有力武器.牛顿的万有引力定律、伽利略发明的望远镜让世界震惊,其关键的理论工具竟是数学.然而,社会的发展使数学日益脱离自然的轨道,逐渐发展成高深莫测的"专项技巧".数学被神化,同时,又被束之高阁.

近半个世纪以来,数学的形象有了很大的变化.数学已不再单纯是数学家和少数物理学家、天文学家、力学家等人手中的神秘武器,它越来越深入地应用到各行各业之中,几乎在人类社会生活的每个角落展示着它的无穷威力.这一点尤其表现在生物、政治、经济以及军事等数学应用的非传统领域.数学不再仅仅作为一种工具和手段,而日益成为一种"技术"参与到实际问题中.近年来,随着计算机的不断发展,数学的应用更得到突飞猛进的发展.

利用数学方法解决实际问题时,首先要进行的工作是建立数学模型,然后才能在此模型的基础上对实际问题进行理论求解、分析和研究.需要指出的是,虽然数学在解决实际问题时会起到关键的作用,但数学模型的建立却要符合实际的情况.如果建立的模型本身与实际问题相差甚远,那么,即使在理论分析中采用怎样巧妙的数学处理,所得到的结果也会与实际情况不符.因此,建立一个较好的数学模型乃是解决实际问题的关键之一.

二、数学模型的概念

或许我们对客观实际中的模型并不陌生.敌对双方在某地区作战时,都务必要有这个地区的主体作战地形模型;在采煤开矿或打井时,我们需要描绘本地区地质结构的地质图;出差或旅游到外地,总要买一张注明城市中各种地名及交通路线的交通图;编计算机程序,往往要先画框图. 我们看到，这些图都能简单又很明了地说明我们所需要的事物的特性，从而帮助我们顺利地解决各种实际问题.

模型在我们的生活中也是无处不在的. 进入科技展厅，我们会看到水电站模型、人造卫星模型；游逛魔幻城，我们会面对各种几乎逼真的模拟物惊诧万分；为了留念，我们会同美丽的风景一起留在照片上；还有各种动物或飞机、汽车等儿童玩具，这些以不同方式被缩小了的客观事物都是我们生活中极平常的模型.

一般地说，模型是我们所研究的客观事物有关属性的模拟. 它应当具有事物中我们关心和需要的主要特性.

当然，数学模型较以上实物模型或形象模型复杂和抽象得多. 它是运用数学的语言和工具，对部分现实世界的信息（现象、数据等）加以翻译、归纳的产物. 数学模型经过演绎、求解以及推断，给出数学上的分析、预报、决策或控制，再经过翻译和解释，回到现实世界中. 最后，这些推论或结论必须经受实际的检验，完成实践——理论——实践这一循环（如图10－1所示）. 如果检验的结果是正确的，即可用来指导实际，否则，要重新考虑翻译、归纳的过程，修改数学模型.

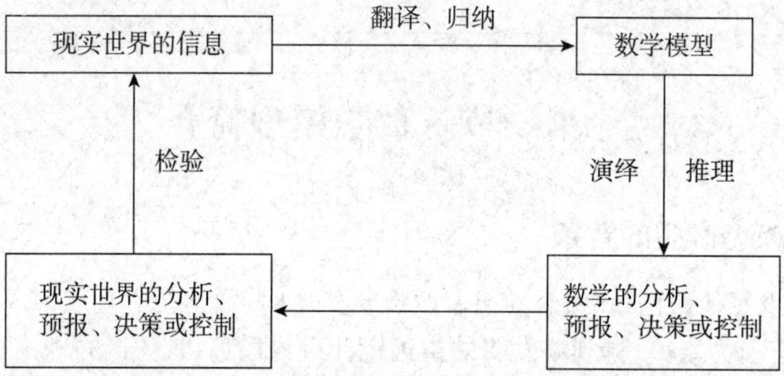

图 10－1

作为一种数学思考方法，数学模型是对现实对象通过心智活动构造出的一种能抓住其重要而且有用的（常常是形象化的或者是符号的）表示. 更具体地，它是指对于现实世界的某一特定对象，为了某个特定目的，做出一些必要的简化和假设，运用适当的数学工具得到的一个数学结构. 它或者能解释特定现象的现实形态，或者能预测对象的未来状况，或者能提供处理对象的最优决策或控制.

三、一个简单的数学模型实例

一辆汽车在拐弯时急刹车，结果冲到路边的沟里（见图 10－2）. 交通警察立即赶到了事故现场. 司机申辩说，当他进入弯道时刹车失灵. 他还一口咬定，进入弯道时其车速为 40 英里[①]/小时（该路的速度上限，约合 17.92 米/秒）. 警察验车时证实该车的制动器在事故发生时的确失灵，然而，司机所说的车速是否真实呢？

现在，让我们帮警察来计算一下司机所报车速的真实性.

连接刹车痕迹的初始点和终点，用 x 表示沿连线汽车横向走出的距离，用 y 表示竖直的距离（如图 10－3 所示）. 表 10－1 给出了外侧刹车痕迹的有关值.

① 1英里＝1.609 344 千米。

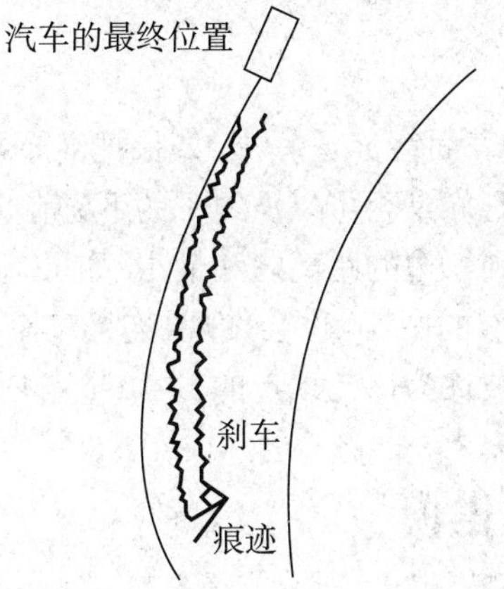

图 10－2

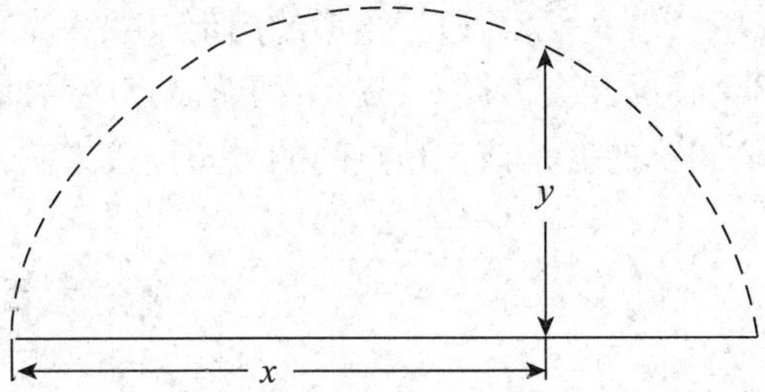

图 10－3

表 10－1　　(单位:米)

x	0	3	6	9	12	15	16.64	18	21	24	27	30	33.27
y	0	1.19	2.15	2.82	3.28	3.53	3.55	3.54	3.31	2.89	2.22	1.29	0

经过勘测还发现,该车并没有偏离它行驶的转弯曲线,也就是说车头一直指向切线方向.可以假设,该车的重心是沿一个半径为 r 的圆做圆周运动.假定摩擦力作用在汽车速度的法线方向上,设汽车的速度 v 是个常数.显然,摩擦力提供了向心力,设摩擦系数为 μ,则

$$\mu mg = m\frac{v^2}{r}, \tag{10－1}$$

其中 m 为汽车质量.由上式易得

$$v = \sqrt{\mu gr}.$$

如何计算圆周半径 r？假设已知弦的长度为 c,弓形的高度为 h(见图 10－4),由勾股定理知?

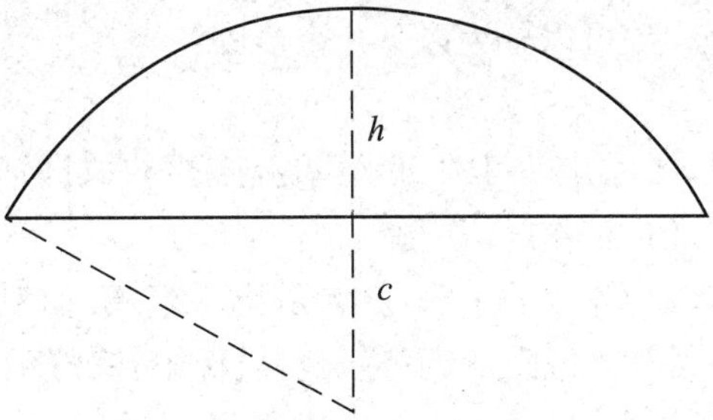

图 10－4

由表 10－1 代入近似的数据 $c=33.27$ 和 $h=3.55$ 得

$$r = 40.75(米).$$

根据实际路面与汽车轮胎的情况,可以测出摩擦系数 μ.实际测试得到

$$\mu g = 8.175(米/秒^2).$$

将此结果代入(10－1)式,得到

$$v \approx 18.25(米/秒).$$

此结果比司机所报速度 17.92 米/秒略大.但是,我们不得不考虑计算半径 r 及测试时的误差.如果误差允许在 10%以内,无疑,计算结果对汽车司机是有利的.

习题 10－1

1. 取一根很长的绳子，它的长度恰好能紧贴地球表面绕赤道一周. 如果把绳子再接长 15 米，将其悬在空中绕赤道一周（如果可以做到的话），问：你是否可以从绳子的下方自由地穿行？

2. 在一个等边三角形的内部寻找一点，使得该点到三边的距离之和最小. 如果是普通三角形，情况又会怎样？（提示：所求之点应为此等边三角形的中心. 你会发现，连接三个顶点和中心得到的就是该三顶点间的最短连接方法，所求之点被称为该三顶点的 Steiner 点）

第二节　数学建模

一、什么是数学建模

数学建模是指对现实世界的一特定对象，为了某一特定目的，做出一些重要的简化和假设，运用适当的数学工具得到一个数学结构，用它来解释特定现象的现实形态，预测对象的未来状况，提供处理对象的优化决策和控制，设计满足某种需要的产品等.

最近几十年，随着各种科学技术尤其是计算机技术的发展，数学正以其神奇的魅力进入各种领域. 它的功效显著，其解决问题的卓越能力甚至使它渗透到一些非物理领域，诸如交通、生态、社会学等. 数学作为一种“技术”，日益受到人们的重视.

在新的形势下，大学的数学教学也面临着改革. 为了使毕业生尽快地适应工作岗位，能够较好地解决各种实际问题，数学课程的设置不能仅仅只为了教会学生们一些数学的定理和方法，更重要的是，要教会他们怎样运用手中的数学武器去解决实际中的问题，这便是数学建模这门课程的目的. 作为一门新型的学科，数学建模正日益焕发出其独特的魅力.

二、数学建模的一般步骤

建立数学模型的过程大致可以分为以下几个步骤：

1. 前期准备工作

了解问题的实际背景，明确建模目的，收集掌握必要的数据资料. 这一步骤可以看成是为建立数学模型而做的前期准备工作.

如果对实际问题没有较为深入的了解，就无从下手建模. 而对实际问题的了解，有时还需要建模者对实际问题作一番深入细致的调查研究，就像第谷观察行星的运动那样，去搜集掌握第一手资料.

2. 提出若干符合客观实际的假设

在明确建模目的，掌握必要资料的基础上，通过对资料的分析计算，找出起主要作用的因素，经必要的精炼、简化，提出若干符合客观实际的假设.

本步骤实为建模的关键所在，因为其后的所有工作和结果都是建立在这些假设的基础之上的. 也就是说，科学研究揭示的并非绝对真理. 它揭示的只是：假如这些提出的假设是正确的，那么，我们可以推导出一些什么样的结果.

3. 建立数学模型

在所作假设的基础上，利用适当的数学工具去刻画各变量之间的关系，建立相应的数学结构，即建立数学模型.

采用什么数学结构、数学工具要看实际问题的特征，并无固定的模式. 可以这样讲，几乎数学的所有分支在建模中都有可能被用到，而对同一个实际问题也可用不同的数学方法建立起不同的数学模型. 一般地讲，在能够达到预期目的的前提下，所用的数学工具越简单越好.

4. 模型求解

为了得到结果，不言而喻，建模者还应当对模型进行求解. 根据模型类型的不同特点，求解可能包括解方程、图解、逻辑推理、定理证明等不同的方面. 在难以得出解析解时，还应当借助计算机来求出数值解.

5. 模型的分析与检验

正如前面所讲，用建立数学模型的方法来研究实际课题，得到的只是：假如给出的假设正确，就会有什么样的结果. 那么，假设正确与否或者是否基本可靠呢？建模者还应当反过来用求解得到的结果来检验它.

建立数学模型的目的是为了认识世界、改造世界，建模的结果应当能解释已知现象，预测未来的结果，提供处理研究对象的最优决策或控制方案.

实践是检验真理的唯一标准，只有经得起实践检验的结果才能被人们广泛地接受. 牛顿的万有引力定律不仅成功地解释了大量自然现象，并精确地预报了哈雷彗星的回归并预言了海王星、冥王星等当时尚未被发现的其他行星的存在，才奠定了其作为经典力学基本定理之一的稳固地位.

由此可见，模型求解并非建模的终结，模型的检验也应当是建模的重要步骤之一.

只有在证明了建模结果是经得起实践检验的以后，建模者才能认为大功基本告成，完成了自己预定的研究任务.

如果检验结果与事实不符，只要不是在求解中存在推导或计算上的错误，那就应当检查分析在假设中是否有不合理或不够精确之处，发现后应修改假设重新进行建模，直到结果满意为止.

综合起来讲，数学建模的过程大致可以概括为图 10－5 所示的流程.

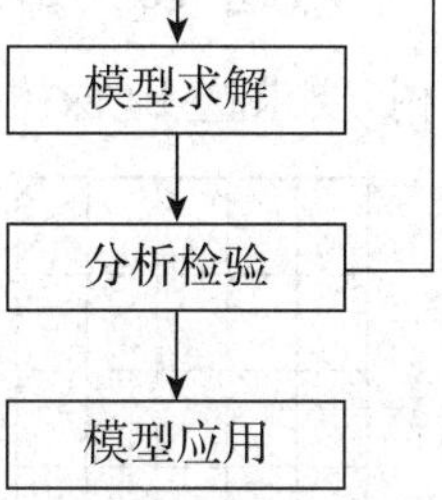

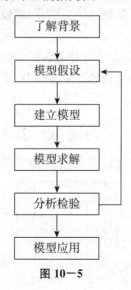

图 10－5

三、数学模型的分类

基于不同角度或不同目的，数学模型可以有多种不同的分类法.

1. 根据人们对实际问题了解的深入程度不同分类

根据人们对实际问题了解的深入程度不同，其数学模型可以归结为**白箱模型**、**灰箱模型**或**黑箱模型**.

假如我们把建立数学模型研究实际问题比喻成一只箱子，通过输入数据(信息)，建立数学模型来获取我们原先并不清楚的结果.(见图 10—6)

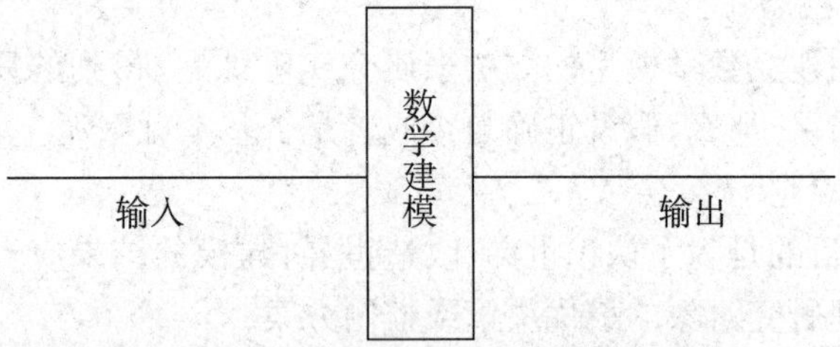

图 10—6

如果问题的机理比较清楚，内在的关系较为简单，这样的模型就被称为**白箱模型**.

如果问题的机理极为繁杂，人们对它的了解极其肤浅，几乎无法加以精确的定量分析，这样的模型就被称为黑箱模型.

而介于两者之间的模型，则被称为**灰箱模型**.

当然，这种分类方法是较为模糊的，是相对而言的. 况且，随着科学技术的不断进步，今天的黑箱模型明天也许会成为灰箱模型，而今天的灰箱模型不久也可能成为白箱模型. 因此，对这样的分类我们不必过于认真.

2. 根据模型中变量的特征分类

模型又可分为**连续型模型**、**离散型模型**或**确定性模型**、**随机型模型**等.

根据建模中所用到的数学方法分类，又可分为**初等模型**、**微分方程模型**、**差分方程模型**、**优化模型**，等等.

此外，对一些人们较为重视或对人类活动影响较大的实际问题的数学模型，常常也可以按研究课题的实际范畴来分类，例如**人口模型**、**生态模型**、**交通流模型**、**经济模型**、**社会模型**、**军事模型**，等等.

习题 10—2

1. 某部门在植树节中想种 10 棵树，要求这 10 棵树排成 5 列，每列 4 棵，问应当如何种?

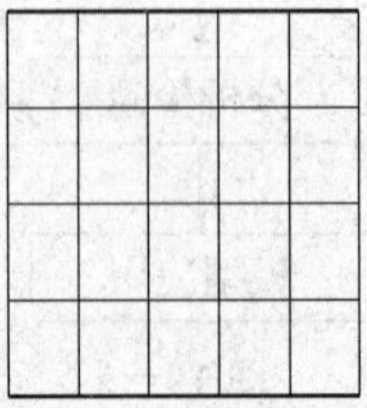

2. 一个男孩和一个女孩分别在离家 2 公里和 1 公里且方向相反的两所学校里上学，每天同时放学后分别以 2 公里/小时和 1 公里/小时的速度步行回家. 一只小狗以 6 公里/小时的速

度由男孩处奔向女孩处，又从女孩处跑回男孩处，如此往返地奔跑，直至回到家中. 问小狗总共奔波了多少路程？

3. 若上题中的男孩和女孩上学时，小狗也往返奔波于他们之间，问当他们到达学校时小狗在何处？

第三节　数学建模与能力的培养

在高等院校开设数学建模课的主要目的并非简单地传授数学知识而是为了提高学生的综合素质，增强他们应用数学知识解决实际问题的本领.

因此，在学习数学建模时，学生应当特别注意自身能力的培养与锻炼. 要想知道梨子的滋味是酸的还是甜的，你必须亲口去尝一下；要想知道如何建模，除了学习基本技能与基本技巧之外，更重要的是应当参与进来，在建模实践中获得真知.

一、数学建模实践的每一步中都蕴含着对能力的锻炼

在调查研究阶段，需要用到观察能力、分析能力和数据处理能力等. 在提出假设时，又需要用到想象力和归纳简化能力. 实际问题是十分复杂的，既存在着必然的因果关系也存在着某些偶然的因果关系，这就需要我们能从错综复杂的现象中找出主要因素，略去次要因素，确定变量的取舍并找出变量间的内在联系.

二、假设条件通常是围绕着两个目的提出的

一类假设的提出是为了简化问题、突出主要因素，而另一类则是为了应用某些数学知识或其他学科的知识. 但不管哪一类假设，都必须尽可能符合实际，即既要求做到不失真或少失真又要能便于使用数学方法处理，两者还应尽可能兼顾.

三、研究应当是前人工作的继续

此外，我们的研究应当是前人工作的继续，在真正开始自己的研究之前，还应当尽可能先了解一下前人或别人的工作，使自己的工作真正成为别人研究工作的继续而不是别人工作的重复. 这就需要你具有很强的查阅文献资料的能力. 你可以把某些已知的研究结果用作你的假设，即“站在前人的肩膀上”，去探索新的奥秘.

牛顿导出万有引力定律所用的假设主要有四条，即开普勒的三大定律和牛顿第二定律，他所做的工作表明，如果这些假设是对的，如果推导过程也是正确的，那么万有引力定律也是对的. 事实上，我们也可以由万有引力定律反过来推导出开普勒的三大假设. 因而，万有引力被验证是正确的，也同样引证了开普三大定律和牛顿第二定律的正确性. 总之，在提出假设时，你应当尽量引用已有的知识，以避免做重复性的工作.

四、建模求解阶段是考验你数学功底和应变能力的阶段

你的数学基础越好，应用就越自如. 但学无止境，任何人都不是全才，想学好了再做，其结果必然是什么也不做. 因此，我们还应当学会在尽可能短的时间内查到并学会我想要应用的知识的本领.

在参加数学建模竞赛时,常常遇到这样的情况,参赛的理工科学生感到模拟实际问题的特征似乎需要建立一个偏微分方程或控制论模型等,他们并没有学过这些课程,竞赛时间又仅有三、四天(允许查资料和使用一切工具).为了获得较好的结果,他们只用了两三个小时就基本搞懂了他们所要使用的相关知识并用进了他们的研究工作中,并最终夺得了优异成绩.这些同学在建模实践中学会了快速汲取想用的数学知识的本领(即“现学现用”的本领),这种能力在实际工作中也是不可缺少的.

五、应变能力包括灵活性和创造性

牛顿在推导万有引力定律时发现原有的数学工具根本无法用来研究变化的运动,为了研究工作的需要,他花了九年的时间创建了微积分.当然,人的能力各有大小,不可能每个人都成为牛顿,不可能要求人人都去做如此重大的创举.但既然你在从事研究工作,多多少少总会遇到一些别人没有做过的事,碰到别人没有碰到过的困难,因而,也需要你多多少少要有点创新的能力.

这种能力不是生来就有的,建模实践就为你提供了一个培养创新能力的机会.俗话说得好:初生牛犊不怕虎.青年学生最敢于闯,只要你们善于学习、勇于实践,创新能力会很快得到的提高.

当然,要出色地完成建模任务还需要用到许多其他的能力,譬如设计算法、编写程序、熟练使用计算机的能力,撰写研究报告或研究论文的能力,熟练应用外语的能力,等等.所以,学习数学建模和参加建模实践,实际上是一个对综合能力、综合素质的培养和提高的过程.

参赛获奖并不是我们的目的,提高自己的素质和能力才是我们宗旨.从这一意义上讲,只要你真正努力了,你就必定是一个成功的参与者.“昨夜西风凋碧树,独上高楼,望尽天涯路;衣带渐宽终不悔,为伊消得人憔悴;众里寻他千百度,蓦然回首,那人却在灯火阑珊处.”这也正是数学建模的真实写照.

下面,让我们举一些简单的实例来说明数学建模中涉及的某些能力的培养和提高.读者在看每一实例的解答以前,应当先自行给出解答,看看你的解答是否更好.如果你觉得你的解答比书中的解答更好,想一想好在何处.

1. 想象力的应用

想象力是我们人类特有的一种思维能力,是人们在原有知识的基础上,将新感知的形象与记忆中的形象相互比较、重新组合、加工处理,创造出新形象的能力.爱因斯坦曾说过,“想象力比知识更重要,因为知识是有限的,而想象力概括着世界上的一切,推动着进步,并且是知识进化的源泉.”

例 1 某人平时下班总在固定时间到达某处,然后由他的妻子开车接他回家.有一天,他比平时提早了三十分钟到达该处,于是此人就沿着妻子来接他的方向步行回去并在途中遇到了妻子.这一天,他比平时提前了十分钟回到家,问此人总共步行了多长时间?

解 这是一个测试想象能力的简单题目,根本不必作太多的计算.

粗粗一看,似乎会感到条件不够,无法回答.但你只要换一种想法,问题就会迎刃而解了.假如他的妻子遇到他以后载着他仍旧开往会合地点,那么这一天他就不会提前回家了.提前的十分钟时间从何而来?显然是由于节省了从相遇点到会合点,又从会合点返回相遇点这一段路的缘故.往返需要 10 分钟,则由相遇点到会合点需要 5 分钟.而此人提前了三十分钟到达会合点，故相遇时他已步行了二十五分钟.

当然，在解答中也隐含了许多假设：此人的妻子像平时一样，准备按时到达会合地点；汽车在路上行驶时做匀速运动；相遇时开门上车时间很短，可以忽略不计等.

例 2　学校组织乒乓球比赛，共有 100 名学生报名参加，比赛规则为淘汰制，最后产生出一名冠军. 问：要最终能产生冠军，总共需要举行多少场比赛？

解　第一轮要进行 50 场比赛，剩下 50 位同学；

第二轮要进行 25 场比赛，剩下 25 位同学；

第三轮要进行 12 场比赛，1 位同学轮空，剩下 13 名同学；

第四轮要进行 6 场比赛，1 位同学轮空，剩下 7 位同学；

第五轮要进行 3 场比赛，1 位同学轮空，剩下 4 位同学；

第六轮要进行 2 场比赛，剩下 2 位同学；

第七轮要进行 1 场决赛，产生一位冠军.

共举行的比赛场数为 $50+25+12+6+3+2+1=99$ 场.

这是常规的计算方法，事实上，我们也可以换一种方法来思考这一问题. 由于淘汰赛的特殊性，进行一场淘汰赛必然淘汰一人，反过来，淘汰一人也必须举行一场淘汰赛，这就是我们数学中的一一对应关系. 现在我们要从 100 位同学中产生一位冠军，众所周知，要淘汰 99 位同学才能产生最后的冠军，因此比赛总场次应为 99.

例 3　将形状质量都相同的均匀砖块一一向右往外叠放，欲尽可能地延伸到远方，问最远可以延伸多大距离.

解　设砖块的长度为 l，重量为 mg，其重心在中点 $\frac{1}{2}$ 砖长处，现用归纳法推导.

若用两块砖，则最远的方法显然是将上面砖块的重心置于下面砖块的右边缘上，即可向右推出 $\frac{1}{2}$ 块砖的长度.

现设已用 $n+1$ 块砖叠成可能达到的最远平衡状态(如图 10—7 所示)，并考察由上而下的第 n 块砖，为了推得最远且不倒下，压在其上的 $n-1$ 块砖的重心显然应当位于它的右边缘处，而上面 n 块砖的重心则应当位于第 $n+1$ 块砖的右边缘处. 设两者水平距离为 Z_n. 由力学知识可知，以第 $n+1$ 块砖的最右端作为支点，第 n 块砖受到的两个力(上面 $n-1$ 块砖的压力和第 n 块砖自身重力) 的力矩应当相等，即有：$(n-1)mgZ_n = mg\left(\frac{l}{2} - Z_n\right)$，故 $Z_n = \frac{l}{2n}$，从而上面 n

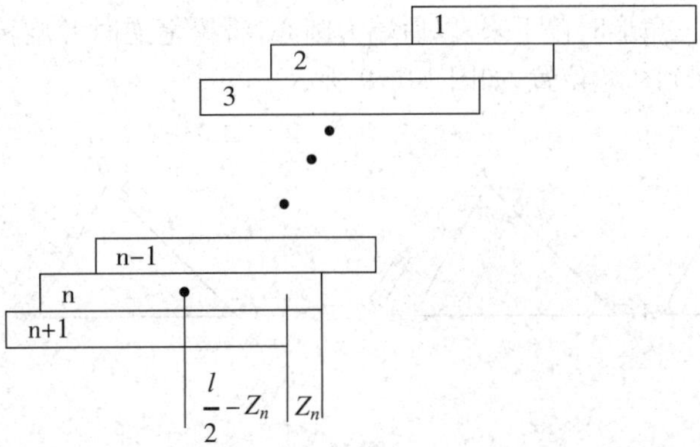

图 10—7

块砖向右推出的总距离为 $l=\sum_{k=1}^{n}\frac{1}{2k}$. 令 n 趋于无穷，从理论上讲，向右推出的距离可趋于 $\sum_{n=1}^{\infty}\frac{1}{2n}=\frac{1}{2}\sum_{n=1}^{\infty}\frac{1}{n}$. 这里涉及调和级数. 众所周知，调和级数是发散的，$\sum_{n=1}^{\infty}\frac{1}{n}=+\infty$，故砖块向右可叠至任意远. 这一结果多少有点出人意料！

2. 发散性思维、创新能力的培养

数学建模中经常需要用到创新思维或发散性思维. 这里的发散性思维是相对于“一条道跑到黑”的收敛性思维方式而言的，并非是贬义词. 所谓发散性思维，是指针对同一个问题，沿着不同的方向去思考，不同角度、不同侧面地对所给信息或条件加以重新组合，横向拓展思路，纵向深入探索研究，逆向反复比较，从而找出多种合乎条件的可能答案、结论或假说的思维过程和方法，这就是我们通常所说的“条条大路通罗马”.

例 4 三角形内角和为 $180°$的“证明”.

大家都知道三角形的三内角之和为 $180°$. 现在，我们将用一支普普通通的铅笔来“证明”这个几何定理.

如图 10－8 所示，取一支铅笔，将其放置在三角形 ABC 内靠近边 AC 的一侧，笔身方向与 AC 相同，笔尖指向 A 点一侧，现将此铅笔笔尖向前，沿三角形的边在三角形内环行一周，返回原地. 证明完毕.

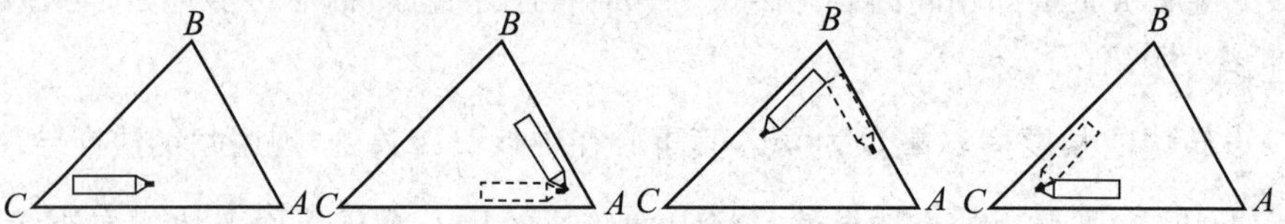

图 10－8

好像什么也没有证明呀. 让我们来分析一下.

铅笔沿三角形内侧环行，走到 A 点时，以笔尖为圆心，将铅笔顺时针旋转致使笔身平行于边 AB 的方向，则转过的角度等于$\angle A$；继续前行至 B 点，以笔的尾端为圆心，将铅笔顺时针旋转至笔身平行于边 BC 的方向，则转过的角度等于$\angle B$；继续前行，到 C 点按同样规则转弯，转过的角度等于$\angle C$. 三次转弯下来，笔尖由指向 A 点一侧变为指向 C 点一侧，一共旋转了 $180°$. 这说明$\angle A+\angle B+\angle C=180°$，完成了证明.

现在我们改变环行规则，将铅笔放在三角形 ABC 外侧，沿外侧环行，铅笔后端（前进方向的反方向）将要远离三角形时停下来，以后端为圆心，将铅笔逆时针旋转至平行于相邻边的方向，继续环行，直至回到初始位置（如图 10－9 所示）.

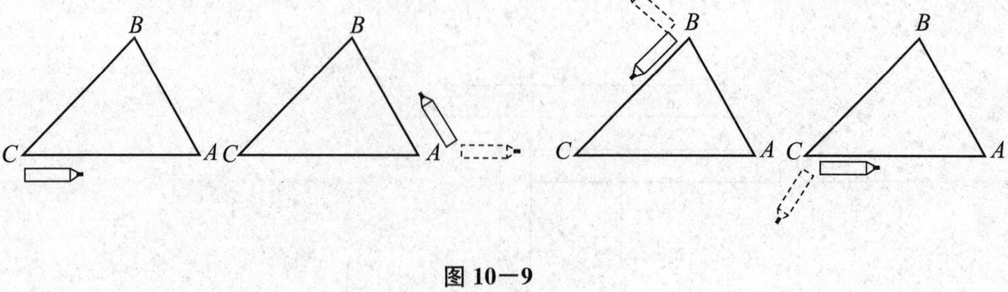

图 10－9

我们又"证明"了另一个几何定理：三角形的三外角之和等于 360°. 为什么？请同学们考虑.（当然，这些并非真正严格的数学证明，故我们给证明加上了引号）

例 5　勾股定理的证明.

大家熟知的勾股定理应用极广，从古至今，已知的数学证明方法超过 370 种. 现在我们介绍一种比较有趣的证法——纸箱推倒法（注：同样并非严格的数学证明）.

如图 10－10 所示，一只纸箱 $ABCD$ 竖放在地上，用手一推，纸箱被推倒了，到了 $AEFG$ 的位置，勾股定理已经被证明！

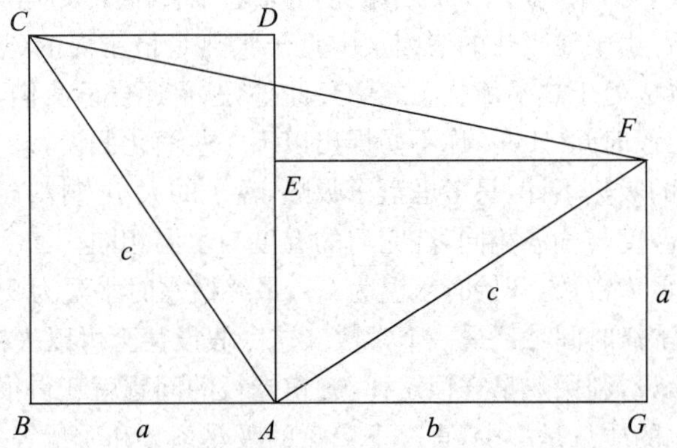

图 10－10

你不相信吗？请连接 AC、AF、CF，设 $AB=a$，$BC=b$，$AC=c$，推倒了纸箱，对角线 AC 旋转 90°到达 AF 位置，故

$$AC = AF \text{ 且 } AC \perp AF.$$

现计算直角梯形 $BCFG$ 的面积，梯形面积公式为上、下底之和的一半乘以高，即

$$S = \frac{1}{2}(a+b)(a+b) = \frac{1}{2}a^2 + ab + \frac{1}{2}b^2.$$

直角梯形的面积也可以这样来计算，将梯形 $BCFG$ 拆成三个直角三角形$\triangle ABC$、$\triangle ACF$、$\triangle AFG$. 由于全面积等于各部分面积之和. 故

$$S = S_{\triangle ABC} + S_{\triangle ACF} + S_{\triangle AFG} = \frac{1}{2}ab + \frac{1}{2}c^2 + \frac{1}{2}ab.$$

两式相比较，马上可得勾股定理 $a^2+b^2=c^2$.

上述证明非常直观，但我们想强调的是证明时一定要注意逻辑推理中的严密性，否则，如仅凭直观想象，也很容易导出荒谬的结果.

3. 提出建模假设的技巧

例 6　餐馆每天都要洗大量的盘子. 为了方便，某餐馆是这样清洗盘子的：先用冷水粗略洗一下，再放进热水池洗涤. 水温不能太高，否则会烫手，但也不能太低，否则洗不干净. 由于想节省开支，餐馆老板想了解一下一池热水到底应当洗多少盘子，请你帮助他建模分析一下这一问题.

分析　看完问题你已经完全了解情况了吗？我们认为可能还需要再调查了解一些具体情况. 例如，盘子有大小吗，是什么样的盘子？盘子是怎样洗涤的，等等. 因为不同大小、不同材料的盘子吸热量是不同的，不同洗涤方法盆子吸的热量也不相同. 假设我们了解到：盘子大小相同，均为瓷质菜盘. 为了清洗得干净一点，洗涤时先将一叠盘子浸泡在热水中，然后一一清洗.

你还应当再分析一下，是什么因素在决定着洗盘子的数量呢？根据题意不难看出，是水的温度. 盘子是先用冷水洗过的，其后可能还会再用清水冲洗，更换热水的原因并非因为水太脏了，而是因为水不够热了. 那么热水为什么会变冷呢？也许你能找出许多原因：盘子吸热带走了热量，水池吸热，空气吸热并传播散发热量，等等. 此时，你的心中可能已经在盘算该建一个怎么样的模型了. 假如你想建一个比较精细的模型，你当然应当把水池、空气等吸热的因素都考虑进去，这样，你毫无疑问地要用到偏微分方程了. 这样做的话无论是建模还是求解，都会有一定的难度. 但餐馆老板的原意只是想了解一下一池热水平均大约可以洗多少盘子，你这样做是不是有点自找苦吃，有"杀鸡用牛刀"之嫌呢？如此看来，你不如建一个稍粗略点的模型，作一个较为粗糙的分析. 由于在吸热的诸因素中盘子吸热是最主要的(热水一池一池地换，池子和空气可以近似地看成处于热平衡状态之中). 此外，题目还告诉我们，该餐馆在洗盘子时盘子还在热水中浸泡过一段时间. 于是，你不妨提出以下一些简化假设：

(1)水池和空气的吸热不计，只考虑盘子吸热，盘子的大小、材料相同；

(2)盘子的初始温度与气温相同，洗完后的温度与水温相同；

(3)水池中的水量为常数，开始时水温为 T_1，最终换水时水温为 T_2；

(4)每个盘子的洗涤时间 ΔT 是一个常数.(这一假设甚至可以去掉不要)

根据上述简化假设，利用热量守恒定律，餐馆老板的问题就变得很容易回答了，当然，你还应当调查一下一池水的质量是多少，查一下瓷盘的吸热系数和质量等.

从以上分析可以看出，假设条件的提出不仅和你研究的客观实体有关，还和你准备利用哪些知识、准备建立什么样的模型以及你准备研究的深入程度有关，即在你提出假设后，建模的框架已经基本搭好了.

4. 严密的逻辑推理

古希腊学者亚里士多德所创立的逻辑推理体系，已经成为人类揭开客观世界的本质及规律的极其重要的思维活动形式. 它几乎渗透到人类获取所有新理论和新知识的每一个过程中. 近代科学家伽利略正是用这套逻辑推理方法，推翻了亚里士多德提出的关于"物体落下的速度与重量成比例"的错误推断. 伽利略巧妙地提出：如果把一个重物与一个轻物绑在一起，结果将怎样呢？根据亚里士多德的"逻辑"，"重物下落快，轻物下落慢"，那么轻重两物绑在一起后，原先下落快的要被拖着变得慢一些，而下落慢的将被拉着变得快一些. 这样，轻重两物绑在一起后，其下落速度应当比原先单个重物下落得慢而比原先单个轻物下落得快. 但是，另一方面，按亚里士多德的重物下落快的"逻辑"，那么将轻物与重物绑在一起，捆绑物应比原先单个重物还要重，下落速度应该更快才对. 这样，亚里士多德原来的论断就自相矛盾、漏洞百出了.

科学家尚会由于种种原因出现一些差错，对于普通人，出现这样那样的错误更是不可避免的了. 下面就是一个因推导过程不严密而得出荒谬结论的例子.

例 7 任意三角形都是等腰三角形.

如图 10－11 所示，设$\triangle ABC$ 为任意三角形. 我们现在要证明，AB 的长度一定等于 AC 的长度.

证明：作$\angle A$ 的平分线和线段 BC 的垂直平分线，两直线相交，交点记为 D. 连接 BD、CD. 作 $DE \perp AB$，$DF \perp AC$，垂足分别为 E 和 F.

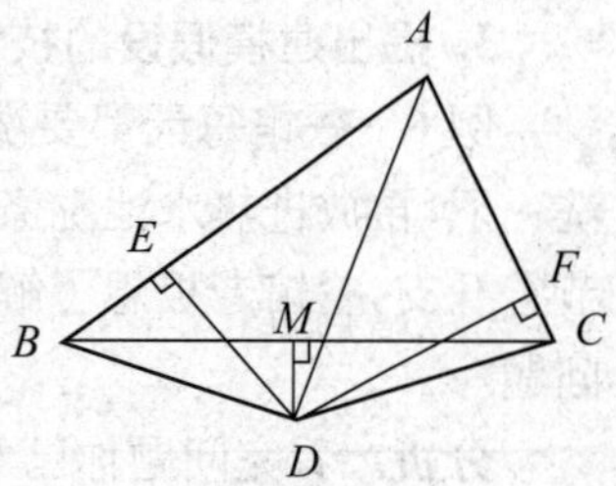

图 10－11

因为 D 点在 $\angle A$ 的平分线上，所以 D 到 AB、AC 两边的距离相等，即 $DE=DF$. 又 D 在 BC 的垂直平分线上，故 $DB=DC$. 又 $\angle BED=\angle DFC$，故 $\triangle DBE\cong\triangle DCF$. 因此有 $BE=FC$. 此外由于 $\triangle DAE\cong\triangle DFA$，故 $AE=AF$. 两式相加，有 $AE+BE=AF+FC$，故 $AB=AC$. 即任意三角形的两边相等. 证毕.

这个结果很明显是错误的. 论证过程肯定有问题！让我们来检查一下上述推理过程. 可以看出 $BE=FC$ 毫无疑问是正确的，$AE=AF$ 也肯定不错. 两个正确的等式相加，所得结果 $AB=AC$ 也应该是对的. 但 $AB=AC$ 显然错误，为何错呢？什么地方错了呢？

其实，从一开始我们就犯了一个错误，我们想当然地认为 E 在 A、B 之间，F 点在 A、C 之间，而事实上 E、F 均可以落在线段 AB、AC 之外，如图 10－12 所示. 如果这样，你就推不出刚才的结果了. 本例说明，正确的逻辑推理过程，只有从正确的前提出发，才能得到正确的结论. 在数学建模中，正确的前提就是正确的模型假设. 很多人经常忽视建模中的模型假设，认为其无足轻重，总是根据自己的感觉或经验想当然地，有时甚至是很轻率地提出假设. 事实上，一旦假设中包含了错误，其后的一切努力都是徒劳. 模型假设与建模中的其他过程同等重要甚至更为重要. 只有在正确的模型假设下建立的模型，才会与实际生活相符，才可能有实际应用价值.

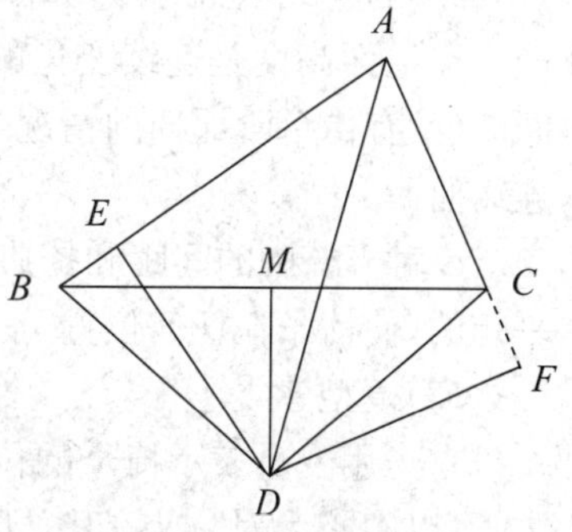

图 10－12

习题 10－3

1. 请找出下述证明"直角等于钝角"中的错误之处. 如图 10－13 所示，平面四边形 $ABCD$ 中，$\angle A$ 为直角，$\angle B$ 为钝角，$AC=BD$. 现分别作 AB 和 CD 的垂直平分线 ME、NE，由于 AB 与 CD 不平行，两垂直平分线必相交，设交点为 E. 连接 AE、BE、CE 和 DE，根据垂直平分线的性质，$AE=BE$，$CE=DE$. 再由条件 $AC=BD$，我们得到：$\triangle EAC\cong\triangle EBD$. 由此得 $\angle EAC=\angle EBD$. 另一方面，在 $\triangle EAB$ 中，由 $AE=BE$ 得 $\angle EAB=\angle EBA$. 将两个关于角的式子相减，最后得到 $\angle BAC=\angle ABD$，即直角等于钝角.

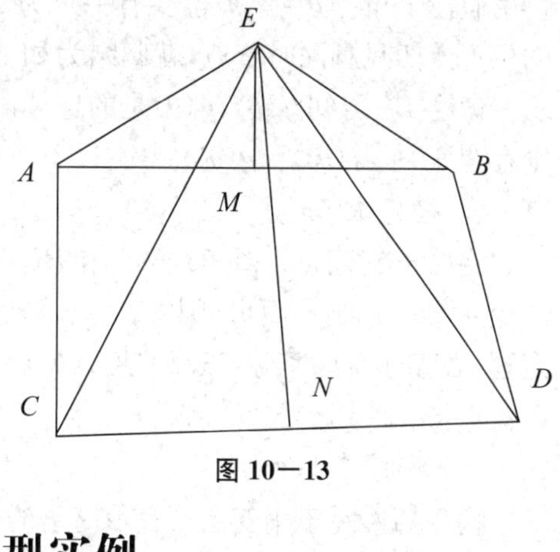

图 10－13

第四节　初等模型实例

初等模型是指用较简单初等的数学方法建立起来的数学模型. 对于数学建模，判断一个模型的优劣完全在于模型的正确性和应用效果，而不在于采用多少高深的数学知识. 在同样的应用效果下，用初等方法建立的数学模型可能更优于用高等方法建立的数学模型. 本节利用初等数学的方法，通过几个实例给出数学建模的基本过程.

一、椅子能在不平的地面上放稳吗？

把椅子往不平的地面上一放，通常只有三只脚着地，放不稳，然而只要稍挪动几次，就可以四脚着地，放稳了．下面证明之．

（1）模型假设

对椅子和地面都要作一些必要的假设：

a．椅子四条腿一样长，椅脚与地面接触可视为一个点，四脚的连线呈正方形，如图 10－14 所示．

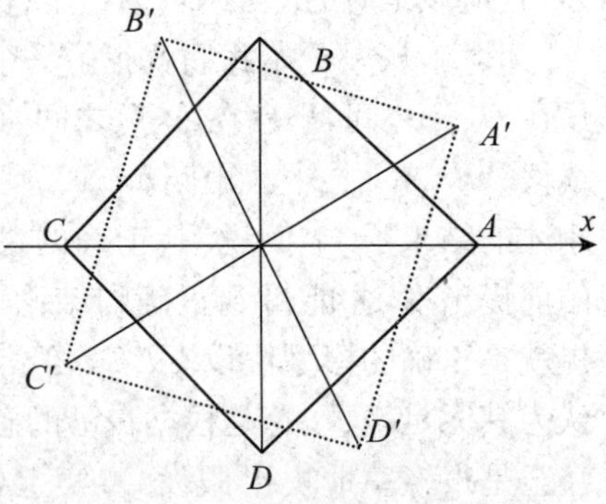

图 10－14

b．地面高度是连续变化的，沿任何方向都不会出现间断（没有像台阶那样的情况），即地面可视为数学上的连续曲面．

c．对于椅脚的间距和椅脚的长度而言，地面是相对平坦的，使椅子在任何位置至少有三只脚同时着地．

（2）模型建立

首先用变量表示椅子的位置，由于椅脚的连线呈正方形，以中心为对称点，正方形绕中心的旋转正好代表了椅子的位置的改变，于是可以用旋转角度 θ 这一变量来表示椅子的位置．

其次要把椅脚着地用数学符号表示出来．如果用某个变量表示椅脚与地面的竖直距离，当这个距离为 0 时，表示椅脚着地了．椅子要挪动位置说明这个距离是位置变量的函数．

由于正方形的中心对称性，只要设两个距离函数就行了，记 A、C 两脚与地面距离之和为 $f(\theta)$，B、D 两脚与地面距离之和为 $g(\theta)$，显然 $f(\theta)$、$g(\theta)\geqslant 0$，由假设 b 知 f、g 都是连续函数，再由假设 c 知 $f(\theta)$、$g(\theta)$ 至少有一个为 0．当 $\theta=0$ 时，不妨设 $g(\theta)=0$，$f(\theta)>0$，这样改变椅子的位置使四只脚同时着地，就归结为如下命题：

命题 1　已知 $f(\theta)$、$g(\theta)$ 是的连续函数，对任意 θ，$f(\theta)*g(\theta)=0$，且 $g(0)=0$，$f(0)>0$，则存在 θ_0，使 $f(\theta_0)=g(\theta_0)=0$．

（3）模型求解

将椅子旋转 90°，对角线 AC 和 BD 互换，由 $g(0)=0$，$f(0)>0$ 可知 $g(\pi/2)>0$，$f(\pi/2)=0$．令 $h(\theta)=g(\theta)-f(\theta)$，则 $h(0)>0$，$h(\pi/2)<0$．由 f、g 的连续性知 h 也是连续函数．由零点定理，必存在 $\theta_0(0<\theta_0<\pi/2)$ 使 $h(\theta_0)=0$，$f(\theta_0)=g(\theta_0)$．由 $f(\theta)*g(\theta)=0$，所以 $f(\theta_0)=g(\theta_0)=0$．

（4）评注

模型巧妙在于用变量 θ 表示椅子的位置，用 θ 的两个函数表示椅子四脚与地面的距离．利用正方形的中心对称性及旋转 90°并不是必需的，同学们可以考虑四脚呈长方形的情形．

二、穿高跟鞋真使人觉得更美些吗？

美是一种感觉，本应没有什么标准．但是在自然界里，物体形状的比例却提供了在均称与协调上一种美感的参考．在数学上，这个比例称之为黄金分割．在线段 AB 上，若要找出黄金分割的位置，可以设分割点为 G，则点 G 的位置符合以下特性：$AB:AG=AG:GB$．

设 $AB=l$，$AG=x$，则 $l:x=x:(l-x)$，即 $x^2+1\cdot x-1^2=0$ 解后舍去负值，得 $x\approx 0.618\,l$．

由此求得黄金分割点的位置为线长的0.618. 在人体的躯干与身高的比例上，肚脐是理想的黄金分割点. 换言之，若此比值越接近0.618，越给予别人一种美的感觉. 很可惜，一般人的躯干(由脚底至肚脐的长度)与身高比都低于此数值，大约只有0.58至0.60(脚长的人会有较高的比值).

为了方便说明穿高跟鞋所产生的美的效应，假设某女的原本躯干与身高比为0.60，即 $x:l=0.60$，若其所穿的高跟鞋的高度为 d(量度单位与 x、l 相同)，则新的比值为：

$$(x+d):(l+d)=(0.60l+d):(l+d).$$

如果该位女士身高为1.60米，则下表显示出高跟鞋怎样改善了脚长与身高的比值：

原本躯干与身高比值	身高/cm	高跟鞋高度/cm	穿了高跟鞋后的新比值
0.60	160	2.54	0.606
0.60	160	5.08	0.612
0.60	160	7.62	0.618

由此可见，女士们相信穿高跟鞋使她们觉得更美是有数学根据的. 不过，正在发育成长中的女孩子还是不穿为妙，以免妨碍了身高的正常增长. 何况，穿高跟鞋是要付出承受身体重量使脚部不适的代价的. 若真的需要提高脚长与身高比值，不穿高跟鞋也可跳芭蕾舞吧?

习题 10－4

1. 某公司有50套公寓出租，当租金定为每月180元时会全部租出；当租金每月增加10元时，就有一套公寓租不出去，而租出去的房子每月需花费20元整修维护费.

(1)建立总收入与租金之间的数学模型.

(2)当租金为多少时可获得最大利润?

2. 某不动产商以5%的年利率借得贷款，然后又将此款贷给顾客，并假设他能贷出的款额与贷出的利率的平方成反比(若利率太高无人借贷).

(1)建立年利率与利润间的数学模型.

(2)当以多大的年利率贷出时，能获得最大利润?

※ 第五节　应用与实践十

数学建模是通过对实际问题的抽象和简化，引入一些数学符号、变量和参数，用数学语言和方法建立变量参数间的内在关系，得出一个可以近似刻画实际问题的数学模型，进而对其进行求解、模拟、分析检验的过程. 它大致分为模型准备、模型假设、模型构成、模型求解、模型分析、模型检验及应用等步骤. 这一过程往往需要对大量的数据进行分析、处理、加工，建立和求解复杂的数学模型，这些都是手工计算难以完成的，因此往往在计算机上进行实现. 在目前用于数学建模的软件中，MATLAB强大的数值计算、绘图以及多样化的工具箱功能，能够快捷、高效地解决数学建模所涉及的众多领域的问题，倍受数学建模者的青睐.

下面通过完成《**人口增长模型及其数量预测**》《**购房贷款模型**》实验，学习和实践由简单到复杂、逐步求精的建模思想，学习如何建立数学模型，如何调整初值，变换函数和数据使优化迭代过程收敛.

人口增长模型及其数量预测

一、实验内容

从 1790—1980 年间美国每隔 10 年的人口记录如表 10－2 所示.

表 10－2

年　份	1790	1800	1810	1820	1830	1840	1850
人口($\times 10^6$)	3.9	5.3	7.2	9.6	12.9	17.1	23.2
年　份	1860	1870	1880	1890	1900	1910	1920
人口($\times 10^6$)	31.4	38.6	50.2	62.9	76.0	92.0	106.5
年　份	1930	1940	1950	1960	1970	1980	
人口($\times 10^6$)	123.2	131.7	150.7	179.3	204.0	226.5	

用以上数据检验马尔萨斯(Malthus)人口指数增长模型，根据检验结果进一步讨论马尔萨斯人口模型的改进，并利用至少两种模型来预测美国 2010 年的人口数量.

二、问题分析

1. Malthus 模型的基本假设是：人口的增长率为常数，记为 r. 记时刻 t 的人口为 $x(t)$，(即 $x(t)$ 为模型的状态变量)且初始时刻的人口为 x_0，于是得到如下微分方程：

$$\begin{cases}\dfrac{\mathrm{d}x}{\mathrm{d}t}=rx,\\ x(0)=x_0.\end{cases}$$

2. 阻滞增长模型(或 Logistic 模型)：由于资源、环境等因素对人口增长的阻滞作用，人口增长到一定数量后，增长率会下降. 假设人口的增长率为 x 的减函数，如设 $r(x)=r(1-x/x_m)$，其中 r 为固有增长率(x 很小时)，x_m 为人口容量(资源、环境能容纳的最大数量)，于是得到如下微分方程，

$$\begin{cases}\dfrac{\mathrm{d}x}{\mathrm{d}t}=rx\left(1-\dfrac{x}{x_m}\right),\\ x(0)=x_0.\end{cases}$$

三、数学模型的建立与求解

根据 Malthus 模型的基本假设和 Logistic 模型，我们可以分别求得微分方程的解析解：

```
y1 = x0 * exp(r * x);
y2 =  xm/(1 + x0 * exp( - r * x))
```

对于 1790—1980 年间美国每隔 10 年的人口记录，分别用 MATLAB 工具箱中非线性拟合函数的命令作一般的最小二乘曲线拟合. 可利用已有程序 lsqcurvefit 进行拟合，检验结果进一步讨论模型的改进，预测美国 2010 年的人口数量.

四、实验结果及分析

对于 Malthus 模型作一般的最小二乘曲线拟合，可利用已有程序 lsqcurvefit 得到拟合函

数为 y=(3.54e−011)∗exp(0.0149∗x)，当 x=2010 时，预测的人口为 359.4916

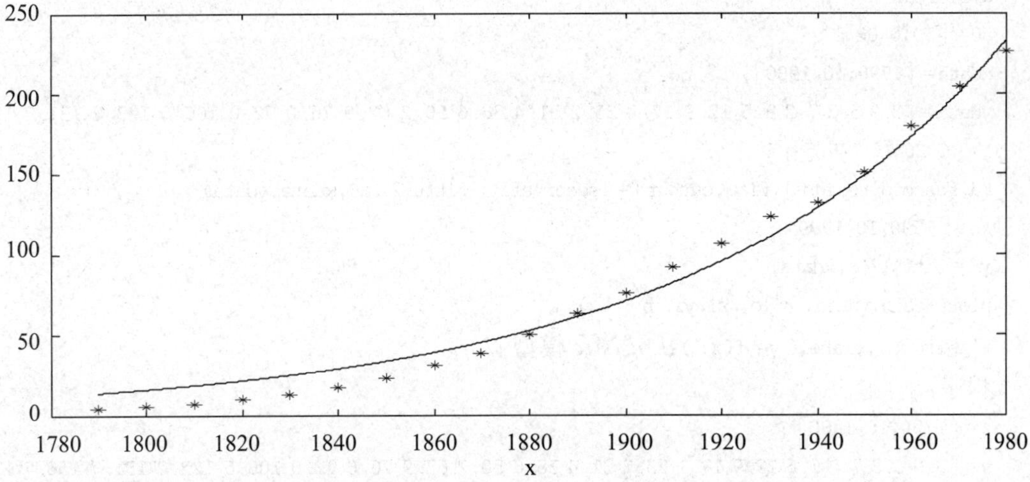

由于资源、环境等因素对人口增长的阻滞作用，人口增长到一定数量后，增长率会下降. 运用 Logistic 模型对微分方程的解进行拟合，得到 y2=360.4/(1+53.11∗exp(−0.02342∗(x−1790))). 到 2010 年时，预计人口数量为 y2=275.689 4. 作图可以看出两条曲线拟合程度较高相比基本模型，改进模型更接近实际.

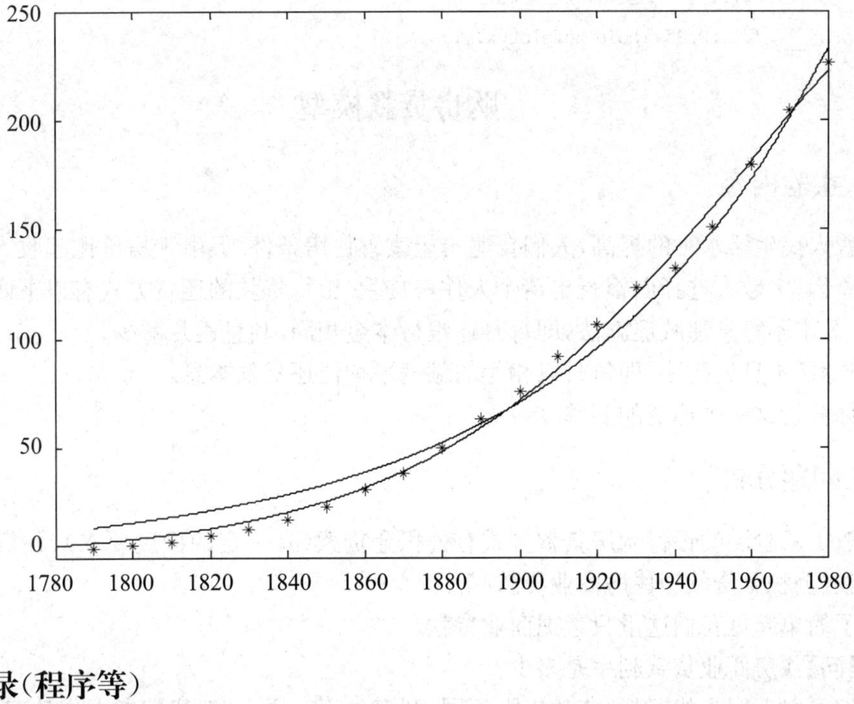

五、附录(程序等)

Malthus 模型

1. 编写拟合函数的文件 fitful2.m

```
function y = fitful2(a,x)
y = a(1).*exp(a(2).*x);
```

2. 运行的脚本文件

```
clc,clear
a0=[50,0.02];
xdata=[1790:10:1980];
ydata=[3.9 5.3 7.2 9.6 12.9 17.1 23.2 31.4 38.6 50.2 62.9 76.0 92.0 106.5 123.2 131.7 150.7
179.3 204.0 226.5];
[a,resnorm,residual,flag,output]=lsqcurvefit('fitful2',a0,xdata,ydata)
xi=[1790:10:1980];
yi=fitful2(a,xdata)
plot(xdata,ydata,'r-o',xi,yi,'b-+')
xlabel('x'),ylabel('y=f(x)');
```

Logistic 模型

程序：

```
x=[1790:10:1980]';
y=[3.9 5.3 7.2 9.6 12.9 17.1 23.2 31.4 38.6 50.2 62.9 76.0 92.0 106.5 123.2 131.7 150.7 179.3
204.0 226.5]';
st_ = [500 30 0.2 ];
ft_ = fittype('a/(1+b*exp(-k*(x-1790)))',...
    'dependent',{'y'},'independent',{'x'},..
    'coefficients',{'a', 'b','k'});
cf_ = fit(x,y,ft_,'Startpoint',st_)
plot(cf_,'fit',0.95);hold on,plot(x,y,'*')
```

购房贷款模型

一、实验内容

随着人民生活水平的提高，人们普遍希望改善住房条件. 但由于房价比起收入来差距太大等诸多原因，多数人选择向银行申请个人住房贷款. 银行贷款的还贷方式有以下两种：

(1)等本不等息递减还款法，即每月还银行本金相同，利息逐月减少；

(2)等额本息还款法，即每月以相等的额度平均偿还贷款本息.

请你分析这两种还贷的利弊.

二、问题分析

一般工薪阶层的银行购房贷款方式有公积金贷款(有一定的额度要求)、住房商业贷款及组合贷款(公积金贷款+住房商业贷款)等.

为了简单起见我们这里只考虑商业贷款.

【提问】住房商业贷款利率是多少?

我们可以上网查找资料，贷款年限不同，利率也不一样，一般我们考虑贷款五年以上，其贷款年利率为 6.55%.

1. 模型假设

(1)假设我们选择住房商业贷款.

(2)在贷款期间银行利率保持不变.

(3)假设还贷方式选择等本不等息递减还款法与等额本息还款法.

2. 符号说明

(1)设贷款的本金为 a_0 元.

(2)贷款年利率为 r.

(3)借贷年数为 n 年.

(4)第 i 个月应还利息为 w_i 元.

(5)应还总利息为 w 元.

三、数学模型的建立与求解

1. 按等本不等息递减还款法.

每月应还本金为：$\dfrac{a_0}{12n}$元，

第一个月应还利息为：$w_1=a_0\cdot\dfrac{r}{12}=\dfrac{a_0 r}{12}$，

第二个月应还利息为：$w_2=\left(a_0-\dfrac{a_0}{12n}\right)\cdot\dfrac{r}{12}=a_0\left(1-\dfrac{1}{12n}\right)\dfrac{r}{12}$，

第三个月应还利息为：$w_3=\left(a_0-\dfrac{2a_0}{12n}\right)\cdot\dfrac{r}{12}=a_0\left(1-\dfrac{2}{12n}\right)\dfrac{r}{12}$，

依此类推，第 k 个月应还利息为：

$$w_k=\left(a_0-\frac{(k-1)a_0}{12n}\right)\cdot\frac{r}{12}=a_0\left(1-\frac{k-1}{12n}\right)\frac{r}{12},(k=1,2,3\cdots,12n);$$

于是，第一个月应还款额为：$\dfrac{a_0}{12n}+\dfrac{a_0 r}{12}$，

第二个月应还款额为：$\dfrac{a_0}{12n}+a_0\left(1-\dfrac{1}{12n}\right)\dfrac{r}{12}$，

第三个月应还款额为：$\dfrac{a_0}{12n}+a_0\left(1-\dfrac{2}{12n}\right)\dfrac{r}{12}$，

依此类推，第 k 个月应还款额为：

$$\frac{a_0}{12n}+a_0\left(1-\frac{k-1}{12n}\right)\frac{r}{12},(k=1,2,3\cdots,12n)$$

还款总利息为：

$$\begin{aligned}w&=\frac{a_0 r}{12}+a_0\left(1-\frac{1}{12n}\right)\frac{r}{12}+a_0\left(1-\frac{2}{12n}\right)\frac{r}{12}+\cdots+a_0\left(1-\frac{12n-1}{12n}\right)\frac{r}{12}\\&=\frac{a_0 r}{12}\left[1+\left(1-\frac{1}{12n}\right)+\left(1-\frac{2}{12n}\right)+\cdots+\left(1-\frac{12n-1}{12n}\right)\right]\\&=\frac{a_0 r}{12}\left[12n-\frac{1+2+3+\cdots(12n-1)}{12n}\right]=\frac{a_0 r(12n+1)}{24}\end{aligned}$$

即：

$$w=\frac{a_0 r(12n+1)}{24} \qquad (10-2)$$

假如某人贷款 $a_0=500\ 000$ 元，贷款年限为 $n=30$ 年，年利率为 $r=6.55\%$，将它们代入式10－2，累计应还款总利息为

$$w=\frac{a_0 r(12n+1)}{24}=\frac{500\ 000\times 6.55\%(12\times 30+1)}{24}\approx 492\ 614.58(元)$$

第一个月应还款额为：

$$\frac{a_0}{12n}+\frac{a_0 r}{12}=\frac{500\ 000}{12\times 30}+\frac{500\ 000\times 6.55\%}{12}\approx 1\ 388.89+2\ 729.17=4\ 118.06(\text{元})$$

以后每月还款额逐月递减.

2. 按等额本息还款法.假设每月的还款额度为 x 元，第 k 个月的欠款金额为 a_k 元，则各月的欠款金额分别为：

$$a_1=a_0\left(1+\frac{r}{12}\right)-x$$

$$a_2=a_1\left(1+\frac{r}{12}\right)-x$$

$$a_3=a_2\left(1+\frac{r}{12}\right)-x$$

……

$$a_{12n}=a_{12n-1}\left(1+\frac{r}{12}\right)-x$$

数列的后一项减去前一项得：

$$a_2-a_1=(a_1-a_0)\left(1+\frac{r}{12}\right)$$

$$a_3-a_2=(a_2-a_1)\left(1+\frac{r}{12}\right)=(a_1-a_0)\left(1+\frac{r}{12}\right)^2$$

……

$$a_{12-n}-a_{12n-1}=(a_1-a_0)\left(1+\frac{r}{12}\right)^{12n-1} \qquad (10-3)$$

式(10－3)表明，数列 $\{a_k-a_{k-1}\}$ 是以 a_1-a_0 为首项，$1+\frac{r}{12}$ 为公比的等比数列，于是由等比数列的求和公式得：

$$a_{12-n}-a_0=\frac{(a_1-a_0)\left[1-\left(1+\frac{r}{12}\right)^{12n}\right]}{1-\left(1+\frac{r}{12}\right)}$$

$$a_{12-n}=a_0+\frac{12(a_1-a_0)\left[\left(1+\frac{r}{12}\right)^{12n}-1\right]}{r}$$

当 $a_{12n}=0$ 时，将 $a_1=a_0\left(1+\frac{r}{12}\right)-x$ 代入上式，得每月应还款额为：

$$x=\frac{a_0 r\left(1+\frac{r}{12}\right)^{12n}}{12\left[\left(1+\frac{r}{12}\right)^{12n}-1\right]}(\text{元}) \qquad (10-4)$$

还款总利息为：

$$w=12nx-a_0(\text{元}) \qquad (10-5)$$

按某人贷款 $a_0=500\ 000$ 元，贷款年限为 $n=30$ 年，年利率为 $r=6.55\%$ 代入式(10－4)，用 MATLAB 数学软件计算得(见下面附录)，每月应还款额为：

$$x=\frac{a_0 r\left(1+\frac{r}{12}\right)^{12n}}{12\left[\left(1+\frac{r}{12}\right)^{12n}-1\right]}=\frac{500\ 000\times 6.55\%\left(1+\frac{6.55\%}{12}\right)^{12\times 30}}{12\left[\left(1+\frac{6.55\%}{12}\right)^{12\times 30}-1\right]}\approx 3\ 176.80(\text{元})$$

附录 1　计算 x 的 MATLAB 程序

输入命令：

```
>>(500000 * 0.0655 * (1 + 0.0655/12)^(12 * 30))/(12 * ((1 + 0.0655/12)^(12 * 30) - 1))
ans =
    3.1768e + 03
```

将 $x\approx3\ 176.8$ 等代入式(10—5)，得还款总利息为：

$$w=12nx-a_0\approx12\times30\times3\ 176.8-500\ 000=643\ 648.0(\text{元})$$

根据上述模型，第一种方法(等额本金)还款，前期还款压力比较大，后期还款压力小，这种还款方式总利息少. 第二种方法(等额本息)还款，每月的还款额相等，还款压力相对较小，但这种还款方式还的利息多. 从银行的角度说，等额本金还款法，由于购房贷款者一开始就多还本金，所以越往后所占银行的本金越少，因而所产生的利息也少. 而等额本息还款法则不同，开始时还的贷款本金较少，占用银行的资金相对也较多，所以利息会相应地增加.

【思考】如果提前还款，两种还款方法所还的本息总额又各是多少？对购房者选择贷款是否有影响？

附录 2　最优化模型

一、实验内容

在生产过程、科学实验以及日常生活中我们经常遇到求利润最大、用料最省、效率最高等问题，这些问题通常称为优化问题。通过前面的学习，我们已经知道，导数是求函数最大(小)值的有力工具，下面我们就将运用导数的知识，通过建立数学模型解决两个常见的最优化问题。

易拉罐的设计问题：日常生活中，我们稍加留意就会发现很多的饮料罐(即易拉罐)形状和尺寸几乎都一样。其实，这并非偶然，而是某种意义下的最优设计。当然，单个易拉罐的生产，对资源充分利用、节约生产成本并不明显，但如果生产的数量非常多，那么节约的钱就很可观了。下面就从数学的角度给予合理的解释。具体问题如下：易拉罐的圆柱底面直径与圆柱之高之比是多少材料最省？

二、问题分析

1. 问题分析

首先，我们要将易拉罐的设计问题转变成数学问题：最初提出的问题是易拉罐的圆柱底面直径与圆柱之高之比是多少时，材料最省？这里的材料最省实际上就是表面积最小的意思。也就是说，要找出体积给定的易拉罐，表面积最小的尺寸设计问题。

2. 模型假设

(1)忽视上面圆台部分，假设易拉罐就是一个圆柱体。

(2)假设易拉罐各部位材料的厚度是均匀的。

3. 符号说明

(1)半径用 r 表示，

(2)高度用 h 表示，

(3)表面积用 S 表示，

(4)体积用 V 表示

4.数学模型的建立与求解

通过前面的分析我们不难看出：要解决体积给定的易拉罐，表面积最小的尺寸设计问题只要找到圆柱体的表面积与底面半径之间的函数关系即可。

$$V=\pi r^2 h$$

$$s=2\pi rh+\pi r^2+\pi r^2=2\pi(r^2+rh)$$

将 $h=\frac{\pi r^2}{V}$ 代入上式中，得

$$S=2\pi\left(r^2+\frac{V}{\pi r}\right)$$

$$S'=2\pi\left(2r-\frac{V}{\pi r^2}\right)=\frac{2\pi}{r^2}\left(2r^3-\frac{V}{\pi}\right)$$

令 $S'=0$，得

$$r=\sqrt[3]{\frac{V}{2\pi}}$$

$$h=\frac{V}{\pi r^2}=\frac{V}{\pi}\sqrt[3]{\frac{4\pi^2}{V^2}}=\sqrt[3]{\frac{4\pi^2 V^3}{\pi^3 V^2}}=\sqrt[3]{\frac{8V}{2\pi}}=2r=d$$

即当罐体高度与底面直径相等的时候，实现表面积最小。

习题参考答案

习题 6－1

1. (1)二阶；(2)一阶；(3)三阶；(4)二阶；
   (5)二阶；(6)二阶；(7)五阶；(8)一阶.
2. 略.
3. (1)不是；(2)不是；(3)是，通解；(4)是，通解.
4. $y=\frac{1}{4}x^4+\frac{1}{6}x^3+\frac{1}{2}C_1x^2+C_2x+C_3$.
5. $y=\frac{x}{2}+2$.

习题 6－2

1. (1) $y=x^2+C$；(2) $y=Ce^{kx}$；
   (3) $y=Ce^{x^2}$；(4) $x^2+y^2=C$；
   (5) $x=Ce^{-p\ln 3}$；(6) $xy=C$；
   (7) $y=e^{Cx}$；(8) $\arcsin y=\arccos x+C$；
   (9) $10^x+10^{-y}=C$；(10) $y^2=x^2(2\ln|x|+C)$；
   (11) $\ln\frac{y}{x}=Cx+1$；(12) $y=\frac{1}{2}e^x+Ce^{-x}$；
   (13) $y=\frac{1}{3}x^2+\frac{3}{2}x+\frac{C}{x}$；(14) $y=C\cos x-2\cos^2 x$.
2. (1) $\ln y=\tan\frac{x}{2}$；(2) $e^y=\frac{1}{2}(e^{2x}+1)$；
   (3) $y=\frac{x}{\cos x}$；(4) $y=\sqrt{\frac{1+x}{1-x}}\left(\frac{x}{2}\sqrt{1-x^2}+\frac{1}{2}\arcsin x+1\right)$.
3. (1) $y=e^{-x}(x+C)$；(2) $y=\frac{x^2}{3}+\frac{3x}{2}+2+\frac{C}{x}$；
   (3) $y=C\cos x-2\cos^2 x$；(4) $y=\frac{\sin x+C}{x^2-1}$；
   (5) $2x\ln y=\ln^2 y+C$；(6) $x=\frac{y^2}{2}+Cy^3$.
4. $y=\frac{1}{3}x^3+1$.

习题 6－3

1. (1) $y=\frac{x^3}{2}-\sin x+C_1x+C_2$；(2) $y=\frac{x^2\ln x}{2}-\frac{3x^2}{4}+C_1x+C_2$；
   (3) $y=(x-3)e^x+C_1\frac{x^2}{2}+C_2x+C_3$；(4) $y=-4\cos\frac{x}{2}+\frac{e^{3x}}{9}+C_1x+C_2$.

2.（1）线性无关；（2）线性无关；（3）线性无关；（4）线性相关；
（5）线性无关；（6）线性无关；（7）线性无关；（8）线性相关.

3. $y=(C_1+C_2x)e^{x^2}$.

4. $y=C_1\cos\omega x+C_2\sin\omega x$.

5.（1）$p=0,q=1$；（2）通解：$y=C_1e^x+C_2e^{-x}$；特解：$y=\frac{3}{2}e^x-\frac{1}{2}e^{-x}$.

应用与实践六习题

1. $i(t)=e^{-5t}+\sin 5t-\cos 5t$.

2. $x=\frac{m}{k}gt+s\frac{m^2}{k^2}g(e^{-\frac{k}{m}t}-1)$.

3. 略.

4. 略.

复习题六

1.（1）4；

（2）$\frac{dy}{dx}=f(x)g(x)$；

（3）公式法，常数变易法；

（4）$\frac{1}{120}x^5+\frac{1}{6}C_1x^3+\frac{1}{2}C_2x^2+C_3x+C_4$.

2.（1）B；（2）C；（3）C；（4）D；（5）D.

3.（1）$y=C\sqrt{1+x^2}$；

（2）$y=\frac{1}{2}(\sin x+\cos x)+Ce^{-x}$；

（3）$y=\frac{1}{x}(C-\cos x)$；

（4）$y=x\arcsin\frac{x}{C}$；

（5）$y^2=\ln x^2-x^2+C$；

（6）$y=\frac{x}{3}(\ln x-\frac{1}{3})$.

（7）$y=3e^x+2(x-1)e^{2x}$；

（8）$2x\sin y=\sin^2 y+\frac{3}{4}$.

4. $y=-4\cos\frac{x}{2}+\frac{1}{9}e^{3x}+C_1x+C_2$.

5.（1）$t=\ln 3$；$s=v_0-v_0e^{-t}$；

（2）$y=2\,500+Ce^{0.04t}$.

习题 7—1

1.（1）22；（2）a^2-b^2+2ab；（3）$\cos 2\theta$；（4）0.

2.（1）2；（2）$2abc$；（3）-25；（4）$3abc-a^3-b^3-c^3$.

3.（1）$x=2$；（2）$x=0,x=1$.

4.（1）0；（2）160.

5.（1）$\begin{cases}x_1=-\frac{1}{2},\\x_2=-\frac{1}{2},\\x_3=\frac{3}{2};\end{cases}$（2）$\begin{cases}x_1=\frac{2}{3},\\x_2=-\frac{1}{4},\\x_3=\frac{7}{12}.\end{cases}$

6. (1) $\begin{cases} x=-1, \\ y=-1, \\ z=\dfrac{2}{3}; \end{cases}$ (2) $\begin{cases} x_1=1, \\ x_2=-2, \\ x_3=0, \\ x_4=\dfrac{1}{2}. \end{cases}$

习题 7—2

1. (1)0；(2)-16；(3)0；(4)0；(5)2 000；(6)0.

2. (1)按第一行展开，即证；(2)将第二、三、四列都加到第一列上去，即证；(3)略.

3. (1)$(a_2a_3-b_2b_3)(a_1a_4-b_1b_4)$；(2)$(n+a)a^{n-1}$；(3)$4abcdef$；(4)56.

4. (1)12；(2)0.

习题 7—3

1. (1)$\begin{bmatrix} 2 & 0 & 1 \\ 1 & 4 & 0 \end{bmatrix}$；(2)$\begin{bmatrix} 8 & -4 & 1 \\ 5 & 4 & -2 \end{bmatrix}$；(3)$\begin{bmatrix} 25 & -14 & 2 \\ 16 & 8 & -7 \end{bmatrix}$.

2. $x=1, y=2$.

3. (1)10；(2)$\begin{bmatrix} 2 & -2 \\ 3 & -3 \\ -2 & 2 \end{bmatrix}$；(3)$\begin{bmatrix} 4 & 5 & 1 \\ -2 & 1 & 0 \\ 2 & 2 & 0 \end{bmatrix}$；(4)$\begin{bmatrix} 5 \\ -3 \\ 6 \end{bmatrix}$.

4. 由于 $\boldsymbol{AB}=\begin{bmatrix} 4 & 6 & 4 \\ 2 & 2 & 2 \\ 2 & 0 & 6 \end{bmatrix}$，$\boldsymbol{BA}=\begin{bmatrix} 0 & 2 & 4 \\ -3 & 5 & 3 \\ 5 & -1 & 7 \end{bmatrix}$，所以 $\boldsymbol{AB}-\boldsymbol{BA}=\begin{bmatrix} 4 & 4 & 0 \\ 5 & -3 & -1 \\ -3 & 1 & -1 \end{bmatrix}$.

5. $\boldsymbol{AB}=\begin{bmatrix} 26 & 20 & -18 \\ -4 & 6 & 10 \\ 8 & 48 & 17 \end{bmatrix}$，$\boldsymbol{BA}=\begin{bmatrix} 33 & 22 & 16 \\ 14 & 14 & -10 \\ -31 & -30 & 2 \end{bmatrix}$，$\boldsymbol{AC}=\begin{bmatrix} 13 & 20 & 14 & 0 \\ -1 & 6 & 2 & 0 \\ 15 & 48 & 25 & 0 \end{bmatrix}$，不能求 $\boldsymbol{CA}$.

6. $\begin{bmatrix} 21 & 2 \\ 2 & 13 \end{bmatrix}$，$\begin{bmatrix} 13 & 2 & 2 \\ 2 & 1 & 4 \\ 2 & 4 & 20 \end{bmatrix}$.

习题 7—4

1. (1)$\begin{bmatrix} -3 & -6 \\ 2 & 4 \end{bmatrix}$；(2)$\begin{bmatrix} 12 & 2 & 8 \\ 7 & 6 & -5 \\ -32 & 14 & -2 \end{bmatrix}$.

2. (1)$\begin{bmatrix} 5 & -2 \\ -2 & 1 \end{bmatrix}$；(2)$\begin{bmatrix} \cos\theta & \sin\theta \\ -\sin\theta & \cos\theta \end{bmatrix}$；(3)$\begin{bmatrix} 0 & 1 & 0 \\ 1 & 0 & 0 \\ 0 & 0 & 1 \end{bmatrix}$；(4)$\begin{bmatrix} 1 & -2 & 7 \\ 0 & 1 & -2 \\ 0 & 0 & 1 \end{bmatrix}$.

3. $\begin{bmatrix} \frac{1}{10} & 0 & 0 \\ \frac{1}{5} & \frac{1}{5} & 0 \\ \frac{3}{10} & \frac{2}{5} & \frac{1}{2} \end{bmatrix}$.

4. (1) $\begin{bmatrix} x_1 \\ x_2 \end{bmatrix} = \begin{bmatrix} \frac{1}{2} \\ 0 \end{bmatrix}$；(2) $\begin{bmatrix} x_1 \\ x_2 \\ x_3 \end{bmatrix} = \begin{bmatrix} 3 \\ -3 \\ 1 \end{bmatrix}$.

5. (1) $\begin{bmatrix} 1 & 0 \\ 0 & 1 \end{bmatrix}$；(2) $\begin{bmatrix} 4 & 0 & 2 & 1 \\ 0 & 4 & -6 & 5 \\ 0 & 0 & 0 & 0 \end{bmatrix}$；(3) $\begin{bmatrix} 1 & 0 & 0 & 1 & 0 \\ 0 & 1 & 0 & 3 & -1 \\ 0 & 0 & 1 & -1 & 1 \\ 0 & 0 & 0 & 0 & 0 \end{bmatrix}$.

6. (1) $\begin{bmatrix} 1 & 0 & 0 \\ 0 & 1 & 0 \\ 0 & 0 & 1 \end{bmatrix}$；(2) $\begin{bmatrix} 1 & 0 & 0 & 0 \\ 0 & 1 & 0 & \frac{1}{7} \\ 0 & 0 & 1 & -\frac{5}{7} \end{bmatrix}$；(3) $\begin{bmatrix} 1 & 1 & 1 & 0 & 0 & 1 \\ 0 & 0 & 0 & 1 & 0 & 2 \\ 0 & 0 & 0 & 0 & 1 & -1 \end{bmatrix}$.

7. $\begin{bmatrix} 4 & -1 & 2k \\ 1 & 2 & -3k \end{bmatrix}$.

8. (1) $\begin{bmatrix} 5 & -2 \\ -7 & 3 \end{bmatrix}$；(2) $\begin{bmatrix} -5 & 4 & -3 \\ 10 & -7 & 6 \\ 8 & -6 & 5 \end{bmatrix}$；(3) $\begin{bmatrix} 1 & -2 & -3 & 6 \\ 0 & 1 & 1 & -2 \\ 0 & 0 & 1 & -1 \\ 0 & 0 & 0 & 1 \end{bmatrix}$.

9. (1) $r=3$；(2) $r=2$；(3) $r=3$.

习题 7—5

1. (1) $\begin{cases} x_1=\frac{4}{3}c, \\ x_2=-3c, \\ x_3=\frac{4}{3}c, \\ x_4=c; \end{cases}$ (2) $\begin{cases} x_1=-2c_1+c_2, \\ x_2=c_1, \\ x_3=0, \\ x_4=c_2; \end{cases}$ (3)零解.

2. (1)无解；(2) $\begin{cases} x_1=-2c-1, \\ x_2=2+c, \\ x_3=c; \end{cases}$ (3) $\begin{cases} x_1=-\frac{1}{2}c_1+\frac{1}{2}c_2+\frac{1}{2}, \\ x_2=c_1, \\ x_3=c_2, \\ x_4=0. \end{cases}$

3. (1) $\lambda\neq1,-2$；(2) $\lambda=1$；(3) $\lambda=-2$.

4. $2b-5a+c=0$.

应用与实践七习题

1. LET US TRY TOGETHER.

复习题七

1. (1) $\begin{vmatrix} a_1 & a_2 & a_3 \\ b_1 & b_2 & b_3 \\ c_1-a_1 & c_2-a_2 & c_3-a_3 \end{vmatrix}$；(2)$-8$；(3)19；(4) $-46,46,0,2$；

(5)$\begin{bmatrix} 2 & 0 & 1 \\ 1 & 4 & 0 \end{bmatrix}$，$\begin{bmatrix} 8 & -4 & 1 \\ 5 & 4 & -2 \end{bmatrix}$；(6)$s\times s$；(7) $n\times p$；(8)8；

(9)$\begin{bmatrix} 5 & -4 \\ -2 & 1 \end{bmatrix}$，$\begin{bmatrix} -\frac{5}{3} & \frac{4}{3} \\ \frac{2}{3} & -\frac{1}{3} \end{bmatrix}$；

(10)$\begin{bmatrix} 0 & 6 & -1 \\ 5 & -1 & 4 \end{bmatrix}$；(11) 2；(12)$R(\boldsymbol{A})$.

2. (1)D；(2)C；(3) A；(4) B；(5)C；(6) D；(7) B；(8) D.

3. (1)-3；(2)a^5+b^5；(3)$(d-a),(d-b),(d-c),(b-a),(c-b)$；(4)4 800；

(5)3；(6)$\begin{bmatrix} -1 & 1 \\ -1 & -1 \\ 4 & 0 \end{bmatrix}$；(7)$A^{-1}=\begin{bmatrix} 1 & -2 & 0 & 0 \\ -2 & 5 & 0 & 0 \\ 0 & 0 & 2 & -3 \\ 0 & 0 & -5 & 8 \end{bmatrix}$.

4. (1)$\begin{cases} x_1=2c_1+\frac{5}{3}c_2, \\ x_2=-2c_1-\frac{4}{3}c_2, \\ x_3=c_1, \\ x_4=c_2; \end{cases}$；(2)$\begin{cases} x_1=-c, \\ x_2=-2c, \\ x_3=0, \\ x_4=c; \end{cases}$；

(3)$\begin{cases} x_1=2, \\ x_2=-1, \\ x_3=1, \\ x_4=-3; \end{cases}$；(4)$\begin{cases} x_1=2c_1-5c_2-6c_3, \\ x_2=c_1, \\ x_3=8c_2+7c_3, \\ x_4=c_2, \\ x_5=c_3, \end{cases}$ (其中 c_1,c_2,c_3 为自由未知量).

习题 8—1

1. $P(\xi=0)=\frac{7}{10},P(\xi=1)=\frac{7}{30},P(\xi=2)=\frac{7}{120},P(\xi=3)=\frac{1}{120}$；$P(\xi\leqslant 1)=\frac{4}{15},P(\xi\geqslant 1)=\frac{3}{10}$.

2. $P(\xi=0)\approx 0.583\ 75,P(\xi=1)\approx 0.339\ 39,P(\xi=2)\approx 0.070\ 22,P(\xi=3)\approx 0.006\ 39,P$

$(\xi=4)\approx0.00025, P(\xi=5)\approx0.00000$.

3. 0.36.

4. 0.595.

5. 0.270 7, 0.270 7.

6. 0.997.

习题 8−2

1. (1) $a=\frac{1}{2}, \frac{\sqrt{2}}{4}$.

2. 0.75.

3. $\frac{8}{27}; \frac{1}{27}$.

4. (1) $\frac{1}{3}$; (2) $\frac{1}{3}$.

5. 0.223, $(153.5, +\infty)$.

6. (1) 0.986 1; (2) 0.039 2; (3) 0.217 7; (4) 0.878 8; (5) 0.012 4.

7. (1) 30.85%, (2) 12.88 万元, (3) 24.6 万元.

习题 8−3

1. 0.

2. np.

3. $\frac{11}{8}, \frac{31}{8}, -\frac{7}{4}$.

4. 0.

5. 1.61, 1.96, 63.49.

6. $\frac{1}{6}$.

7. npq.

8. $\frac{1}{\lambda}$.

9. 1.

习题 8−4

1. $\bar{x}=450(\text{kg}), S^2=2108(\text{kg}^2)$.

2. (1) $\lambda=1.96$; (2) $\lambda=2.57$; (3) $\lambda=1.64$.

3. (1) 1.69, 16.0; (2) 0.831, 11.07.

4. (1) 0.92, 57.58.

习题 8−5

1. (1) 不是; (2) 是.

2. $\frac{1}{2}(\xi_1+\xi_2)$ 比 ξ_1 有效.

3. 均值为 1 147 h,标准差为 87.1 h.
4.(14.96,15.04).
5.(35 257,37 149).
6.(−0.47,4.47).

习题 8−6

1. 不能相信.($P_{200}(4)\approx 0.015$).
2. 不能认为这天的生产是正常的.
3. 认为这天的生产是正常的.

应用与实践八习题

1. 0.866 5,符合要求(99.73%).
2.(1)126;(2)第一批比第二批质量好($\sigma_1^2=60.9<\sigma_2^2=304$).
3.(0.13,2.89).
4. 用热敏电阻测温仪间接测量温度可以认为无系统偏差.

复习题八

1. (1)$P(\xi=x_k)=p_k,p_k\geqslant 0(k=1,2,\cdots),\sum\limits_{k=1}^{\infty}p_k=1$;

(2)$\xi\sim N(0,1),\varphi(x)=\dfrac{1}{\sqrt{2\pi}}e^{-\frac{x^2}{2}}$;

(3)$P(\xi=k)=C_{30}^k 0.8^k 0.2^{30-k}(k=0,1,2,\cdots,30)$;

(4)$\int_{-\infty}^{+\infty}xf(x)dx,E(\xi)$;

(5)$5,\dfrac{1}{e},\dfrac{1}{5},\dfrac{1}{25}$;

(6)33,18.8;

(7)u,t,χ^2.

2.(1)B;(2)C;(3)B;(4)C.
3.(1)×;(2)√;(3)×.
4.(1)0.045 5;(2)4;(3)(0.377,8.694).

习题 9−1

1. 设 x_1、x_2、x_3分别为产品 A、B、C 的产量,则数学模型为

$$\max z=10x_1+14x_2+12x_3,$$

$$\begin{cases}1.5x_1+1.2x_2+4x_3\leqslant 2\,500,\\3x_1+1.6x_2+1.2x_3\leqslant 1\,400,\\150\leqslant x_1\leqslant 250,\\260\leqslant x_2\leqslant 310,\\120\leqslant x_3\leqslant 130\\x_1,x_2,x_3\geqslant 0.\end{cases}$$

2. 设 x_1, x_2 分别为产品 A、B 的产量，x_3 为副产品 C 的销售量，x_4 为副产品 C 的销毁量，有 $x_3+x_4=2x_2$，z 为总利润，则数学模型为

$$\max z = 3x_1 + 7x_2 + 2x_3 - x_4,$$
$$\begin{cases} x_1 + 2x_2 \leqslant 11, \\ 2x_1 + 3x_2 \leqslant 17, \\ -2x_2 + x_3 + x_4 = 0, \\ x_3 \leqslant 13, \\ x_j \geqslant 0, j = 1,2,\cdots,4. \end{cases}$$

3. (1)令 $x_3 = x'_3 - x''_3$，x_4, x_5, x_6 为松弛变量，则标准形式为

$$\max z = x_1 - 4x_2 - x'_3 + x''_3,$$
$$\begin{cases} 2x_1 + x_2 + 3x'_3 - 3x''_3 + x_4 = 20, \\ 5x_1 - 7x_2 + 4x'_3 - 4x''_3 - x_5 = 3, \\ -10x_1 - 3x_2 - 6x'_3 + 6x''_3 + x_6 = 5, \\ x_1, x_2, x'_3, x''_3, x_4, x_5, x_6 \geqslant 0. \end{cases}$$

(2)将绝对值化为两个不等式，则标准形式为

$$\max z' = -9x_1 + 3x_2 - 5x_3,$$
$$\begin{cases} 6x_1 + 7x_2 - 4x_3 + x_4 = 20, \\ -6x_1 - 7x_2 + 4x_3 + x_5 = 20, \\ x_1 - x_6 = 5, \\ -x_1 - 8x_2 = 8, \\ x_1, x_2, x_3, x_4, x_5, x_6 \geqslant 0. \end{cases}$$

习题 9－2

1. (1)最优解 $\boldsymbol{X}=(1/2,1/2)$，最优值 $z=-1/2$.

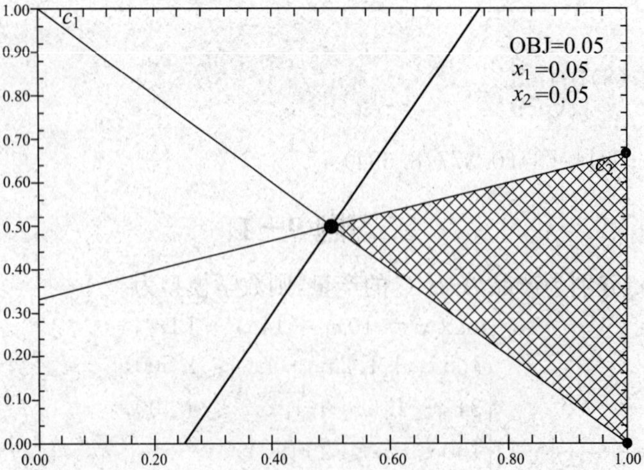

图 9－8

(2)最优解 $\boldsymbol{X}=(3/4,7/2)$,最优值 $z=-45/4$.

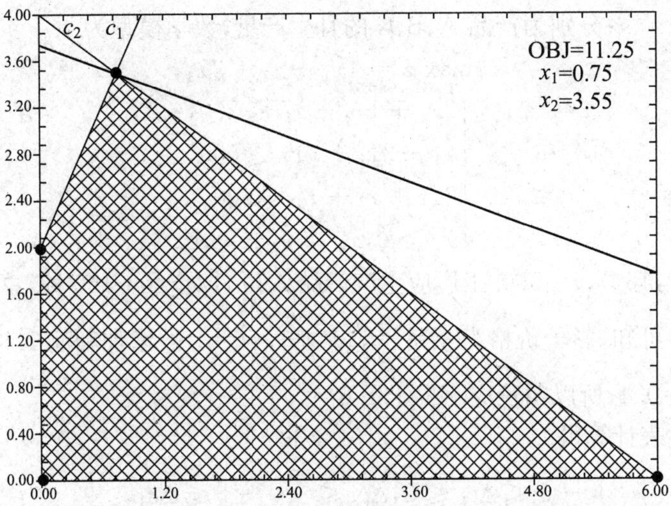

图 9—9

3.(1)最优解 $\boldsymbol{X}=(1/2,0,0,0,5/2)$,最优值 $z=3/2$.

(2)因为 $\lambda_7=3>0$ 并且 $a_{i7}<0(i=1,2,3)$,故原问题具有无界解,即无最优解.

习题 9—3

1.(1)设 x_j 为每天第 j 种食物的用量,数学模型为

$$\min z=0.5x_1+0.4x_2+0.8x_3+0.9x_4+0.3x_5+0.2x_6,$$

$$\begin{cases}13x_1+25x_2+14x_3+40x_4+8x_5+11x_6\geqslant 80,\\24x_1+9x_2+30x_3+25x_4+12x_5+15x_6\geqslant 150,\\18x_1+7x_2+21x_3+34x_4+10x_5\geqslant 180,\\x_1、x_2、x_3、x_4、x_5、x_6\geqslant 0.\end{cases}$$

(2)设 y_i 为第 i 种单位营养的价格,则数学模型为

$$\max w=80y_1+150y_2+180y_3,$$

$$\begin{cases}13y_1+24y_2+18y_3\leqslant 0.5,\\25y_1+9y_2+7y_3\leqslant 0.4,\\14y_1+30y_2+21y_3\leqslant 0.8,\\40y_1+25y_2+34y_3\leqslant 0.9,\\8y_1+12y_2+10y_3\leqslant 0.3,\\11y_1+15y_2\leqslant 0.5,\\y_1,y_2,y_3\geqslant 0.\end{cases}$$

2.(1) $$\min w=-y_1+4y_2,$$ $$\begin{cases}-y_1+y_2\geqslant -2,\\3y_1+5y_2\geqslant 4,\\y_1,y_2\geqslant 0.\end{cases}$$

(2) $$\max w=10y_1+8y_2,$$ $$\begin{cases}y_1-y_2=2,\\2y_1-3y_2=-1,\\y_2\leqslant 3,\\y_1\text{无约束};y_2\geqslant 0.\end{cases}$$

习题 9—4

1.（1）设 x_1、x_2、x_3 分别为产品 A、B、C 的月生产量，数学模型为

$$\max z = 4x_1 + x_2 + 3x_3,$$
$$\begin{cases} 2x_1 + 1x_2 + x_3 \leqslant 200, \\ x_1 + 2x_2 + 3x_3 \leqslant 500, \\ 2x_1 + x_2 + x_3 \leqslant 600, \\ x_1 \geqslant 0, x_2 \geqslant 0, x_3 \geqslant 0. \end{cases}$$

最优解 $\boldsymbol{X}=(20,0,160)$，$z=560$. 工厂应生产产品 A20 件，产品 C160 种，总利润为 560 元.

（2）则最优表可知，影子价格为 $y_1=\frac{9}{5}$，$y_2=\frac{2}{5}$，$y_3=0$，故增加利润 1.8 元.

（3）因为 $y_2=0.4$，所以叫价应不少于 1.6 元.

（4）依据最优表计算得

$$-3 \leqslant \Delta c_1 \leqslant 2, \Delta c_2 \leqslant \frac{8}{5}, -1 \leqslant \Delta c_3 \leqslant 9,$$

$$c_1 \in [1,6], c_2 \in \left(-\infty, \frac{13}{5}\right], c_3 \in [2,12].$$

（5）依据最优表计算得

$$-\frac{100}{3} \leqslant \Delta b_1 \leqslant 400, -400 \leqslant \Delta b_2 \leqslant 100, -400 \leqslant \Delta b_3,$$

$$b_1 \in \left[\frac{500}{3}, 600\right], b_2 \in [100,600], b_3 \in [200, +\infty).$$

（6）变化后的检验数为 $\lambda_2=1$，$\lambda_4=-2$，$\lambda_5=0$. 故 x_2 进基 x_1 出基，得到最最优解 $\boldsymbol{X}=(0,200,0)$，即只生产产品 B 200 件，总利润为 600 元.

（7）设产品 D 的产量为 x_7，单件产品利润为 c_7，只有当 $\lambda_7=c_7-\boldsymbol{C}_B\boldsymbol{B}^{-1}\boldsymbol{P}_7>0$ 时才有利于投产.

$$c_7 > \boldsymbol{C}_B\boldsymbol{B}^{-1}\boldsymbol{P}_7 = \boldsymbol{Y}\boldsymbol{P}_7 = \left(\frac{9}{5}, \frac{2}{5}, 0\right)\begin{pmatrix}2\\2\\1\end{pmatrix} = \frac{22}{5}.$$

则当单位产品 D 的利润超过 4.4 元时才有利于投产.

应用与实践九习题

1. 第一步：求下料方案，见下表.

方案	一	二	三	四	五	六	七	八	九	十	十一	十二	十三	十四	需要量
B1:2.7m	2	1	1	1	0	0	0	0	0	0	0	0	0	0	300
B2:2m	0	1	0	0	3	2	2	1	1	1	0	0	0	0	450
A1:1.7m	0	0	1	0	0	1	0	2	1	0	3	2	1	0	400
A2:1.3m	0	1	1	2	0	0	1	0	1	3	0	2	3	4	600
余料	0.6	0	0.3	0.7	0	0.3	0.7	0.6	1	0.1	0.9	0	0.4	0.8	

第二步:建立线性规划数学模型

设 $x_j(j=1,2,\cdots,14)$ 为第 j 种方案使用原材料的根数,则

(1)用料最少数学模型为

$$\min z=\sum_{j=1}^{14}x_j,$$

$$\begin{cases}2x_1+x_2+x_3+x_4\geqslant 300,\\ x_2+3x_5+2x_6+2x_7+x_8+x_9+x_{10}\geqslant 450,\\ x_3+x_6+2x_8+x_9+3x_{11}+2x_{12}+x_{13}\geqslant 400,\\ x_2+x_3+2x_4+x_7+x_9+3x_{10}+2x_{12}+3x_{13}+4x_{14}\geqslant 600,\\ x_j\geqslant 0,j=1,2,\cdots,14.\end{cases}$$

用单纯形法求解得到两个基本最优解:

$\boldsymbol{X}^{(1)}=(50,200,0,0,84,0,0,0,0,0,0,200,0,0)$,$z=534$;

$\boldsymbol{X}^{(2)}=(0,200,100,0,84,0,0,0,0,0,0,150,0,0)$,$z=534$.

(2)余料最少数学模型为

$$\min z=0.6x_1+0.3x_3+0.7x_4+\cdots+0.4x_{13}+0.8x_{14},$$

$$\begin{cases}2x_1+x_2+x_3+x_4\geqslant 300,\\ x_2+3x_5+2x_6+2x_7+x_8+x_9+x_{10}\geqslant 450,\\ x_3+x_6+2x_8+x_9+3x_{11}+2x_{12}+x_{13}\geqslant 400,\\ x_2+x_3+2x_4+x_7+x_9+3x_{10}+2x_{12}+3x_{13}+4x_{14}\geqslant 600,\\ x_j\geqslant 0,j=1,2,\cdots,14.\end{cases}$$

用单纯形法求解得到两个基本最优解:

$\boldsymbol{X}^{(1)}=(0,300,0,0,50,0,0,0,0,0,0,200,0,0)$,$z=0$,用料 550 根;

$\boldsymbol{X}^{(2)}=(0,450,0,0,0,0,0,0,0,0,0,200,0,0)$,$z=0$,用料 650 根;

显然用料最少的方案最优.

2. 解:以 1% 为单位,计算累计投资比例和可用累计投资额,见下表

年份	每种活动单位资源使用量(每个百分点投资的累计数)			
	项目 1	项目 2	项目 3	累计可用资金/万元
0	40	80	90	2 500
1	100	160	140	4 500
2	190	240	160	6 500
3	200	310	220	8 000
净现值	45	70	50	

设 x_j 为 j 项目投资比例,则数学模型:

$$\max z=45x_1+70x_2+50x_3$$

$$\begin{cases}40x_1+80x_2+90x_3\leqslant 2\,500\\100x_1+160x_2+140x_3\leqslant 4\,500\\190x_1+240x_2+160x_3\leqslant 6\,500\\200x_1+310x_2+220x_3\leqslant 8\,000\\x_j\geqslant 0,j=1,2,3\end{cases}$$

最优解 $X=(0,16.5049,13.1067)$；$z=1\,810.68$ 万元

年份	实际投资			
	项目 1 比例：0	项目 2 比例：16.5049	项目 3 比例：13.1067	累计投资/万元
0	0	1 320.392	1 179.603	2 499.995
1	0	2 640.784	1 834.938	4 475.722
2	0	3 961.176	2 097.072	6 058.248
3	0	5 116.519	2 883.474	7 999.993
净现值	0	1 155.343	655.335	

复习题九

1. (1)A；(2)B.

2. 设生产圆桌 x 只，生产衣柜 y 个，利润总额为 z 元，

那么 $\begin{cases}0.18x+0.09y\leqslant 72,\\0.08x+0.28y\leqslant 56,\\x\geqslant 0,\\y\geqslant 0.\end{cases}$ 而 $z=6x+10y$.

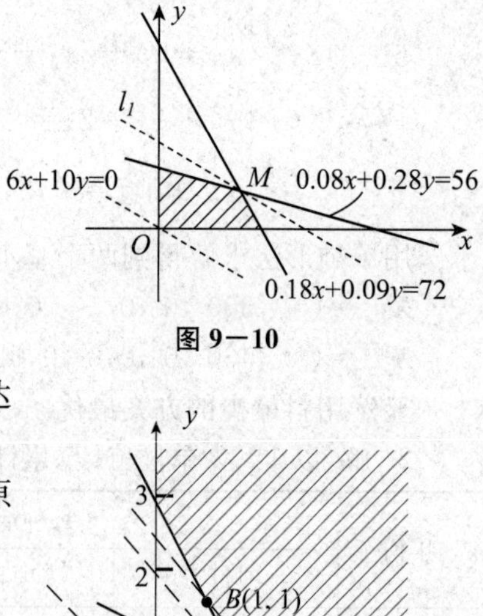

图 9—10

如上图所示，作出以上不等式组所表示的平面区域，即可行域.

应生产圆桌 350 只，生产衣柜 100 个，能使利润总额达到最大.

3. 设用甲种规格原料 x 张，乙种规格原料 y 张，所用原料的总面积是 $z\text{m}^2$，

目标函数 $z=3x+2y$，线性约束条件，

$$\begin{cases}x+2y\geqslant 2,\\2x+y\geqslant 3,\\x\geqslant 0,y\geqslant 0.\end{cases}$$

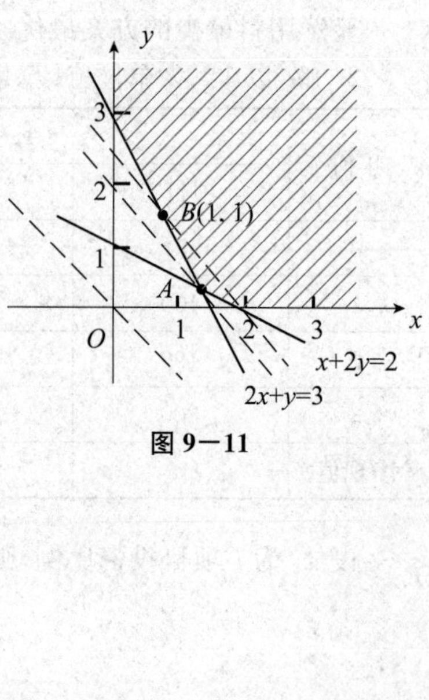

图 9—11

用甲种规格的原料 1 张，乙种原料的原料 1 张，可使所用原料的总面积最小为 5 m^2.

附表 1　标准正态分布函数值表

$$\Phi(x)=\int_{-\infty}^{x}\frac{1}{\sqrt{2\pi}}\mathrm{e}^{-\frac{t^2}{2}}\mathrm{d}t$$

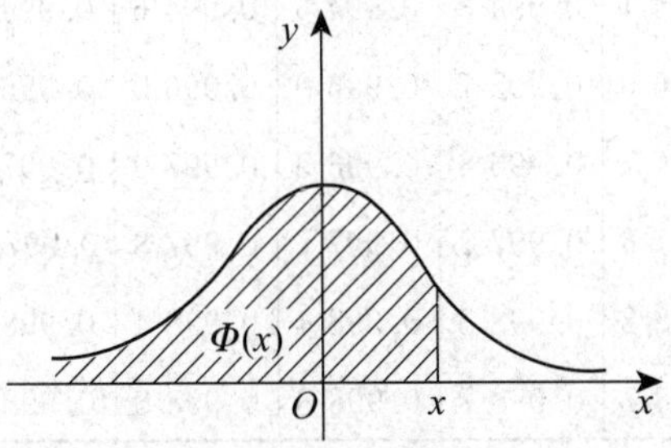

x	0	1	2	3	4	5	6	7	8	9
0.0	0.500 0	0.504 0	0.508 0	0.512 0	0.516 0	0.519 9	0.523 9	0.527 9	0.531 9	0.535 9
0.1	0.539 8	0.543 8	0.547 8	0.551 7	0.555 7	0.559 6	0.563 6	0.567 5	0.571 4	0.575 3
0.2	0.579 3	0.583 2	0.587 1	0.591 0	0.594 8	0.598 7	0.602 6	0.606 4	0.610 3	0.614 1
0.3	0.617 9	0.621 7	0.625 5	0.629 3	0.633 1	0.636 8	0.640 6	0.644 3	0.648 0	0.651 7
0.4	0.655 4	0.659 1	0.662 8	0.666 4	0.670 0	0.673 6	0.677 2	0.680 8	0.684 4	0.687 9
0.5	0.691 5	0.695 0	0.698 5	0.701 9	0.705 4	0.708 8	0.712 3	0.715 7	0.719 0	0.722 4
0.6	0.725 7	0.729 1	0.732 4	0.735 7	0.738 9	0.742 2	0.745 4	0.748 6	0.751 7	0.754 9
0.7	0.758 0	0.761 1	0.764 2	0.767 3	0.770 3	0.773 4	0.776 4	0.779 4	0.782 3	0.785 2
0.8	0.788 1	0.791 0	0.793 9	0.796 7	0.799 5	0.802 3	0.805 1	0.807 8	0.810 6	0.813 3
0.9	0.815 9	0.818 6	0.821 2	0.823 8	0.826 4	0.828 9	0.831 5	0.834 0	0.836 5	0.838 9
1.0	0.841 3	0.843 8	0.846 1	0.848 5	0.850 8	0.853 1	0.855 4	0.857 7	0.859 9	0.862 1
1.1	0.864 3	0.866 5	0.868 6	0.870 8	0.872 9	0.874 9	0.877 0	0.879 0	0.881 0	0.883 0
1.2	0.884 9	0.886 9	0.888 8	0.890 7	0.892 5	0.894 4	0.896 2	0.898 0	0.899 7	0.901 5
1.3	0.903 2	0.904 9	0.906 6	0.908 2	0.909 0	0.911 5	0.913 1	0.914 7	0.916 2	0.917 7
1.4	0.919 2	0.920 7	0.922 2	0.923 6	0.925 1	0.926 5	0.927 8	0.929 2	0.930 6	0.931 9
1.5	0.933 2	0.934 5	0.935 7	0.937 0	0.938 2	0.939 4	0.940 6	0.941 8	0.943 0	0.944 1
1.6	0.945 2	0.946 3	0.947 4	0.948 4	0.949 5	0.950 5	0.951 5	0.952 5	0.953 5	0.954 5
1.7	0.955 4	0.956 4	0.957 3	0.958 2	0.959 1	0.959 9	0.960 8	0.961 6	0.962 5	0.963 3
1.8	0.964 1	0.964 8	0.965 6	0.966 4	0.967 1	0.967 8	0.968 6	0.969 3	0.970 0	0.970 6
1.9	0.971 3	0.971 9	0.972 6	0.973 2	0.973 8	0.974 4	0.975 0	0.975 6	0.976 2	0.976 7
2.0	0.977 2	0.977 8	0.978 3	0.978 8	0.979 3	0.979 8	0.980 3	0.980 8	0.981 2	0.981 7

续表

x	0	1	2	3	4	5	6	7	8	9
2.1	0.982 1	0.982 6	0.983 0	0.983 4	0.983 8	0.984 2	0.9084 6	0.985 0	0.985 4	0.985 7
2.2	0.986 1	0.986 4	0.986 8	0.987 1	0.987 4	0.987 8	0.988 1	0.988 4	0.988 7	0.989 0
2.3	0.989 3	0.989 6	0.989 8	0.990 1	0.990 4	0.990 6	0.990 9	0.991 1	0.991 3	0.991 6
2.4	0.991 8	0.992 0	0.992 2	0.992 5	0.992 7	0.992 9	0.993 1	0.993 2	0.993 4	0.993 6
2.5	0.993 8	0.994 0	0.994 1	0.994 3	0.994 5	0.994 6	0.994 8	0.994 9	0.995 1	0.995 2
2.6	0.995 3	0.995 5	0.995 6	0.995 7	0.995 9	0.996 0	0.996 1	0.996 2	0.996 3	0.996 4
2.7	0.996 5	0.996 6	0.996 7	0.996 8	0.996 9	0.997 0	0.997 1	0.997 2	0.997 3	0.997 4
2.8	0.997 4	0.997 5	0.997 6	0.997 7	0.997 7	0.997 8	0.997.9	0.997 9	0.998 0	0.998 1
2.9	0.998 1	0.998 2	0.998 2	0.998 3	0.998 4	0.998 4	0.998 5	0.998 5	0.998 6	0.998 6
3.0	0.998 7	0.998 7	0.998 7	0.998 7	0.998 8	0.998 8	0.998 8	0.998 9	0.999 0	0.999 0

附表 2　χ^2 分布临界值表

$$P\{\lambda_1<\chi^2(n-1)<\lambda_2\}=1-\alpha$$
$$\lambda_1=\chi^2_{1-\frac{\alpha}{2}}(n-1)$$
$$\lambda_2=\chi^2_{\frac{\alpha}{2}}(n-1)$$

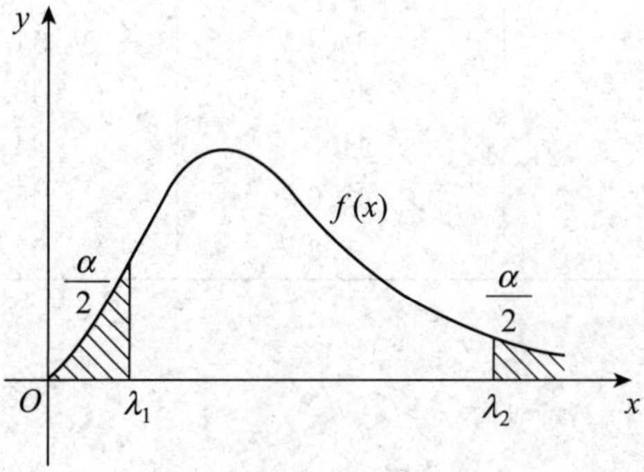

$n-1$	α			
	0.975	0.05	0.025	0.01
	λ			
1	0.000 98	3.84	5.02	6.63
2	0.050 6	5.99	7.38	9.21
3	0.216	7.81	9.35	11.3
4	0.484	9.49	11.1	13.3
5	0.831	11.07	12.8	15.1
6	1.24	12.6	14.4	16.8
7	1.69	14.1	16.0	18.5
8	2.18	15.5	17.5	20.1
9	2.70	16.9	19.0	21.7
10	3.25	18.3	20.5	23.2
11	3.82	19.7	21.9	24.7
12	4.40	21.0	23.3	26.2
13	5.01	22.4	24.7	27.7
14	5.63	23.7	26.1	29.1
15	6.26	25.0	27.5	30.6
16	6.91	26.3	28.8	32.0
17	7.56	27.6	30.2	33.4
18	8.23	28.9	31.5	34.8
19	8.91	30.1	32.9	36.2
20	9.59	31.4	34.2	37.6

续表

$n-1$	α			
	0.975	0.05	0.025	0.01
	λ			
21	10.3	32.7	35.5	38.9
22	11.0	33.9	36.8	40.3
23	11.7	35.2	38.1	41.6
24	12.4	36.4	39.4	43.0
25	13.1	37.7	40.6	44.3
26	13.8	38.9	41.9	45.6
27	14.6	40.1	43.2	47.0
28	15.3	41.3	44.5	48.3
29	16.0	42.6	45.7	49.6
30	16.8	43.8	47.0	50.9

注:表中自由度为$n-1$.

附表 3　*t* 分布临界表

$$P(|t|<\lambda)=1-\alpha$$

$$\lambda=t_{\frac{\alpha}{2}}(n-1)$$

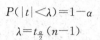

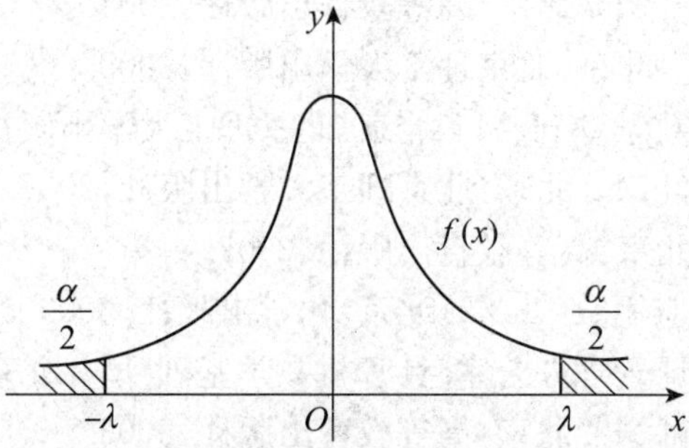

$n-1$	α					$n-1$	α				
	0.10	0.05	0.02	0.01	0.001		0.10	0.05	0.02	0.01	0.001
	λ						λ				
1	6.314	12.706	31.821	63.657	636.619	18	1.534	2.101	2.552	2.878	3.922
2	2.920	4.303	6.965	9.925	31.598	19	1.729	2.093	2.539	2.861	3.883
3	2.353	3.182	4.541	5.841	12.924	20	1.735	2.086	2.528	2.845	3.850
4	2.132	2.776	3.747	4.604	8.610	21	1.721	2.080	2.518	2.831	3.819
5	2.015	2.571	3.365	4.032	6.859	22	1.717	2.074	2.508	2.819	3.792
6	1.943	2.447	3.143	3.707	5.959	23	1.714	2.069	2.500	2.807	3.767
7	1.895	2.365	2.998	3.449	5.405	24	1.711	2.064	2.492	2.797	3.745
8	1.860	2.306	2.896	3.355	5.041	25	1.708	2.060	2.485	2.787	3.725
9	1.833	2.262	2.821	3.250	4.781	26	1.706	2.056	2.479	2.779	3.707
10	1.812	2.228	2.764	3.169	4.587	27	1.703	2.052	2.473	2.771	3.690
11	1.796	2.201	2.718	3.106	4.437	28	1.701	2.048	2.467	2.763	3.674
12	1.782	2.179	2.681	3.055	4.318	29	1.699	2.045	2.462	2.756	3.659
13	1.771	2.160	2.650	3.012	4.221	30	1.697	2.042	2.457	2.750	3.646
14	1.761	2.145	2.624	2.977	4.140	40	1.684	2.021	2.423	2.704	3.551
15	1.753	2.131	2.602	2.947	4.073	60	1.671	2.000	2.390	2.660	3.460
16	1.746	2.120	2.583	2.921	4.015	120	1.658	1.980	2.358	2.617	3.373
17	1.740	2.110	2.567	2.898	3.965	∞	1.645	1.960	2.326	2.576	3.291

参考文献

[1] 同济大学应用数学系.微积分[M].北京:高等教育出版社,2002.
[2] 杜吉佩.应用数学基础[M].北京:高等教育出版社,2004.
[3] 周金玉.应用数学[M].北京:北京理工大学出版社,2008.
[4] 李志煦,展明慈.经济数学基础[M].北京:北京理工大学出版社,2003.
[5] 首南祺.应用高等数学[M].北京:北京理工大学出版社,2007.
[6] 胡农.高等数学[M].北京:高等教育出版社,2007.
[7] 阎章杭,李月清.高等应用数学[M].北京:化学出版社,2009.
[8] CEAC 信息化培训认证管理办公室.计算机数学基础[M].北京:高等教育出版社,2007.
[9] 盛祥耀.高等数学辅导[M].北京:高等教育出版社,2003.
[10] 同济大学　天津大学　浙江大学　重庆大学.高等数学[M].第四版.北京:高等教育出版社,2013.
[11] 节存来,马凤敏,等.经济应用数学[M].北京:高等教育出版社,2012.
[12] 侯风波.经济数学基础[M].北京:高等教育出版社,2012.
[13] 骈俊生.高等数学[M].北京:高等教育出版社,2012.
[14] 白克志,等.经济应用数学基础及数学文化[M].北京:人民邮电出版社,2013.
[15] 姜启源,等.数学模型[M].北京:高等教育出版社,2010.
[16] 张杰,等.运筹学模型与实验[M].北京:中国电力出版社,2011.
[17] 戎笑,等.高职数学建模竞赛培训教程[M].北京:清华大学出版社,2010.
[18] 张国勇.高职应用数学[M].北京:高等教育出版社,2012.